北京城市水体空间的历史演进

张 阳 ▌ 著

中国社会科学出版社

图书在版编目(CIP)数据

北京城市水体空间的历史演进/张阳著.—北京：中国社会科学出版社，
2023.9

ISBN 978 - 7 - 5227 - 2595 - 6

Ⅰ.①北…　Ⅱ.①张…　Ⅲ.①城市—水环境—历史—研究—北京
Ⅳ.①X143

中国国家版本馆 CIP 数据核字(2023)第 169955 号

出　版　人	赵剑英	
责任编辑	郭　鹏	
责任校对	刘　俊	
责任印制	李寡寡	

出　　版	中国社会科学出版社	
社　　址	北京鼓楼西大街甲 158 号	
邮　　编	100720	
网　　址	http://www.csspw.cn	
发 行 部	010 - 84083685	
门 市 部	010 - 84029450	
经　　销	新华书店及其他书店	

印　　刷	北京明恒达印务有限公司	
装　　订	廊坊市广阳区广增装订厂	
版　　次	2023 年 9 月第 1 版	
印　　次	2023 年 9 月第 1 次印刷	

开　　本	710×1000　1/16	
印　　张	23.75	
字　　数	388 千字	
定　　价	128.00 元	

摘　　要

　　当前北京城市"水问题"与城市调蓄水体的空间减少有关，许多专家学者认为古代北京城市水系规划、设计、管理的历史经验值得我们学习借鉴。笔者认为有必要从空间容量的角度，对北京城市发展历程中容纳水体的空间变化过程进行梳理。

　　晚更新世晚期至人类在北京地区大规模活动之前，自然因素是北京地区早期古河道形成、繁荣和变迁的主因。东汉以前永定河流经蓟城北，地质断裂活动所导致的北京地形变化，使永定河在魏晋南北朝前期南迁。曹魏时期修筑戾陵遏与车箱渠，公元262年，樊晨重修戾陵遏扩大灌区，戾陵遏与车箱渠的修筑在解决蓟城农业灌溉需要的同时，造成洪水漫城，最终导致了蓟城的西迁。魏晋南北朝时期北京平原地区的农业垦殖与相关水利工程的修筑深刻影响了北京地区的水文。隋唐时期北京地区水体空间整体拓展，唐末五代呈收缩态势。辽代北京城市地位的提升促使护城河水体空间拓展，并产生了专为最高统治者服务的御用水体空间和专为贵族官员服务的水体空间。

　　金代北京地区水体空间演变的主要特征表现为两方面：一是皇家御用水体空间的整体拓展；二是由于中都地区通漕的不断失败与再尝试导致金代北京地区相关漕运水体空间整体性拓展。

　　元代北京地区皇家御用水体空间较之金代进一步拓展，通惠河、坝河的通漕，拓展了漕运水体空间。积水潭作为通惠河与坝河终点码头的职能，一方面保证了积水潭水体空间的稳定性，另一方面使钟鼓楼一带成为大都最重要的商业中心。建大都城之初，便预先开凿了七所泄洪渠，随着大都建设的进展，又开凿了大量的泄水渠，大都城市沟渠水体空间拓展。

　　皇家御用水体空间的大幅度拓展与其他水体空间的整体萎缩是明代北

京地区水体空间演变的基本特征。

清代北京地区水体空间演变的基本特征是：城市内部水体空间延续明代格局；皇家御用水体空间大幅度拓展；城市沟渠网络大范围增建。

通过梳理北京城市水体空间的演变过程得出如下结论：①自然力对北京城市水体空间的影响程度远大于人力；②当代北京城市面临的诸多"水问题"是历史问题累积的结果；③城市性质、等级决定了北京城市水体空间的类型构成及总体容量水平；④同一时期北京各类水体空间之间具有显著的关联性；⑤各类水体空间之间存在显著的等级差异；⑥北京城市水体空间与陆地空间彼此影响；⑦提出古代北京城市内涝成因及其对当代城市建设的启示；⑧总结了古代北京城市水体空间景观营造经验。

关键词：水体空间；历史演变；等级差异；关联性；北京城市

Abstract

Currently, the urban water problem in Beijing is related to the reduction of the space for regulating and storing water bodies in the city. Many experts and scholars believe that the ancient Beijing city water system planning, design, management of historical experience is worth learning. The author thinks that it is necessary to sort out the spatial change process of water body in the process of Beijing urban development from the perspective of spatial capacity.

From the Late Pleistocene Epoch to before large-scale human activities in the Beijing area, natural factors are the main reason for the formation, prosperity and changes of the early ancient river courses in Beijing. Before the Eastern Han dynasty, Yongding River passed through the north of Ji Cheng and changes in Beijing's topography were caused by geological faults, which made Yongding River move south in the early Wei Jin Southern and Northern Dynasties. During the Cao Wei period, the Lilingyan and Chexiangqu were built. In 262 AD, Fan Chen rebuilt Lilingyan to expand irrigation area. The construction of Lilingyan and Chexiangqu not only solved the agricultural irrigation needs of Jicheng, but also caused floods in the city, which eventually led to the westward movement of Jicheng. During the Wei Jin Southern and Northern Dynasties, the agricultural reclamation in the Beijing Plain and the construction of related water conservancy projects profoundly affected the hydrology of Beijing. During the Sui and Tang Dynasties, the water space in Beijing area was expanded as a whole, but it showed a shrinkage during the Five Dynasties in the late Tang Dynasty. The promotion of Beijing's status in the Liao Dynasty prompted the expansion of the moat water space and there was a water body space dedicated to the supreme ruler and a water body space dedicated to serving noble officials.

The main characteristics of the spatial evolution of water bodies in Beijing during the Jin Dynasty are shown in two aspects. On the one hand, the royal imperial water body space was expanded as a whole. On the other hand, due to the continuous failure and retrying of the transportation of water in the central capital area, the related water bodies of the Caohe River in the Beijing area were expanded as a whole during the Jin Dynasty.

In the Yuan Dynasty, the royal imperial water space in Beijing was further expanded than that in the Jin Dynasty. The passing of Tonghui River and Ba River expanded the water space of the Caohe River. Jishuitan functions as the terminal of Tonghui River and Ba River. On the one hand, it ensures the spatial stability of the water body of Jishuitan; on the other hand, it makes the area of Bell and Drum Towers the most important commercial center among most cities. At the beginning of the establishment of the metropolis, seven flood discharge channels were excavated in advance. With the progress of metropolis construction, s large number of drains were dug, which expanded the space of ditch water bodies in metropolitan cities.

The substantial expansion of the royal imperial water body space and the overall shrinkage of other water bodies are the basic characteristics of the water body space evolution in Beijing during the Ming Dynasty.

The basic characteristics of the spatial evolution of water bodies in Beijing in the Qing Dynasty are continuing the pattern of the Ming Dynasty about the water space within the city. In addition, the space of royal water body is greatly expanded. At the same time, large-scale expansion of the urban canal network is increasingly built.

Through combing the evolution process of urban water space in Beijing, the following conclusions are drawn: ①The impact of natural forces on the urban water space in Beijing is much greater than that of human forces. ②Many "water problems" faced by contemporary Beijing are the result of the accumulation of historical problems. ③The nature and level of the city determine the type composition and overall capacity level of Beijing's water space. ④There is a significant correlation between various water spaces in Beijing during the same period. ⑤There are also some significant level differences between various types of water space. ⑥The urban water space and land space in Beijing influence each other. ⑦The paper puts forward the causes of the water logging in ancient Beijing and its enlightenment to the contemporary urban construction. ⑧The paper summarizes the experience of creating urban water space landscape in ancient Beijing.

Key words: Water Space; Historical Evolution; Level Difference; Correlations; Beijing City

目　录

绪　　论

一　研究背景、目的及意义

(一) 研究背景

1. 城市"水问题"成为社会关注的焦点

进入 21 世纪以来,"水问题"在全国许多大城市日益凸显。一方面城市普遍缺水,另一方面城市内涝严重。2009 年 8 月,我国 29 个重点城市发生了较为严重的洪涝灾害。数百人不幸遇难,直接财产损失 711 亿元。2012 年 7 月 21 日至 22 日,北京暴雨,造成 77 人死亡,超过 160 万人受灾,经济损失巨大,人民群众的生活受到较严重的影响。

北京"7·21"洪涝灾害后,针对全国大中城市存在的"水问题",在 2013 年 12 月的中央城镇化工作会议上,习近平总书记明确提出"三个自然"的原则,号召建设"自然积存、自然渗透、自然净化"的海绵城市。2014 年 10 月,住建部印发了《海绵城市建设技术指南》,明确提出了"渗、滞、蓄、净、用、排"的海绵城市建设"六字箴言",并简要概括了海绵城市的实现途径。随后,财政部、住房和城乡建设部以及水利部联合启动了全国试点城市的工作。

2015 年 10 月国务院办公厅印发《国务院办公厅关于推进海绵城市建设的指导意见》(国办发〔2015〕75 号),明确提出了我国推进海绵城市建设的主要目标:到 2030 年,要将 70% 的降雨进行就地消纳和利用,城市建成区 80% 以上的面积要达到要求,海绵城市建设俨然已成为了一项国家战略。2016 年 4 月,北京入选第二批海绵城市建设试点。

2. 北京当前城市"水问题"的成因

业内权威专家普遍认为,北京城市"水问题"是长期的城市化进程引起的，具体原因如下：

（1）大规模城市建设挤占行洪河道，迫使河道洪水位升高、排水困难，增加了城市内涝风险。

（2）大规模城市建设填埋了许多城市河、湖、洼地，河、湖、洼地等水体，使城市水系丧失调蓄功能。

（3）城市化洪水效应加剧了城市内涝。

多位业内专家认为，城市化进程迅速改变了天然流域的特征，原来透水的植被和土壤被不透水的硬质铺装及人工建筑物所替代，大部分降水无法进入路面基础垫层以下，产生地表径流，使暴雨洪水的洪量增加，流量增大，加速了洪水涨落过程，峰现时间提前。城市化洪水效应使原排水排洪系统能力相对减弱，加剧了市区的洪涝灾害。

不难看出，北京当前城市"水问题"与城市调蓄水体的空间容量减少有关。根据海绵城市建设目标，到 2030 年北京城市建成区要达到 80% 以上的面积将 70% 的降雨进行就地消纳和利用。而要达到这个目标除了提升城市雨洪下渗量外，更重要的应是增加城市滞蓄水体的空间。

3. 多位业内专家认为北京古代城市水系规划、设计、管理经验值得我们借鉴

2012 年"7·21"洪涝灾害时，在北京城区大部分受灾的情况下，故宫、团城等古建筑却安然无恙。且故宫自建成以来已约 600 余年，未有水灾的记载。2012 年 9 月赵燕枫发表《暴雨夜，故宫无恙》，2012 年 10 月赵燕枫发表《北京大暴雨故宫何以无恙》，2015 年 4 月李裕宏发表《紫禁城近 600 年无暴雨积水研究》，2012 年 8 月白冰发表《明代团城排水设计引发的思考》。随后，国务院办公厅 75 号文件主要起草人，住建部城建司原副司长、中国城镇供水排水协会会长章林伟也指出："我们在研究中国先贤治水古法的基础上，结合降雨地表径流的水文特征，提出渗、滞、蓄、净、用、排的海绵城市建设措施和方法，现已成为中国式海绵城市建设的'六字箴言'。"许多专家学者认为古代北京城市水系规划、设计、管理的历史经验值得我们学习借鉴。

（二）相关问题的提出

针对上述情况，笔者提出如下问题：

1. 城市建设侵占城市中容纳水体的空间是近几十年城镇化进程才开始出现的，还是自古有之？

2. 当前北京城市诸多"水问题"是否全部是近几十年以来的城市化进程引起的？古代北京的城市建设有没有起作用？

3. 北京城市发展历史上有没有水体空间拓展侵占陆地空间的情况？如果有，具体原因是什么？

4. 北京城市中容纳水体的空间变化，在北京城市发展过程中是常态化的过程，还是特定时期的特殊情况？

5. 从历史上看，导致北京城市水体空间稳定或波动的关键原因是什么？

6. 北京紫禁城和团城建设的经验，真的有助于解决北京当前遇到的诸多"水问题"吗？如果有，具体经验又是什么？

笔者研究发现，城市中容纳水体的空间主要包括：城市河道、湖泊、洼坑、沟渠，它们是一个整体，共同承载着城市水体。针对上述提出的相关问题，笔者认为有必要从空间容量的角度，对北京城市发展过程中容纳水体的空间变化过程进行梳理，尝试找到上述问题的相关答案。

（三）研究目的及意义

梳理历史发展过程中北京各类城市水体空间彼此内在关系，从中找出北京城市水体空间发展变化的内在机制；理清北京城市水体空间与陆地空间在城市历史发展过程中的关系；客观审视北京城市历史发展过程中的各类"水问题"；填补北京城市建设史相关研究空白。

二　相关概念阐述

（一）城市水体空间

1. 城市水体空间的概念

城市水体空间即城市中可容纳水体的空间，它是相对城市陆地空间来说的，城市水体空间与城市陆地空间共同组成了城市空间。

本书中北京城市水体空间的演变特指北京城市河道、湖泊、洼坑、沟渠在空间容量上的变化过程。

笔者提出"城市水体空间"概念目的，是尝试将河道、湖泊、洼坑、沟渠这四类城市水体作为一个空间容量的整体来看待。

2. 北京城市水体空间的构成要素

北京城市水体空间按照地貌形态分成四类：河道、湖泊、沟渠、洼坑。

（1）河道

①人工形成

护城河，如：蓟护城河、金中都护城河、元大都南护城河、明清北京城护城河等。

引水河道，如：金、元时期的金口河，元、明时期的金水河，元、明、清时期的通惠河等。

②天然形成

如三海大河（西北—东南方向斜贯内外城。水自德胜门西入积水潭，沿后海、什刹海、北海、中海、南海向东南流经石碑胡同、人民大会堂西南，穿过正阳门、箭楼，经龙潭湖，在贾家花园出城），根据孙秀萍先生的研究，三海大河就是永定河从晚更新世以来，延续到全新世的一支古河道。此河宽度一般在300米左右，部分河段宽约600米（供电局至棋盘街一带）。

（2）湖泊、沼泽

①人工形成

内城：北馆、泡子河、太平湖、毛家湾、前水泡子、后水泡子等。此外，北京城内历代皇宫、王府为了享乐，多在庭院内开挖湖泊引水，小河点缀园林。

外城：梁家园、大川淀、陶然亭、放生池、方柳塘等。

②天然形成

外城：金鱼池、龙潭湖。

金鱼池位于外城中部偏东，根据孙秀萍先生研究，此湖的形成与三海大河有密切关系，很可能是三海大河的河曲或牛轭湖。后来经过人工多次整治，金鱼池作为养鱼池，湖水面积在各个时期变化很大，如乾隆时期为几十个小湖沼，民国二年时则为十几个较大的湖沼，民国二十六年时，各小湖沼大致连成一片，到1942年的金鱼池，已逐渐形成为池塘，新中国成立后，金鱼池经过挖湖治理，形状似个大元宝。到 1955 年填平，在金鱼池上盖起了新建筑。

（3）沟、渠

元朝建都以后，城内人口密集，胡同、街巷布如蛛网，需要依顺地形高低修建相应的排水沟渠。全部为人工形成，如下：

内城：如地安门至北馆沟、中医医院院内沟、朝内大街附近沟、禄米仓与智化寺附近沟、前百户沟、顺东城墙根沟、沟沿头、东单北大街路东沟、西板桥河、三座桥河、东沟、南、北沟沿（又称大明濠）、顺西城墙根沟等。

外城：如龙须沟、东花市斜街沟、广渠门内大街沟、沟尾巴胡同、白桥大街沟、海北寺沟、右安门内沟等。

（4）洼坑

北京城多年作为首都，历代修建城墙、建筑宫殿、官府、庙宇等需要大量砂石、黄土。由于烧窑制砖多年用土，形成连绵洼坑，致使雨季积水，形成湖沼。如陶然亭湖沼即是修建南城墙取土所致，孙家坑是修筑隆福寺取土的洼坑，全部为人工形成。

内城：主要分布有旧鼓楼大街前、后坑，细管胡同北坑、北中街北口路西坑、孙家坑、府学胡同坑、流水巷坑、大佛寺坑、美术馆坑、灯市口北坑、象鼻子坑、西内大街北后坑、后罗圈胡同草厂大坑、官园南下洼子、二龙坑、前水泡子、后水泡子等。

外城：主要分布有广渠门内水坑、天桥附近坑、前门饭店后大坑、友谊医院坑、宣武体育场坑、善果寺土坑、右安门内水坑等。

（二）漕运、漕河、漕渠

1. 漕运、漕河、漕渠定义

漕运：在我国封建社会时期，首都运河的主要任务，就是要聚敛全国农田赋税中一部分食粮，集中到都城，用以供应封建帝王的挥霍及其庞大的官僚统治机构的开支，这就叫作漕运。

漕河：古代专以指代运河。自汉以来，中国便开始了以都城为目的地，为运输粮食开凿和经营运河的历史。

漕渠：指人工开凿以通漕运的河道。

2. 漕河性质分类

（1）为城市经济服务的漕河

如郭守敬主持的于至元三十年（1293年）竣工的通惠河。通惠河通航后，之前主要靠陆运的漕粮改由水运完成。以后随着海运的增加，通惠河运输量迅速增长。到天历年间元大都的海运量曾达到360万石，加上内河运输的30万石，总数为390万石，而通惠河要负担大约280万石的漕运任务，成为元大都的经济命脉。

（2）为城市建设服务的漕河

如金口河，元建都北京后，至元二年（1265年）郭守敬提出重开金口，"上可致西山之利，下可广京畿之漕"。大都新城工程，需漕运西山木石等建筑材料，元世祖采纳这项建议，于至元三年（1266年）十二月"凿金口，导卢沟水，以漕西山木石"。这次开金口，使用了三十多年，为大都建设做出了重要贡献。

（3）军事目的的漕河

如隋大业四年（608年）开永济渠北通涿郡（至蓟城），下游系利用桑干河分支达于蓟城。涿郡是当时准备征伐辽东的大本营，水上运输量很大。

唐代永济渠畅通，贞观十八年（644年）、十九年（645年）征辽东，又以幽州蓟城为集结点，由幽州再向东的水运利用了一段永定河（桑干河），不全是永济渠旧道。

温榆河与潮白河位于北京北部和东北部，地理位置十分重要。元代在昌平、密云等地驻有不少宿卫军，需要大量粮饷，元代开始，利用温榆河与潮白河经营漕运。明代昌平、密云是陵寝和边关重地，亦需筹运大量军粮，温榆河与潮白河漕运较为发达。清代军需减少，漕运衰落下去。这两条河道一般只将天然河道略加疏通，所用功力远不如通往京师各条漕河。

（三）减（水）河

减水河（减河），为分泄河流洪水而人工开挖的新河。进口设有分洪闸，减河分洪可以入海、入湖、入其他河流或回归原河段的下游。

（四）径流（runoff）

陆地上接受降水后，从地上或地下汇集到河槽而下泄的水流。分地上径流和地下径流两种。一年内流经河槽上指定断面的全部水量，称"年径流量"；一月内流经的称"月径流量"；通常以 m³ 或 mm 深计。径流引起江河、湖泊水情的变化，是水文循环和水量平衡的基本要素。

（五）城市化

城市化（urbanization/urbanisation）也称为城镇化，是指随着一个国家或地区社会生产力的发展、科学技术的进步以及产业结构的调整，其社会由以农业为主的传统乡村型社会向以工业（第二产业）和服务业（第三产业）等非农产业为主的现代城市型社会逐渐转变的历史过程。

城镇化过程包括人口职业的转变、产业结构的转变、土地及地域空间的变化。不同的学科从不同的角度对之有不同的解释，就目前来说，国内外学者对城市化的概念分别从人口学、地理学、社会学、经济学等角度予以阐述。

（六）城市性质

城市的性质，一般来讲，是指一个城市在全国或某一地区的主要功能和作用，根据城市的特点，正确地确定城市的性质，是规划和建设好城市的重要前提。

三　文献综述

（一）历史文献

1. 金代以前历史文献

桑钦所著《水经》记载了东汉时期湿水（永定河）流经北京地区的路径。郦道元著《水经注·灅水》以《水经》为纲，记录了永定河改道后流经北京的路径，并详细描述了高梁河的情况。《水经注·鲍丘水》收录了《刘靖碑》碑文，详细记载了嘉平二年（250年）刘靖修筑戾陵遏与车箱渠的时间、戾陵遏的地点、车箱渠的路径、修筑过程、辐射范围等情况，另外还提到洗马沟（莲花池）的位置、源头及其路径。《三国志》中也有刘靖修筑戾陵遏与车箱渠的记载，可与《水经注》相互印证。《魏书·裴延俊传》记录了北魏神龟二年（519年）裴延俊使卢文伟重修戾陵遏，恢复车箱渠灌溉农田的情况。《北齐书·斛律羡传》记载了北齐天统元年（565年），幽州刺史斛律羡开凿水渠，连接高粱河与温榆河的情况。司马光《资治通鉴》记载了隋大业四年（608年），隋炀帝开凿永济渠北通涿郡的情况。《旧唐书·韦挺传》记载了唐代桑干河至卢思台（永定河）一段的永济渠淤塞的情况。李焘《续资治通鉴长编》中记载了五代时期对戾陵遏与车箱渠进行了较大规模疏导。《续资治通鉴长编》还收录了北宋刑部尚书宋琪的《平燕疏》，文中详细描述了宋辽时期北京地区的河流水系分布状况。北宋末年许亢宗《宣和乙巳奉使行程录·第四程》描述了辽南京的城墙与护城河。《辽史》中描述了临水殿水域，并提到了"瑶屿"。《辽史·地理志》记载辽代延芳淀及其周边的三个"飞放泊"的位置与范围。李焘《续资治通鉴长编》和沈括《熙宁使虏图抄》中均记载了辽金沟淀（今密云一带）的相关情况。陈述《全辽文》中描述了辽中都"西园""北海"的概况。

　　2. 金代历史文献

　　宇文懋昭《大金国志》卷十三提及漕运问题是金定都北京的重要原因，并记述了中都同乐园的相关情况。《天咫偶闻》卷十引《金台集》描述了中都西华潭（太液池）的情况。大典本《顺天府志》卷十一介绍了金中都南濠的水源地百溪泉的位置及路径。《金史·食货志》记载了金代白莲潭（积水潭）的相关情况。《金史·地理志》记载了太宁宫的相关情况。《金史·章宗纪》记载了金代南苑的相关情况。魏收《魏书》卷三八详细记载了一则发生在北魏的陆运改漕运的史实，说明漕运更加经济。《金史·河渠志》记载了金代通过导引高粱河、白莲潭（积水潭）诸水济下游漕河的情况，提及山东、河北的漕粮通过旧黄河运抵通州的情况，并记述了金漕河（坝河）、金口河、通济河（闸河）的开凿始末。据《金史·地理志》《金史·世宗纪》可知，金代永定河被称之为"卢沟河"。《金史·五行志》记载了金世宗大定十七年（1177年）的洪涝灾害，是首次有明确年代记载的永定河泛滥情况。

3. 元代历史文献

御史王恽的《游琼华岛》、郝经的《琼华岛赋》描述了元初白莲潭（积水潭）一带被战乱破坏的状况。陆文圭在《中奉大夫广东道宣慰使都元帅墓志铭》中提到世祖将都城外迁的原因是因为旧中都城"土泉疏恶"，即旧中都城水量不足是世祖迁都的主因。王恽《革故谣》表明，元初原中都旧城的护城河此时已被填平。《元史·世祖本纪》记载，大都城建设之初，为了将西山的木石材料运抵大都，用于城市建设，专门为此重新开通了金口河；另外还记载了通惠河的浚修情况。

元代民谣"西山兀，大都出"表明元大都的城市建设使永定河中上游地区森林实质性减少。《元史·郭守敬传》及《元史·世祖本纪》记载了元初重开金口河的情况。《元史·河渠志》记载了元成宗大德二年（1298年）至大德五年（1301年）金口河的湮废情况。《南村辍耕录》《安雅堂集》记载了元大都太液池浚修后的情况。《元一统志》记录了玉泉山水及瓮山泊（昆明湖）的情况。《元史·河渠志》记录了元金水河的源头、路径，并提到金水河在与其他河道相交时，使用了"跨河跳槽"技术。陶宗仪《南村辍耕录》卷二十一提到，金水河工程还运用了将步行桥与流水渡槽结合在一起的技术。《元史·河渠志》、《都水监事记》记载，为保证金水河的水质，元政府禁止百姓在金水河内洗手、洗澡、洗衣、倾倒土石、牲畜饮水，禁止在金水河两岸建房屋，禁止在金水河上游利用水力启动石磨。《大元混一方舆胜览》、《大明一统志》记载了元代南苑内淀泊状况。《元史·文宗本纪》记载，元代在潞县西还有柳林海子淀泊。《元朝名臣事略·太史郭公守敬传》中记载郭守敬曾提出大都护城河通船计划，这是最早记载北京利用护城河行船规划的史料，同书还记载了丞相伯颜上奏通北京漕运的情况。《元史·河渠志》、《元史纪事本末·运漕》记载了元代郭守敬主持通惠河工程的情况。齐履谦《知太史院事郭公行状》、《元史·世祖本纪》记载了中统初年郭守敬开坝河（金漕河）通漕的情况。《元史·世祖本纪》、《元史·河渠志》记载了元代疏凿双塔漕渠、大开坝河及积水潭的相关情况。《元史·郭守敬传》、《春明梦余录》详细记载了郭守敬开凿通惠河的过程，及元通惠河的行经路线。《元都水监罗府君神道碑铭》记载了大德三年（1299年）元都水监罗壁疏浚阜通河（坝河）情况。《析津志辑佚·古迹》、《析津志辑佚·城池街市》介绍了元积水潭一带商业中心的情况。《析津志辑佚》还记载了元末开金口新河及元大都城市排水沟渠的情况，《元史·河渠志》与《永乐大典本顺天府志》收录的《图经志书》记载了金口新河的行经路线。

4. 明代历史文献

《洪武北平图经志书》记载了明初大都新城南缩的情况。黄文仲《大都赋》表明明初漕船已多停泊在文明门外。《明成祖实录》、《明宪宗实录》记载了明初通惠河通航的情况。《明太宗实录》记载了永乐十年（1412 年）疏浚通惠河道情况。《涌幢小品》、《敕建永济桥记》、《敕修卢沟河堤记》记载了明代北京城市建设对永定河上游植被的破坏情况。刘若愚《酌中志》记载了明北京紫禁城内金水河的情况。《明太宗实录》卷一五五记载了明永乐十二年（1414 年）开挖下马闸海子（南海）的情况。《明宪宗实录》记载了明代通惠河被圈入皇城及修筑长陵导致白浮瓮山河断流的情况。《京都市政汇览》记载了明大明濠（西沟）、前三门护城河的情况。《明一统志》、《可斋杂记》、《北都赋》记载了明代南苑地区的河流淀泊情况。《明实录》记载了明北京城护城河的疏浚维护情况。《明史·食货志》、《漕乘》记载了明代漕粮改折的情况。《（万历）顺天府志》、《明神宗实录》、《（光绪）昌平州志》、《长安客话》记载了明代温榆河通漕的情况。《明宪宗实录》记载了明成化年间通惠河通漕情况。《明史》记载了明通惠河的长度及地势高度。《明武宗实录》记载了明正德年间通惠河通漕及后来湮废原因等情况。《日下旧闻考》、《明世宗实录》、《明神宗实录》、吴仲《通惠河志》记载了明嘉靖年间通惠河通漕情况。《明太宗实录》、《燕都游览志》、《泽农吟稿》、《治晋斋集》记载了明代通惠河上游支引情况和私决堤堰灌田情况。《燕都游览志》记载了明积水潭一带栽种稻田情况。《长安客话》记载了明北京"朝前市"的情况。吴廷燮《明督抚年表》、《明世宗实录》、《明神宗实录》记载了明代潮白河通漕情况。《明史·河渠志》、《明英宗实录》、《明神宗实录》、《京师城内河道沟渠图说》记载了明代北京城市沟渠的位置、布局情况。《明会典》记载了明代北京城市沟渠的管理情况。

5. 清代历史文献

《日下旧闻考》记载了清廷关于旗、民分城居住的政策。《清实录》记载了清帝在南苑处理政务的情况。《凤泉凉水河图》的标注、《永定河目

录·谕旨》、《乾隆三十六年御制海子行》、《日下旧闻考》、《乾隆四十一
年御制南红门外作》、《乾隆四十七年御制仲春幸南苑即事杂咏》记载了清
代南苑水系淀泊拓展情况。《春明梦余录》、《御制万寿山昆明湖记》、《乾
隆十五年御制西海名之曰昆明湖而纪以诗歌》记载了清代扩建昆明湖情
况。《（光绪）顺天府志》、《日下旧闻考》记载了开凿昆明湖引水石槽及
泄水河道情况。何瑜《清代三山五园编年》详细收录了清代帝王在三山五
园的活动情况。《天咫偶闻》、《啸亭续录》记载了清代积水潭、什刹海御
赐引水情况。《（光绪）顺天府志·河渠志》、《日下旧闻考》、《大清会典
事例》记载了清代通惠河通漕及管理情况。《日下旧闻考》记载了清代北
京护城河通漕情况。《清史稿·交通一》、魏开肇、赵蕙蓉《北京通史》
第八卷、吴廷燮《北京市志稿》第一卷记载了清末北京铁路的修建情况。
《清史稿·河渠二》记载了清末漕粮全改色银的情况。《（乾隆）大清会
典》、《（光绪）大清会典事例》记载了清代会清河通漕情况。今西春秋
《京师城内河道沟渠图说》详细记载了清代北京城市沟渠建设、疏浚、管
理情况。

（二）相关考古报告

1. 金代以前

1965 年北京市文物工作队编写的《北京西郊西晋王浚妻华芳墓清理简
报》以及 1986 年赵其昌《蓟城的探索》一文表明，在对白云观以西蓟城遗
址的长期考古发掘过程中，并未发现早于西晋的有关遗址，由此断定，东汉
以前的蓟城并不在这里。北京市文物局考古队编写的《建国以来北京市考古
和文物保护工作》一文中根据 1956—1977 年北京地区的考古报告提出，"蓟
城可能由于灅水的洪水泛滥，东部被冲毁，而在东汉以后西移"。2008 年岳
升阳、苗水编写的《北京城南的唐代古河道》一文记录了 2006 年北京外城
南护城河和西护城河底发现了唐代河道的情况。于德源《辽南京（燕京）
城坊宫殿苑囿考》一文考证了辽南京的护城河、延芳淀的范围。

2. 金代

1959 年《文物》发表阎文儒的《金中都》一文，文章整理了金中都
遗址的相关考古报告，确定了金中都的准确位置、四至及内、外城的基本
格局。

3. 元代

1972 年《考古》发表了元大都考古队《元大都的勘察和发掘》一文，文中确认了元、明北京城市位置关系、元大都城内金水河的流经线路以及太液池、积水潭的具体位置。

（三）北京地区地貌演变研究

1. 叶良辅《北京西山地质志》附录《石景山附近永定河迁流辩》（1920 年出版）

本书研究了北京西山地层系统、火成岩、构造地质、地文（包括山脉、北京平原、河流等）、经济地质等问题。其中附录《石景山附近永定河迁流辩》，确认了汉代永定河流经蓟县（北京）之北（与《水经》记载同），而至魏时永定河南移（与《水经注》记载同），流经蓟县以南。南移的原因有二：一是永定河水流速过快；二是因为永定河含沙量过大。

2. 张青松等《水系变迁与新构造运动——以北京平原地区为例》（1976 年发表）

1968—1970 年，为配合京津唐地区的地震烈度区划工作，张青松等人对北京山前平原地区的新构造运动进行了研究，并在此基础上完成此文。文章涉及北京平原的新构造发育过程及北京平原的水系及其历史变迁，分析了北京平原地区水系变迁与新构造运动的关系，追溯了最近一段人类历史时期的地壳运动特征。研究结果表明：北京地区水系变迁与新构造运动，尤其与块断运动密切相关，水系变迁主要是受块断运动控制的。

3. 孙秀萍《北京地区全新世埋藏河、湖、沟、坑的分布及其演变》（1978 年发表）

本文最早发表于 1978 年，收录于《北京地区唐山地震震害调查资料汇编（3）》。

文章采用地貌学及历史地理学方法，对北京城区全新世埋藏的河、湖、沟、坑的分布演变进行了相关研究。

4. 王乃樑等《北京西山山前平原永定河古河道迁移、变形及其和全新世构造运动的关系》（1982 年发表）

北京大学地理系王乃樑团队根据北京西山山前平原区的地质地貌特点，研究了北京平原晚更新世后期至全新世中早期永定河改道的原因。文章分析了北京西山山前平原区地貌和地质构造特征，研究了北京西山山前平原永定河河道的分布、高程变化、结构和各时期变化特征。从永定河古河道的迁移、变形特征分析了全新世构造活动。

5. 孙秀萍、赵希涛《北京平原永定河古河道》（1982 年发表）

文章通过对北京平原地区进行地貌调查与科学研究，明确了永定河若干古河道的形态和沉积物特征，探讨了冲积扇与永定河古河道的形成时代与水系变迁问题。

6. 赵希涛、孙秀萍等《北京平原 30000 年来古地理演变》（1984 年发表）

本文根据地貌、沉积层序、动植物化石及其所反映的古气候，将北京平原地区晚第四纪地层划分为六个层段，记述了 30000 年来本地区古地理演变的历史及各地理要素之间的相互影响。

（四）今人综合研究

1. 侯仁之相关著作

（1）《北平金水河考》（1946 年发表）

文章考证并确认了：①元代金水河独为玉泉所出，而通惠河以白浮、瓮山诸泉为源；②元代金水河在大都城外与元通惠河为异源别流，各不相干；③元大都金水河是为太液池引水之用；④明代金水河的流经线路；⑤紫禁城内金水河功能；⑥清代金水河较之明代的变化。

（2）《北京海淀附近的地形、水道与聚落》（1951 年发表）

文章结合北京海淀附近的地形研究了这一带的水道，梳理了玉泉山水系与万全庄水系两大水系。指出过去八百年间玉泉山水系历经多次人工改造，其目的是为北京城市提供更多的水源。文章还梳理了明清海淀一带的私家及皇家园林（三山五园）的发展脉络。

（3）《北京都市发展过程中的水源问题》（1955 年发表）

文章通过整理相关史料，梳理出三国曹魏时期、金、元、明清时期以水源问题主导的北京地区水系的演进过程，总结出北京都市发展过程中水源变化的三个基本特征：一、引用永定河的企图；二、白浮瓮山河的开凿；三、修筑昆明湖水库。三者有先后相承的关系：由于永定河引水失败，导致白浮瓮山河的开凿，后因昌平泉水导引遇到问题，迫使修筑昆明湖水库。

（4）《北京地下湮废河道复原图说明书》（1966 年发表）

本文为 1965 年作者主持完成的有关北京地下埋藏古河道分布研究的成果。

文中确定了金口河横截高粱河之处，即湮埋在今北京车站之下。确认了金口河河床的宽度与深度尺寸、河道平均比降。确认了元大都南护城河的长度、宽度、深度尺寸与平均比降。确认了通惠河故道当沿今船板胡同南侧东南流入金口河，并确定了通惠河河底标高。

（5）《北京历代城市建设中的河湖水系及其利用》（1985 年完稿）

文章研究了：①古代蓟城遗址及其周边河湖水系；②金中都城的皇家苑囿水体及漕河的浚治；③元大都城的修筑及相关水系的利用；④明清两代北京城市规划的发展与相关水系的变迁。通过梳理四个时期北京城市河湖水系的发展脉络，提出随着社会经济和政治形势的发展，北京城逐渐上升为封建时代全国政治中心之后，对于地表水的需求与日俱增。关于水源的分配，研究发现首先是保证皇家宫苑用水，其次是漕运用水。

（6）《北京历史地图集》第一集（1986 年出版，2013 年修编再版）

《北京历史地图集》第一集（1986 年版）编绘了北京市的政区沿革和北京城自金朝建都开始至民国时期的城区演变图幅，2013 年的修编版增补了原始社会至辽代北京演变的图幅。

（7）《北京历史地图集》二集（1995 年出版）

《北京历史地图集》二集，图集中根据实地发掘和考察研究结果，编绘了现代北京政区以及有关地貌、水系、土壤、植被和气候诸图幅。《图集》还编绘了从旧石器时期过渡到新石器时代的图幅。《图集》核心部分是新石器时代北京地区最重要的遗址分布图。

2. 姚汉源相关著作

（1）《元以前的高粱河水利》

文章梳理了自嘉平二年（250 年）至辽初，高粱河水道及水利的发展过程，又详细描述了金代高粱河的情况及金代中都至通州所开的漕河：导引卢沟水的金口河；以高粱河及白莲潭（积水潭）为水源的通济河。

（2）《元大都的金水河》

文章考证了元大都金水河各段的具体走向，包括：和义门外一段，城中太液池（北、中海）西段，积水潭南岸一段，太液池东岸段。文章确认了元大都金水河修建时间及维护情况，后又对元人诗词中关于金水河的描写进行了整理分析。

（3）《北京旧皇城区最早出现的宫殿园池》

本文通过整理相关史料，记述了金代北宫的创建时间；北宫周边白莲潭的情况；太液池与白莲潭的关系；琼华岛、瑶光台、瑶光楼的情况；金代及元人描述的北宫及其附近情况的变迁。文章提出，元、明、清皇城区的格局创始于金代。

（4）《京津冀地区历代水利简介》

文章系统梳理了东汉初年至清代，京津冀地区的航运工程、农田水利及治河防洪情况。其中涉及隋大业四年（608 年）隋炀帝开凿永济渠的情况。

（5）《唐代幽州至营州的漕运》

文章以唐贞观十八年（644 年）自幽州（治今北京）至营州（治今朝阳）的漕运为线索，论及各漕河所走的线路及姜师度所开渠道，并概述了明、清两代开人工漕渠的努力及问题。姚汉源在文中提出，永济渠北合桑干河（永定河）分支至蓟城南这一段是北京地区最早的人工漕渠。

3. 蔡蕃相关著作

（1）《元代的坝河——大都运河研究》（1984 年发表）

文章通过相关史料搜集整理，确定了元代以前坝河水道的位置，认为坝河与金口河非同一水道；证明元初通惠河开通前经营的漕运水道是坝河而非金闸河，同时确认积水潭在通惠河通漕前就已是漕船码头；记述了元代坝河的漕运及治理情况；考证了阜通七坝的位置；论述了元代坝河的水源与漕运管理情况。

（2）《北京古运河与城市供水研究》（1987 年出版）

本书是从工程技术角度叙述古代北京水利兴衰的第一部专著。在阅读大量历史与现代文献资料基础上，配合实地踏勘，从工程技术角度对历史上北京城市供、排水方面取得的经验教训进行了系统的研究。澄清了一些历史疑难问题，对元代所修通惠河上游路线进行了较为详细的推定，确定了金口河位置，探讨了昆明湖作用，对北京城区排水沟渠体系的形成进行了推测。此外，对于北京河渠水工建筑的结构形式、管理方式等方面进行了总结和分析。

（3）《元代水利家郭守敬》（2011 年出版）

本书从水利科学的角度，经过严谨的考证，系统阐述了郭守敬对元大都水利建设的贡献。其中涉及元代开金口河、金水河、扩建坝河、开通惠河等重要水利工程。

4. 段天顺、戴鸿钟、张世俊《略论永定河历史上的水患及其防治》（1983 年发表）

文章从四个方面展开论述：①永定河的形成及其水流特点；②历史上的永定河洪水及其灾害；③历代对永定河洪水的防治；④历史的启示及新中国成立后的全面治理。文章中特别提到，元修建大都时，将城址北移，是考虑到防洪的因素。因为从防洪角度看，元大都的城址是位于永定河冲积扇脊背上的最优位置。

5. 孙承烈等《漯水及其变迁》（1984 年发表）

文章论述了北魏至清代永定河的变迁过程。①根据地貌调查和沉积物的研究，证实《水经注》及其以后文献中关于永定河的相关史料是可信的，与地貌及沉积物调查研究结果可相互印证；②通过梳理永定河的演变过程，将历史时期永定河分成两个阶段，即自然河阶段和人工河阶段；③证实了永定河的移动方向是由东北向西南。唐代以前，永定河始终在漯水河谷范围内移动，从唐代起，开始移出漯水河谷范围，辽代末年主流完全离开漯水河谷。永定河的移动对北京地区地表水的分布影响巨大。

6. 吴庆洲《中国古代城市防洪研究》（1995 年出版）

本书研究了从新石器时代至清代中国历代重要城市的防洪措施及防洪体系特点，总结了中国城市防洪经验。书中对元大都、明清北京城市水体的调蓄容量与城市内涝关系进行了深入研究。

7. 尹钧科、吴文涛《历史上的永定河与北京》（2005 年出版）

本书将永定河的上、下游作为一个整体进行研究，研究范围包括永定河全流域和全水系。研究内容包括：①永定河形成的原因和过程；②永定河及其主要支流的特性；③永定河上游流域和下游流域不同的地理特点；④上、下游流域环境变迁的关系，特别注重研究上游流域森林植被破坏的原因、过程及其后果；⑤将永定河与北京城联系起来研究。既研究永定河对北京城的形成和发展的作用，也研究了北京城的城市建设和城市生活对永定河产生的深刻影响。

8. 孙东虎《北京近千年生态环境变迁研究》（2007 年出版）

本书首先讨论了北京生态环境构成中的四个关键性的自然要素——地理形势、气候特征、水文环境及森林植被的历史状况与演变脉络，钩稽其间与自然变迁及人类活动密切相关的重要史实，对区域生态环境特征的普遍性与特殊性进行初步研究。其次，从人类与环境相互作用的角度，阐述能源供应、土地利用、园林建设、环境保护、战争破坏、经济生活、社会空间、城市改造、城市规划、人口变动等因素对历史上北京生态环境的影响。最后，从近千年来北京城市发展与生态环境的互动过程、当代北京地区的生态环境建设中归纳若干理论认识。

除上述研究著作外，重要的研究成果还包括：田国英《北京六海园林水系的过去现在与未来》（1982 年出版）、苏天钧《关于古代北京都邑的变迁与水源关系的探讨》（1984 年发表）、王北辰《元大都兴建前当地的河湖水系》（1984 年发表）、郑连弟《水与古代北京城》（1991 年发表）、李裕宏《水和北京：城市水系变迁》（2004 年出版）。

四　研究范围、内容及研究方法

（一）研究范围

本研究以各历史时期北京城址为主要研究范围，具体包括：西周至五代的蓟城、辽南京、金中都、元大都、明清北京城。

人类活动还未涉及到本区域的晚更新世至中全新世时期的研究范围，依西周至五代北京城址的范围来确定。

各历史时期，有些水体空间虽不在城市范围内，但对北京城市影响较大，本研究也将其纳入研究范围，具体如下：

1. 魏晋南北朝时期蓟城周边的车箱渠灌溉区域。

2. 辽南京周边的高梁河流域、坝河、瓮山泊、玉渊潭、西湖（莲花池）、郊亭淀。

3. 金中都的西湖（莲花池）、百溪泉、白莲潭（积水潭）、南苑水体、涉及中都城的各条漕河的城外部分。

4. 元大都周边的瓮山泊、金水河城外河段、双塔漕渠、下马飞放泊、各条漕河的城外部分及大都南城（中都旧城）的水体空间。

5. 明北京城周边的南苑、温榆河漕河、潮白河漕河、通惠河的城外河段、积水潭城外部分（泓淳）。

6. 清北京城周边南苑、西北郊的"三山五园"、通惠河的城外河段、会清河。

（二）研究内容

1. 按照时间线索，整理相关文献，梳理北京城市水体空间发展变化过程

本研究的时间跨度从晚更新世晚期（距今23000年前）至清末（1911年）。文献类型包括：北京地区地貌演变研究成果、相关重要历史文献、相关考古报告以及今人的综合研究。本研究试图按照时间线索综合各类相关参考文献，更加清晰客观地还原北京城市水体空间演变的过程。

2. 分析影响北京城市的各类水体空间演变背后的深层原因

北京城市的各类水体空间在演变过程中，大都处于或拓展、或萎缩的变化之中，有些水体空间稳定性较强、有些则较弱，分析并找出造成这些现象的深层原因是本研究的重要内容。

3. 找出各类水体空间之间的内在联系

影响北京城市的各类水体空间，互相联系，彼此影响，显示出明显的关联性特征。本研究尝试在梳理相关文献的基础上，找出各类水体空间之间的内在联系，并分析其中的影响因素。

4. 研究水体空间与陆地空间在北京城市发展过程中的关系

水体空间与陆地空间共同组成了城市空间。在城市发展过程中，水体空间与陆地空间之间关系密切。水体空间会影响甚至决定陆地空间的发展，陆地空间同样对水体空间影响巨大。研究水体空间与陆地空间在北京城市发展过程中的关系可以更加全面地了解北京城市发展进程。

（三）研究方法

1. 史料挖掘与理论总结并重

通过收集各时期北京城市水体空间相关历史资料，并对其进行分析、整理、归纳与提取。在研究过程中，特别关注蕴藏在历史事实背后的思想线索。

2. 比较分析研究

比较法是根据一定的标准，将相互之间具有一定联系的事物进行比较，进而明确事物之间的异同。比较分析是对研究对象属性差异进行对比，目的是更加客观地认识问题，发现优劣势，从而能够做到扬长避短。本书的比较法主要运用在三个方面：

（1）各历史时期北京城市水体空间演变总体特征的异同。

（2）同一历史时期不同类型水体空间变化特征的异同。

（3）不同历史时期同类水体空间演变的异同。

3. 整体论与还原论的统一

强调整体是中国传统哲学思想重要特征之一。事物本来就是一个整体，难以分割，只有秉持整体的观点，才能把握事物总体特征。但要了解事物更深层次的内在规律，我们还需要对事物进行"还原"，将之分解成若干要素。事物整体特征的变化是要素之间变化的综合表现。虽然事物由各种要素组成，但要素不是事物本身，不能脱离事物而单独存在。因此，既要把握要素的变化，了解事物的特性，又要了解要素之间的内在联系和整体结构特征，把握事物的整体。对事物要素演进历史的研究，不能代替事物历史本身的研究，任何的"还原"研究并不是目的，而是认识事物的手段。北京城市水体空间在演变过程中，其所承载的信息关系经济、政治、社会等领域，只有从宏观的历史角度才有可能对其进行相对客观、准确的定位。因此，北京城市水体空间的演变过程研究要把握的是水体空间作为一个整体的发展特征，对局部的研究是为了客观地认识整体。

4. 历史事实的意义再阐释

研究历史在于随着时代的发展需要发掘历史的新义。正如梁启超所云："历史的目的在将过去的真事实予以新意义或新价值，以供现代人活动之资鉴。"

历史事实是客观存在的，但其历史意义总在不断变化。在北京城市水体空间演变过程的研究中，需要对原有的历史事件进行分类研究，对其历史意义予以客观的阐释。对于历史上有重要意义、今天仍有意义者，要予以足够的重视，这是研究首先要挖掘的部分；对于历史上并未察觉其意义、今天却意义重大者，需要特别发掘。

五 研究框架

(一) 研究整体框架

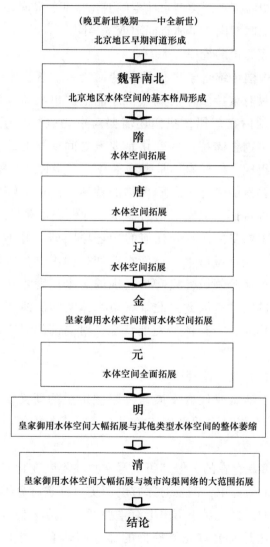

图 0-1 北京城市水体空间演变过程基本框架

资料来源：本研究整理。

（二）金代以前北京城市水体空间演变过程研究框架

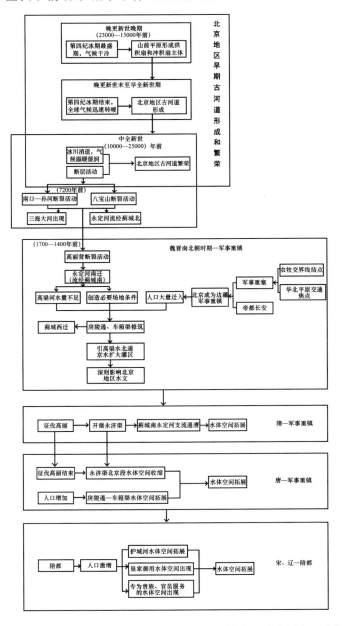

图 0-2 （同图 1-28）金代以前北京城市水体空间演变过程研究框架
资料来源：本研究整理。

（三）金代北京城市水体空间演变过程研究框架

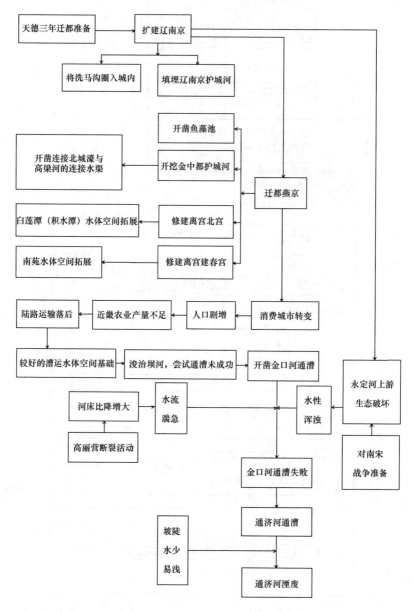

图0-3　（同图2-12）金代北京城市水体空间演变过程研究框架

资料来源：本研究整理。

（四）元代北京城市水体空间演变过程研究框架

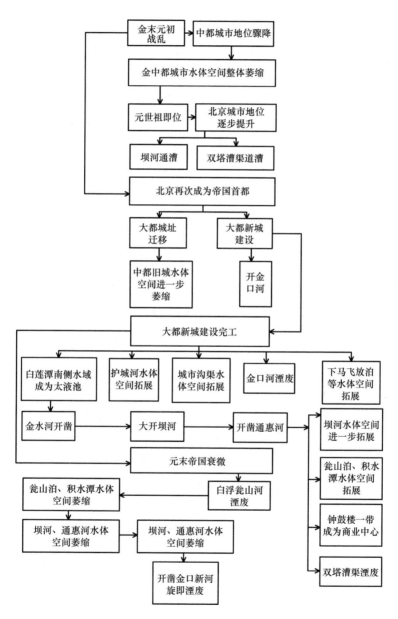

图 0-4　（同图 3-25）元代北京城市水体空间演变过程研究框架
资料来源：本研究整理。

（五）明代北京城市水体空间演变过程研究框架

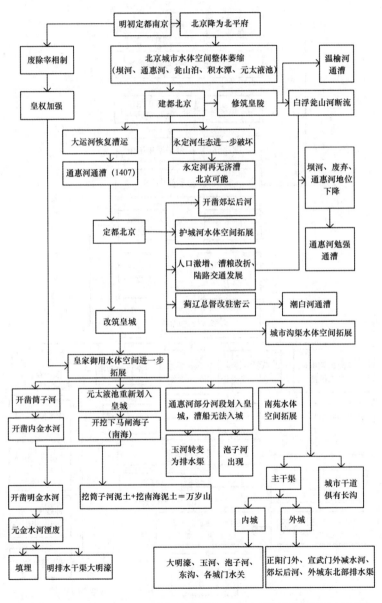

图0-5 （同图4-17）明代北京城市水体空间演变过程研究框架

资料来源：本研究整理。

（六）清代北京城市水体空间演变过程研究框架

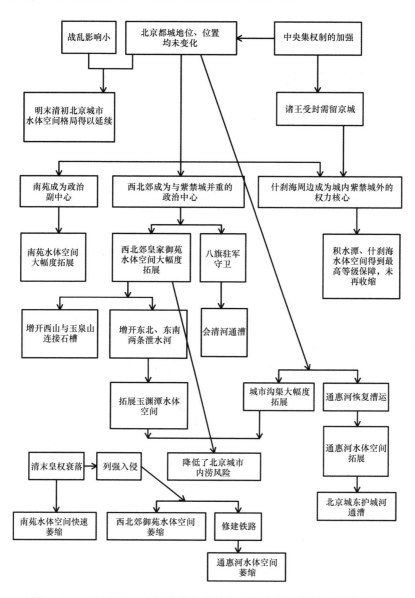

图 0-6　（同图 5-17）清代北京城市水体空间演变过程研究框架
资料来源：本研究整理。

第 一 章

金代以前北京城市水体空间演变过程研究

第一节　北京地区古河道的形成

一　晚更新世晚期北京地区永定河冲积扇充分发育

晚更新世晚期（距今 23000—15000 年前），是第四纪冰期最盛时期。本阶段气候干冷，植被稀疏，机械风化与寒冬风化强烈。北京周边山区产生大量岩屑物质。此外，从西北内陆吹来较多的尘土物质，加之当时河流水量减少，河流的搬运能力下降，导致河流堆积物大量增加。经过近万年的积淀，在北京山区形成了马兰砾石层上部，在山前平原形成了一系列洪积扇和广阔的冲积扇的主体①（图 1－1、图 2－2）。

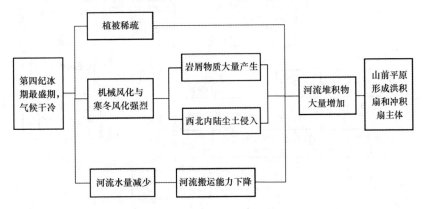

图 1－1　晚更新世晚期北京地区永定河冲积扇充分发育成因分析图

资料来源：本研究整理。

---

① 孙秀萍、赵希涛：《北京平原永定河古河道》，《科学通报》1982 年第 16 期。

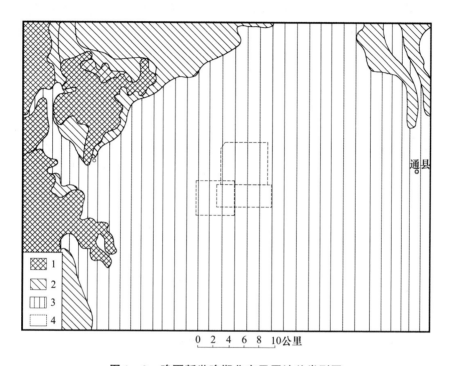

图 1 - 2　晚更新世晚期北京平原地貌类型图

资料来源：本研究根据孙秀萍《北京平原永定河冲积扇与古河道分布图》改绘。

1. 基岩山地　2. 山前洪、冲积台地与扇形地　3. 永定河冲积扇　4. 古代北京城市边界。

二　晚更新世末至早全新世北京地区古河道形成

晚更新世末至早全新世（距今 15000—10000 年前），随着第四纪冰期结束，全球性气候转暖导致冰川大量融化，岩屑物质来源大为减少，河流径流量骤增，河流的搬运能力提升。

同时，虽然本时期中国东部海平面已由 15000 年前的 -150m— -160m①迅速回升到 10000 年前的 -30m— -40m，但由于前期（23000—15000 年前的晚更新世晚期）海平面大幅度下降引起的河流侵蚀基准面降低，造成水面比降增加，水流的侵蚀作用加强，开始是在新出露的河段发生侵蚀，

---

① 距今 25000 年开始，中国东部海平面急剧下降，在 16000—15000 年前的晚玉木极盛时期，海面下降到最低深度—— -150m— -160m。赵希涛等：《中国东部 20000 年来的海平面变化》，《海洋学报》1979 年第 2 期。

然后逐渐向上游发展，导致溯源侵蚀。溯源侵蚀的影响此时到达北京地区。[①] 因此，河流搬运能力超过来沙量，开始了对永定河洪积扇与冲积扇的深切时期，北京平原永定河古河道就此形成（图1-3）。

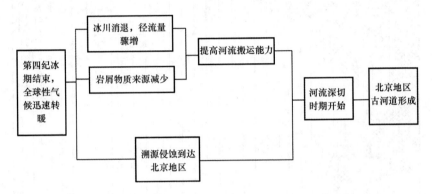

图1-3　晚更新世末至早全新世北京地区古河道形成分析图

资料来源：本研究整理。

三　中全新世北京地区古河道的稳定繁荣

中全新世（距今10000—2500年前），气候温暖湿润，河流水量丰沛，水网密布，植被繁茂，致使泥炭层在本区域河流的牛轭湖及洪积扇前缘洼地中普遍发育。同时海平面已经回升到如今海平面附近，河流侵蚀基准面抬高，比降减小，有利于曲流的发育。河流来沙量与其搬运能力恢复平衡，有利于河床的堆积。北京平原的永定河水系进入稳定繁荣时期（图1-4）。

北京大学地理系王乃樑团队根据古清河砂层中树干（采样点在仓营东）C[14]年代测定古清河的发育时间为7200年±110年。根据地层切割和叠层关系判断古金沟河发育的时期与古清河相当或稍早，由此断定，本时期北京地区发育的古河道是古金沟河和古清河。王乃樑团队通过对两条古河道所在位置的构造条件和断层活动特点进行分析，认为古河道的形成和迁移与断层活动造成的地块倾斜变化密切相关。距今约7200年以前，南口—孙河断裂和八宝山断裂活动，在南口—孙河断裂西南方和八宝山断裂

---

①　赵希涛、孙秀萍：《北京平原30000年来古地理演变》，《中国科学》1984年第6期。

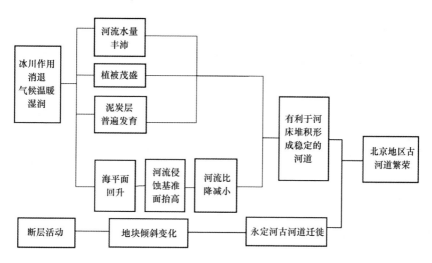

图1-4 中全新世北京地区古河道的繁荣期成因分析图

资料来源：本研究整理。

西北方的区域，形成一个向西北倾斜的地块。由于这个地块的东南部微微翘起，再加上八宝山一带隆起影响，永定河向东南方向的水流受到阻碍，只能沿八宝山断裂西侧向东北流①（图1-5）。

四 自然因素是北京地区早期古河道形成、发育和迁移的主因

（一）自然因素是北京地区早期古河道形成、发育和迁移的主因

综上所述，全球性气候变迁和断层活动导致了北京地区古河道形成、繁荣和迁移。由于人类活动此时还未对本地区产生较大影响，因此本阶段自然因素，而非人为因素是北京地区水体空间产生、发育和迁移的主因。

（二）本时期自然因素对于北京地区水体空间影响程度远超后世人为因素的影响

从图1-2、图1-5和图1-11的对比中可以看出，自然力的作用在北京地区形成了巨大的容纳水体的空间，自然因素对于本地区水体空间容量影响巨大，其规模和程度远超后世人为因素对于本地区水体空间的

---

① 王乃樑等：《北京西山山前平原永定河古河道迁移、变形及其和全新世构造运动的关系》，《第三届全国第四纪学术会议论文集》，科学出版社1982年版，第180—181页。

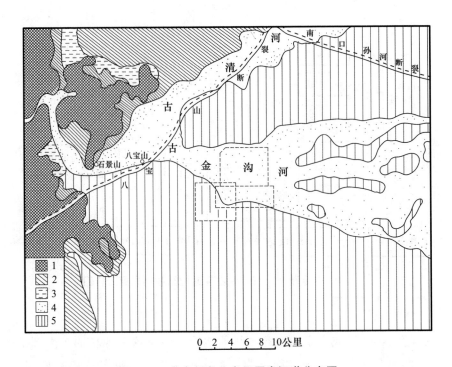

图 1 – 5　中全新世北京平原古河道分布图

资料来源：本研究根据孙秀萍《北京平原永定河冲积扇与古河道分布图》及王乃樑《北京平原西山山前永定河古河道与全新世活动断裂图》改绘。

1. 基岩山地　2. 山前洪、冲积台地与扇形地　3. 泛滥平原　4. 永定河古河道　5. 永定河冲积扇。

影响。

（三）气温的变化和断层活动是北京地区古河道形成、发育和迁移的主因

气温的高低决定了冰消作用的进行，进而通过气候的干湿变化，影响植被的生长和岩屑物质的产生量，并通过河流的径流量、泥沙量影响河流的搬运能力，最终影响河道的发育。气温的变化还造成了海平面的升降，随着河流侵蚀基准面的变化，在很大程度上影响着河流的深切与河床的堆积。同时，断层活动造成的地块倾斜变化影响了北京地区永定河古河道的迁徙，从而在一定程度上决定了永定河古河道的发育及分布。

形成北京地区古河道的自然环境各要素彼此关联，互相制约，同处于

一个有机整体中，其中气温的变化和断层活动是主因。

第二节　北京城市选址、城市性质及城市地位的主要决定性因素

一　北京特殊地理位置和地貌特征决定了北京城市选址、城市性质及城市地位

（一）北京是华北平原与北方山地高原之间陆路交通线的天然焦点

北京位于华北平原的最北端，也是北京小平原的核心区域。北部和东北部与燕山山脉相邻，西部与太行山东麓和秦岭东部支脉相接，东部直抵大海。其地形为群山环抱的半封闭小平原区，小平原向南、东南缓慢倾斜。北京平原地区与山地的界限常有陡坡，从山区到平原的高度下降的十分突然，几乎没有山麓丘陵带。北京平原向南和东面开敞的方向缓缓倾斜。[①] 燕山山脉从山西一直绵延至渤海湾，在华北平原与蒙古高原及东北平原之间形成了一道天然的屏障。燕山以南的华北平原由于冬季气温较高，夏季雨量相对充沛，农耕生活占主要地位；燕山以北由于受自然条件所限以游牧为主要生活方式。燕山山脉是中原农耕区与北方游牧区界线的一部分，这条农牧交界线西起青藏高原东北，东至大海，长约 2400 公里。燕山山脉分布有许多天然的峡谷隘口，如南口、古北口和山海关等，而这些通道恰为整条界线上从游牧草原至农耕平原最短的天然通道，北京正是位于这些通道的交汇处，故成为华北平原与北方山地高原之间南北陆路交通线的天然焦点，是中原农耕区与北方游牧区界线中最为重要的结点之一（图 1-6）。

（二）北京是古代华北平原最重要的交通枢纽

北京的兴起与华北平原最重要的古代交通道路的发展密切相关。这条古道沿太行山—燕山山脉，起自华北平原的中西部（华夏文明首先在那里发展起来），直至平原的北端。

独特的自然地理环境使沿着这条线路发展起来一条古代大道。这条线路的西部紧邻太行山脉，其东麓崎岖陡峭，只有通过几个天然山口，才能

---

① 侯仁之：《北平历史地理》，外语教学与研究出版社 2014 年版，第 1 页。

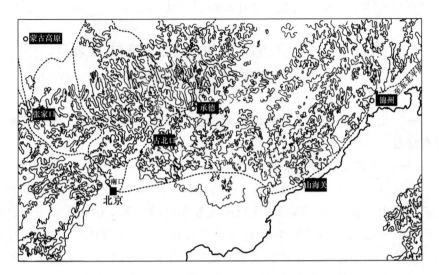

图 1 - 6　北京与燕山山脉天然隘口位置关系图

资料来源：本研究整理。

进入太行山区。位于太行山以西的山西高原，地形崎岖不平，通行条件较差。位于该线东侧的平原地区，夏季常遭洪水破坏，且排水不畅，导致该地区很难穿越。因此，必然在西部高山与东部平原之间发展起一条大道。这条线路也是最容易穿越每条河流的区域（图 1 - 7）。

二　汉族与游牧民族之间的矛盾影响着北京的城市地位和城市性质

（一）汉族与游牧民族之间的矛盾在东北方向的发展影响着北京的城市性质

由于燕山分隔所造成的不同自然地理环境，奠定了中原农耕区与北方游牧区的差异，并随着时代的发展使这一原本地理意义上的界线具备了政治、社会内涵。北方边疆历史发展的基本模式也由此确定，即主动进犯的游牧民族与被动防御的汉族之间的持续争斗与融合。

唐朝以前，每当汉族统治势力强大，扩张势力、开拓疆土时，都必定会将北京作为经略东北的基地。相反，在汉族势力衰微时，东北的游牧民族则经常乘虚而入，北京又成为汉族统治者的军事防守重镇。如果最终防

图 1 - 7　古代北京与华北平原最重要交通要道位置关系图

资料来源: 本研究根据侯仁之《古代太行山东麓大道示意图》改绘。

御失败, 东北方的游牧民族入侵后, 北京又成为游牧民族继续南进的跳板。[1]

(二) 游牧民族主要军事威胁方向变化也在很大程度上影响着北京城市性质及城市地位

在唐朝之前, 游牧民族的军事威胁主要来自西北方向, 长安作为中国历史早期都城具有较之北京更为重要的城市地位。当时, 北京仅是作为若

---

[1]　侯仁之:《关于古代北京的几个问题》,《文物》1959 年第 9 期。

干边防重镇之一，其军事职能远大于政治职能。唐末，随着游牧民族的威胁主要聚集在东北方向时，北京的政治、军事意义开始显现，并最终成为国都（图1-8）。

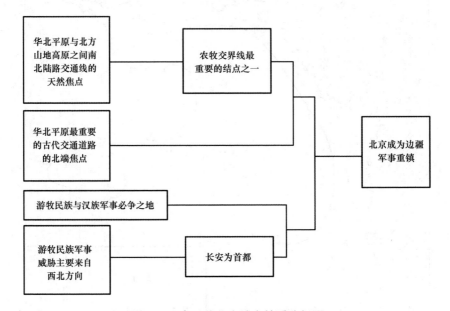

图1-8　唐以前北京城市性质分析图

资料来源：本研究整理。

第三节　东汉之前的燕国与蓟城

一　东汉之前燕国与蓟城的兴起

早在周初以前，北京原始聚落就已经发展起来了。依照郭沫若先生的观点，燕国应是一个自然发展起来的国家，它和周朝的关系或通婚或通同盟会，且在周灭商之前，燕国就已经存在。[①]

春秋时期，东北方向的东胡部族经常侵掠燕国。燕告急于齐，齐遂出兵北伐营救燕国，收复了燕国的疆域。

---

① 郭沫若：《中国古代社会研究》，《郭沫若全集·历史编·第一卷》，人民出版社1982年版，第265—266页。

燕昭王时燕国向南以黄河为界，国都为蓟城。①

战国时期，燕国势力增长，开拓北方。燕将秦开打败东胡，使燕国势力扩张至今建昌朝阳以北，并向东渡过了鸭绿江。此外，燕国也极力向南，和中原诸国争夺势力范围，其中最重要的就是齐国。公元前284年，燕将乐毅大败齐国，占领齐都临淄等70余城。

秦始皇统一六国后，曾修建驰道，北至蓟城，以加强蓟城和首都咸阳的联系。汉武帝开拓东北，将燕国已有的疆土外拓，蓟城则是长安到达东北边防的必经之地。

二　春秋至东汉蓟城位置及永定河走向

（一）春秋至东汉蓟城位置

苏天钧根据考古发掘资料以及永定河古河道的调查资料，推断春秋至东汉的蓟城位置应在今和平门到宣武门一线以南地带②（图1-9）。

（二）东汉以前永定河流经蓟城北

1. 《水经》记载永定河流经蓟城北

《水经》记载：湿水（永定河水）"又东南出山，过广阳蓟县北，又东至渔阳雍奴县西，入笥沟"③。

据段熙仲先生考证，《水经》大约成书于魏文帝黄初七年（226年），反映的多是东汉时的情况。因此可推断226年以前，永定河流经蓟城北。④

2. 王乃樑研究认为断裂活动导致早期永定河流经蓟城北

北大地理系王乃樑团队从永定河各条分支古河道所在位置的构造条件和断层活动特点进行分析，认为距今约7200年以前，南口—孙河断裂和八宝山断裂活动，在南口—孙河断裂西南方和八宝山断裂西北方的区域，形成一个向西北倾斜的地块。由于这个地块的东南部微微翘起，再加上八

---

① 《韩非子·有度》篇载："燕昭王（前311—前279年在位）（原文为'襄王'，依顾广圻说，改为'昭王'。）以河（黄河）为境，以蓟为国，袭涿、方城，残齐，平中山。"顾广圻：《韩非子识误》，中华书局1912—1948年版。

② 苏天钧：《关于北京都邑的变迁与水源关系的探讨》，《环境变迁研究（第一辑）》，海洋出版社1984年版，第44页。

③ 桑钦：《水经·卷十三·湿水》，中华书局1991年版，第51页。

④ 段熙仲：《〈水经注〉六论》，《水经注疏》，江苏古籍出版社1989年版，第3410页。

宝山一带隆起影响，永定河向东南方向的水流受到阻碍，只能沿八宝山断裂西侧向东北流。[1]

3. 孙秀萍研究认为汉以前永定河从西北—东南方向贯穿今北京城区，并将此古河道命名为"三海大河"

孙秀萍研究表明，永定河出山后，其中一条支流从石景山附近流出，经今八宝山、田村、半壁店、紫竹院，由德胜门以西南折，进积水潭，经后海、什刹海、北海、中海、南海，流经左安门附近贾家花园，流向今马驹桥方向。孙秀萍将其命名为"三海大河"，并认为"三海大河"是永定河从晚更新世以来，延续到全新世的一支古河道（图1-9）。[2]

4. 蔡蕃研究表明，永定河出山后，在今德胜门以西分为两支，一支是孙秀萍发现的"三海大河"方向，另一支沿今坝河入温榆河（图1-9）。[3]

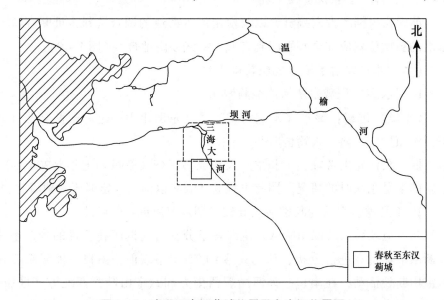

图1-9　春秋至东汉蓟城位置及永定河位置图

资料来源：本研究根据苏天钧《战国时期和东汉以后城址（蓟城）》位置示意图及孙秀萍相关研究成果改绘。

---

① 王乃樑等：《北京西山山前平原永定河古河道迁移、变形及其和全新世构造运动的关系》，《第三届全国第四纪学术会议论文集》，科学出版社1982年版，第182页。

② 孙秀萍：《北京地区全新世藏河、湖、沟、坑的分布及其演变》，《北京史苑（第二辑）》，北京出版社1985年版，第227页。

③ 蔡蕃：《北京古运河与城市供水研究》，北京出版社1987年版，第13页。

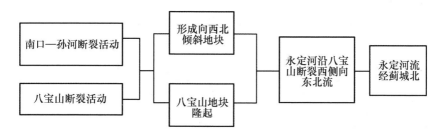

图 1-10　断裂活动导致早期永定河流经蓟城北原因分析图

资料来源：本研究整理。

第四节　魏晋南北朝时期北京地区水体
空间的演变与蓟城西迁

一　魏晋南北朝前期永定河南迁

（一）《水经注》记载㶟水（永定河）流经蓟城南，证实了㶟水在东汉以后南迁

郦道元《水经注》注文说："……㶟水又东经广阳县故城北，谢承《后汉书》曰，世祖与铫期出蓟至广阳欲南行即此城也，谓之小广阳。㶟水又东北，经蓟县故城南，《魏土地记》曰：蓟城南七里有清泉河，而不经其北，盖经（《水经》）误证矣。"[1]

《水经》记载㶟水"过广阳蓟县北"，郦道元看到的是"经蓟县故城南"，所以郦道元认为《水经》记载有误。关于此问题很多专家认为这是由于在此期间㶟水南迁所致。《水经》与《水经注》记载的㶟水变化证实了㶟水在东汉以后南迁的情况。

（二）全新世后期高丽营断裂活动的加强导致永定河南迁

王乃樑团队根据大红门砂层木屑 C^{14} 年代测定为 1420 年 ±85 年，判定㶟水和古无定河的发育时期。并通过对两条古河道所在位置构造条件和断层活动特点进行分析，认定大约在距今 5000 年前后，高丽营断裂活动加强，断裂的东南盘相对下降，西北盘上升，永定河出山后，就不再

---

① 郦道元：《水经注·卷十三·㶟水》，中华书局 1991 年版，第 747—748 页。

流向相对抬高的原古清河而选择了地势较低的东和东南方向迁移，距今约 1400 年前后永定河由原来古清河逐渐转移到㶟水和古无定河的位置（图 1-11）。

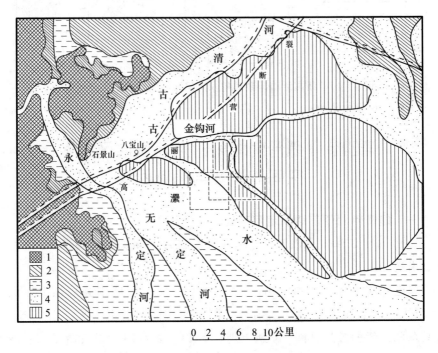

图 1-11　全新世后期北京平原古河道分布图

资料来源：本研究根据孙秀萍《北京平原永定河冲积扇与古河道分布图》及王乃樑《北京平原西山山前永定河古河道与全新世活动断裂图》改绘。

1. 基岩山地　2. 山前洪、冲积台地与扇形地　3. 泛滥平原　4. 永定河古河道　5. 永定河冲积扇。

（三）笔者推测东汉至曹魏时期永定河南迁可能在 226—250 年之间

《水经》记载㶟水"过广阳蓟县北"。据段熙仲考证，《水经》成书于魏文帝黄初七年（226 年）左右，由此推断永定河应在 226 年之后改道南移。刘靖开车箱渠的时间是嘉平二年（250 年），刘靖开车箱渠时，永定河已改道南移，由此推断永定河南移的时间可能在 226—250 年之间，也就是曹魏初年，距今约 1700 年前后（图 1-12）。

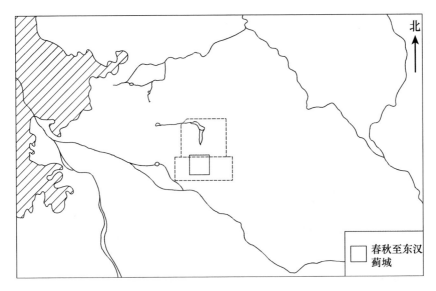

图 1-12　东汉后期蓟城位置及永定河南迁示意图

资料来源：本研究根据苏天钧《战国时期和东汉以后城址（蓟城）位置示意图》及孙秀萍相关研究成果改绘。

（四）叶良辅认为永定河南移的原因是水流流速过快以及泥沙过多

叶良辅先生认为永定河南移的时间发生在曹魏时期，原因是永定河水流湍急，河流泥沙过多，导致河水超出原有水道，改道南移。[①]

（五）断裂活动所导致的北京地形变化是后期魏戾陵遏被冲毁以及金、元金口河失败的重要原因

笔者认为，高丽营断裂活动加强，西北盘上升，东南盘相对下降，势必造成永定河原河道比降增加，水流加速，致使曹魏时期改道南移（永定河原河道应尚存）。

后修筑戾陵遏、车箱渠以及金、元金口河都是利用改道前永定河故道人工开凿而成（详见后），此时引水永定河，由于河流比降增加，必定水

<hr>

[①]　叶良辅先生在《石景山附近永定河迁流辩》一文中称："汉时……浑河实在石景山以西之平原，但经过蓟县之北。魏时河流南移。南移原因殆以冲击甚速之故，盖浑河沉淀之多固有，越寻常也。"叶良辅：《石景山附近永定河迁流辩》，《叶良辅与中国地貌学》，浙江大学出版社1989年版，第105页。

流湍急，这是导致后期戾陵遏被冲毁以及金、元金口河失败的重要原因。[①]

侯仁之先生在《北京都市发展过程中的水源问题》[②] 一文中也提到，戾陵遏、车箱渠工程常为洪水所毁，其中重要的原因是车箱渠坡度过陡，容易导致水灾。

《金史·河渠志》记载金口河因"地势高峻，水性浑浊……不能胜舟"而失败。[③]

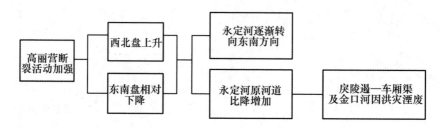

图 1 - 13　东汉后期永定河南迁的原因及对后期水利工程的影响分析
资料来源：本研究整理。

二　永定河南迁与戾陵遏、车箱渠的修筑

（一）戾陵遏与车箱渠的修筑条件

1. 曹魏时期的政治、军事形势导致北京地区驻军人口和著籍人口大量迁入是戾陵遏与车箱渠修筑的必要时代条件

（1）曹魏时期北京地区驻军人口的大量增加

自汉衰落以来，处于北方边界的蓟城一带，时常会受到东北方向游牧民族的进犯，其威胁不断增加，对处于防御地位的中原方面来说，要防御

---

① 《水经注》记载："晋元康四年，……遏（戾陵遏）立积三十六载，至五年夏六月，洪水暴出，毁损四分之三，剩北岸七十余丈，上渠车箱，所在漫溢。"郦道元：《水经注·卷十四·鲍丘水》，中华书局 1991 年版，第 769—770 页。

② 侯仁之：《北京都市发展过程中的水源问题》，《北京城的生命印记》，生活·读书·新知三联书店 2009 年版，第 59 页。

③ 关于金口河的水患《四库全书珍本初集》也有相关记载，（元）至元九年监察御史魏初就曾上奏："至元九年五月二十五日至二十六日大都大雨，流涝弥漫，居民室屋倾圮，溺压人口，流没财物粮粟甚众，通玄门外金口（河）黄浪如屋……恭详两都承金口下流，势若建瓴，其水溃恶，平时尤不能遏止。西北已冲渲至城脚，若积雨会合，漂没偶大于此，则所谓省木石漕运之费，收藉渠灌溉之功，未易补偿也。"

游牧民族随时可能发起的突袭，就必须派遣军队长期驻防，而长期驻防势必需要大量的军粮供给。与此同时，政局分裂，地方势力割据混战，导致民散田荒，军队的粮食供给匮乏。为保证守军长期稳定的粮食供给，唯有就近广垦田地、兴修水利。[①]

（2）曹魏时期北京地区其他人口的大量迁入

三国建安时期，汉人连同归降的乌桓人，大量迁入内地居住。[②] 与乌桓邻近的北京地区，应当为其迁入地之一。

魏明帝太和元年（227 年），司马懿攻破新城（治今湖北省房县），斩杀孟达，"又徙孟达余众七千余家于幽州"。司马懿攻下孟达地盘后，将其余众远徙幽州。[③]

三国曹魏时期的政治、军事形势导致北京地区驻军人口和著籍人口大量迁入，使得粮食需求量也随之大增，是戾陵遏与车箱渠修筑的必要时代条件。

2. 曹魏时期高梁河水量不足使得别引㶟水成为唯一的选择

曹魏时期，㶟水已南迁，高梁河只是由城西北几条小溪发源的一条小河，[④] 其水量无法满足大规模农业灌溉的需要，而要满足蓟城及周边农业灌溉的需要，别引㶟水似是唯一的选择。

在石景山附近永定河出山处修筑拦水坝，开凿人工水渠连接高梁河，将㶟水引入高梁河满足大规模农业灌溉的需要，应是当时最佳的选择。[⑤]

3. 东汉后期永定河的南迁客观上为戾陵遏与车箱渠的修筑创造了必要的场地条件

刘靖作为镇北将军，如不扩大耕地面积并引水灌溉是无法完成军屯戍

---

① 侯仁之：《北京都市发展过程中的水源问题》，《北京城的生命印记》，生活·读书·新知三联书店 2009 年版，第 56 页。

② 《三国志》记载，建安十二年（207 年），曹操征乌桓（东胡），"……八月……斩蹋顿及名王已下，胡汉降者二十余万口"。陈寿：《三国志·卷一·武帝纪》，上海古籍出版社 2002 年版，第 25 页。《后汉书》记载"建安十二年，曹操自征乌桓，大破蹋顿于柳城，斩之，首虏二十余万人。袁尚与楼班、乌延等皆走辽东，辽东太守公孙康并斩送之。其余觽万余落，悉徙居中国云"。范晔：《后汉书·卷九十·乌桓鲜卑列传》，中华书局 1997 年版，第 2979—2984 页。

③ 刘毅：《晋书·卷第一》，北京燕山出版社 2009 年版，第 2 页。

④ 郦道元《水经注·㶟水》记载："……故俗谚云：高梁无上源，清泉无下尾。盖以高梁微涓浅薄，裁足津通，凭借涓流方成川甽。"

⑤ 侯仁之：《北平历史地理》，外语教学与研究出版社 2014 年版，第 52 页。

边任务的。从郦道元记录的刘靖碑碑文①中可以看出，戾陵遏与车箱渠的修建在当时应是一项异常艰巨的水利工程。笔者推测，这样的工程以当时的技术水平如果没有一定的条件是无法实现的，而这个条件就应该是东汉以后永定河的改道。东汉以后永定河由东北向东南的改道，客观上为刘靖利用东汉之前的永定河故道筑坝开渠、导引灌溉创造了必要的场地条件。②

（二）戾陵遏与车箱渠的修建

《水经注·鲍丘水》记载："……又东北，迳刘靖碑北，其词云，……刘靖……乃使帐下丁鸿督军士千人，以嘉平二年立遏于水，道高梁河，造戾陵遏，开车箱渠……"③

《三国志》中记载："靖……遂开拓边守，屯居险要。又修广戾大塥，水溉灌蓟南北。三更种稻，便民利之……"④

嘉平二年（250 年）征北将军刘靖派部下丁鸿，督率军士在今石景山麓西北修筑拦水坝戾陵遏（堰）。同时，利用永定河改道前（图 1－11）的金沟河旧河道，修筑人工水道车箱渠，将永定河与蓟城东北的高梁河连接起来，灌溉蓟城北、东、东南三面土地（图 1－16），有力地保障了驻军及边民的粮食供给。《三国志》的记载还表明，戾陵遏与车箱渠修筑后，蓟城地区开始了水稻种植，边疆地区的人民收益颇多，这是文献记载中北京最早的大规模引水工程（图 1－14）。

（三）景元三年（262 年）樊晨重修戾陵遏扩大灌区

景元三年（262 年），樊晨重修戾陵遏，车箱渠进一步拓展，其原因

---

① 郦道元《水经注·鲍丘水》记载："鲍丘水入潞，通得潞河之称矣，高梁水注之，水首受濕水于戾陵堰，水北有梁山，山有燕刺王（刘）旦之陵，故以戾陵名堰，水自堰枝分，东迳梁山南，又东北，迳刘靖碑北，其词云，魏使持节都督河北道诸军事征北将军建乡侯沛国刘靖，字文恭，登梁山以观源流，相濕水以度形势，嘉武安之通渠，羡秦民之殷富，乃使帐下丁鸿督军士千人，以嘉平二年立遏于水，道高梁河，造戾陵遏，开车箱渠，其遏表云，高梁河水者出自并州潞河之别源也，长岸峻固，直截中流，积石笼以为主遏，高一丈，东西长三十丈，南北广七十余步，依北岸立水门，门广四丈，立水十丈，山水暴发，则乘遏东下，平流守常，则自门北入，灌田岁二千顷，凡所封地百余万亩……"郦道元：《水经注·卷一四》，中华书局 1991 年版，第 767—768 页。

② 苏天钧：《关于北京都邑的变迁与水源关系的探讨》，《环境变迁研究（第一辑）》，海洋出版社 1984 年版，第 46 页。

③ 郦道元：《水经注·卷一四》，中华书局 1991 年版，第 767—768 页。

④ 陈寿：《三国志》，上海古籍出版社 2002 年版，第 423 页。

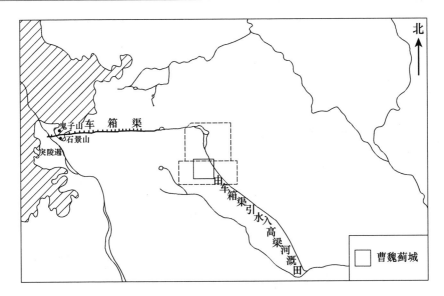

图 1-14　公元 250 年刘靖开车箱渠溉田情况图

资料来源：本研究根据侯仁之《古代蓟城近郊的河湖水系与主要灌溉渠道图》及蔡蕃《车箱渠与永定河故道、高梁河关系图》改绘。

是刘靖原封地（广陆亭侯）百余万亩，这时因民田产粮不够，自他处运粮又太费，因此从他的封地中划出 4336 顷交给地方，他只剩下 5930 顷。原封地浇田 2000 顷，此时缩减为 1000 顷。堰引水入车箱渠自蓟城西北，过昌平，东抵达潞水，长四五百里，共可浇地"万有余顷"，灌区共有百余万亩①（图 1-15、图 1-16）。灌溉总面积数倍于原工程（250 年刘靖开车箱渠）。

三　戾陵遏、车箱渠的修筑最终导致了蓟城的西迁

（一）蓟城的西迁

1. 侯仁之先生认为春秋至辽代蓟城无迁移改筑

《文物》杂志 1959 年第 9 期中，侯仁之先生发表论文《关于古代北京

---

① 《水经注·鲍丘水》记载："……刘靖碑……其词云，……至景元三年（262 年）辛酉，诏书遣谒者樊晨更制水门，限田千顷，刻地四千三百一十六顷，出给郡县，改定田五千九百三十顷，水流乘车箱渠，自蓟西北迳昌平，东尽渔阳潞县，凡所润含四五百里，所灌田万有余顷。"郦道元：《水经注·卷一四》，中华书局 1991 年版，第 769—770 页。

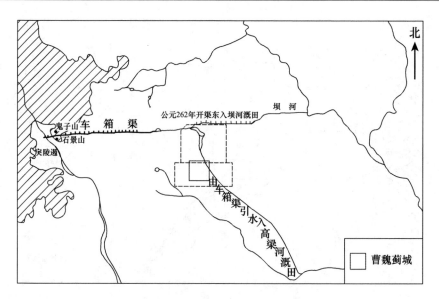

图 1 - 15 公元 262 年樊晨东拓车箱渠溉田情况

资料来源：本研究根据侯仁之《古代蓟城近郊的河湖水系与主要灌溉渠道图》及相关研究成果改绘。

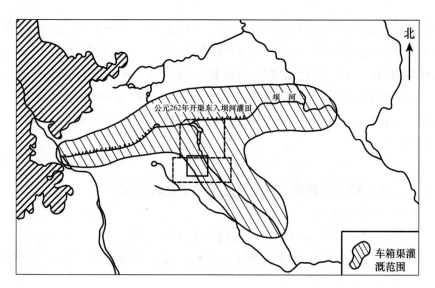

图 1 - 16 车箱渠溉田范围情况

资料来源：本研究根据侯仁之《古代蓟城近郊的河湖水系与主要灌溉渠道图》及相关研究成果改绘。

的几个问题》。① 文中，侯仁之先生根据郦道元《水经注》相关记载，② 并结合相关文献判断"郦道元所记的蓟城，约当今北京外城之西北部。现白云观所在……"同时推断郦道元所见蓟城与燕国的蓟城一致，从而证明自春秋战国至东汉蓟城无迁移或改筑。

根据《水经注·㶟水》相关记载，侯先生又证明东汉至北魏以来蓟城城址未有改变。③

《日下旧闻考》记载，唐贞观十八年（644年）十一月，外侵高丽失败，兵退蓟城，为安抚军心，在城内东南建悯忠寺（即今天的法源寺）。

《太平寰宇记》所引《郡国志》④ 的记载："蓟城城址南北九里，东西七里"，侯先生据此两点推断唐蓟城与《水经注》所记录的蓟城位置大致相同。

除文献外，侯先生还根据 1951 年发现于东长安街御河桥工地的唐任紫宸墓志和 1952 年发现于陶然亭湖以西的姚家井唐墓的墓志，与《水经注》相关记载的比对进一步证实了唐蓟城与《水经注》所记录的蓟城位置大致相同。

综上所述，侯先生得出结论称："自春秋战国以来，历东汉、北魏至唐，蓟城城址并无变化。其后辽朝，虽以蓟之故城置为南京，但是并无迁移或改筑。只是到了金朝建为中都之后，才于东西南三面扩大了城置。元朝另选新址，改筑大都，遂为今日北京内城的前身。"

2. 1974 年白云观以西蓟城城址的考古发掘证实东汉以前的蓟城并非此地

1974 年春，为配合基建工程，赵其昌先生主持发掘了白云观以西的蓟

---

① 侯仁之：《关于古代北京的几个问题》，《文物》1959 年第 9 期。

② "昔周武王封尧后于蓟，今城内西北隅有蓟丘，因丘以名邑也，犹鲁之曲阜，齐之营丘矣，武王封召公之故国也。"郦道元：《水经注·卷十三·㶟水》，中华书局 1991 年版，第 748 页。

③ 《水经注·㶟水》记载："㶟水又东与洗马沟水合，水上承蓟水，西注大湖，湖有二源，水俱出县西北，平地导源，流注西湖，湖东西二里，南北三里，盖燕之旧池也。绿水澄澹，川亭望远，亦为游瞩之胜所也。湖水东流为洗马沟，侧城南门东注，昔铫期奋戟处也。其水又东入㶟水。"侯先生考证"西湖"应为广安门外莲花池前身，同时文中提到"（西湖水）东流为洗马沟，侧城南门东注"，据此可推测出蓟城南界，从而证明东汉至北魏以来蓟城城址未有改变。

④ 侯仁之认为蓟城城址根据文献确有可考的，当以宋朝乐史编撰的《太平寰宇记》所引《郡国志》一书为最早。《郡国志》所记蓟城，南北九里，东西七里。《太平寰宇记》所引《郡国志》，必是唐朝或唐朝以前最多不过于南北朝的著作，所记蓟城里数也当是唐朝蓟城或再早一些的蓟城里数。

城城址，在城墙遗址转角处北墙正中夯土之下发现了一座东汉砖室墓葬。此外，考古队在城墙遗址的北墙北侧，又发现两座东汉墓葬也被压于城墙夯土之下，一座完整，一座残破，经考古人员现场观察，很可能是城墙修筑时破坏的。因此可以断定，城墙晚于东汉。又根据 1965 年北京西郊八宝山南侧发掘的西晋王浚妻华芳墓志记载，华芳于永嘉元年（307 年）"假葬于燕国蓟城西二十里"①。由此可知，华芳墓地往东二十里，就是西晋的蓟城。

白云观以西蓟城遗址正位于华芳墓地东略南二十里。方位、里程，大体相符。

据此推断：白云观以西蓟城遗址，即西晋蓟城。② 同时，相关文物部门对白云观以西蓟城遗址的长期考古发掘过程中，并未发现早于西晋的有关遗址，由此推断，东汉以前的蓟城可能并不在这里。

3. 苏天钧推断春秋战国至东汉以前的蓟城在和平门到宣武门一线以南一带

北京市社科院研究员苏天钧根据考古发掘以及永定河古河道的调查资料，推断春秋战国至东汉以前的蓟城在和平门到宣武门一线以南一带。③ 从而推断侯仁之先生所确定的白云观一带的蓟城城址是东汉以后西迁过去的（图 1 - 17）。

（二）戾陵遏与车箱渠的修筑很可能最终导致了蓟城的西迁

关于蓟城西迁的原因，20 世纪 70 年代北京市文物局考古队在《建国以来北京市考古和文物保护工作》④ 一文中提出："蓟城可能由于㶟水的洪水泛滥，东部被冲毁，而在东汉以后西移。"

20 世纪 80 年代赵其昌先生根据零星的考古发掘，也提出了水毁蓟城（前期蓟城），从而导致其西迁的设想。⑤

---

① 北京市文物工作队：《北京西郊西晋王浚妻华芳墓清理简报》，《文物》1965 年第 12 期。

② 赵其昌：《蓟城的探索》，《北京史研究（一）》，燕山出版社 1986 年版，第 39 页。

③ 苏天钧：《关于北京都邑的变迁与水源关系的探讨》，《环境变迁研究（第一辑）》，海洋出版社 1984 年版，第 44 页。

④ 北京市文物局考古队：《建国以来北京市考古和文物保护工作》，《文物考古工作三十年（1949—1979）》，文物出版社 1979 年版，第 5 页。

⑤ 赵其昌：《蓟城的探索》，《北京史研究（一）》，燕山出版社 1986 年版，第 46 页。

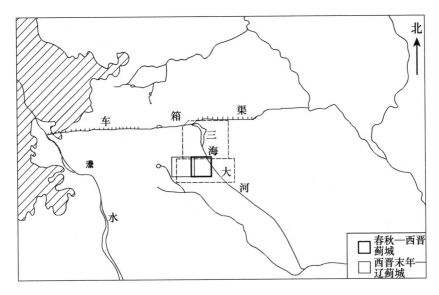

图 1 - 17　春秋至辽代蓟城城址变迁示意图

资料来源：本研究根据苏天钧《战国时期和东汉以后城址（蓟城）位置示意图》及孙秀萍、侯仁之相关研究成果改绘。

　　1997 年北京市文物研究所研究员陈平发表文章《燕亳与蓟城的再探讨》，文中提出可能正是因为（西晋）元康五年（295 年）的一场洪水①冲毁了前期蓟城的东部，并由此导致了前期蓟城的西迁。②

　　2014 年，陈平撰文《揭开分期迷雾，寻访前期蓟城》，进一步说明，正是由于戾陵遏的修筑导致了行洪不畅，使洪水（元康五年）冲出车箱渠，夺路重回"三海大河"故道，并在前期蓟城东北郊突破河岸堤防，最终造成了前期蓟城东部被毁及后期蓟城的西迁③（图 1 - 17）。

---

　　① 《水经注》记载："晋元康四年，君（刘靖）少子骁骑将军平乡侯弘（刘弘），受命使持节监护幽州诸军事，领护乌丸校尉宁朔将军。遏立积三十六载［应为四十六载。这是因为自嘉平二年（250 年）到元康五年（295 年）为四十六年。］，至五年夏六月，洪水暴出，毁损四分之三，剩北岸七十余丈，上渠车箱，所在漫溢。追惟前立遏之勋，亲临山川，指授规略，命司马、关内侯逄恽，内外将士二千人，起长岸，立石渠，修主遏，治水门，门广四丈，立水五尺，兴复载利，通塞之宜，准遵旧制，凡用功四万有余焉。"郦道元：《水经注·卷十四·鲍丘水》，中华书局 1991 年版，第 769—770 页。

　　② 陈平：《燕亳与蓟城的再探讨》，《北京文博》1997 年第 2 期。

　　③ 陈平：《揭开分期迷雾，寻访前期蓟城》，《北京文博》2014 年第 2 期。

笔者认为，高丽营断裂活动加强，造成永定河原河道比降增加，水流加速（见前文），这是导致戾陵遏—车箱渠暴发洪水，最终促使蓟城西迁的最重要原因。

四　北魏神龟二年（519年）幽州刺史裴延俊重修戾陵遏溉田

（一）晋元康五年至北魏肃宗初年二百余年间，北京地区水体空间整体上呈收缩之势

1. 政局动荡，人口大规模减少是这一时期北京地区水体空间收缩的主因

晋元康五年（295年）水毁戾陵遏又重修后不久，晋朝的短暂统一结束，开始了十六国的动荡时期。这段时期战乱不断，北京地区频繁易主，先后成为后赵、前燕、前秦、后燕等国的领土。这一时期，"华夷争杀，戎夏竞威，破国则积尸竟邑，屠将则覆军满野，海内遗生，盖不余半"，人口损耗极其严重。①

2.《魏书》的相关记载证实戾陵遏—车箱渠在这一时期处于荒废的状态

直到北魏肃宗初年的二百余年期间，都没有关于戾陵遏与车箱渠的记载。《魏书》记载："肃宗初……范阳郡有旧督亢渠，径五十里，渔阳燕郡有故戾陵诸堰，广袤三十里。皆废毁多时，莫能修复……"② 结合《魏书》中的相关记载，可以推断，这段时间戾陵遏—车箱渠灌溉工程应基本处于荒废状态。戾陵遏—车箱渠的荒废导致本时期北京地区水体空间的大规模收缩。正如叶良辅先生在《石景山附近永定河迁流辩》③ 一文中指出："此种通道（戾陵遏—车箱渠工程），既非出于自然，一经荒残，即成淤塞矣。"（图1-18）

（二）北魏神龟二年（519年）裴延俊使卢文伟重修戾陵遏溉田，部分恢复了原有灌渠

1. 北魏时期政局相对稳定，人口大规模增加是这一时期北京地区水体空间恢复的主因

北魏时期政局相对稳定，人口大规模增加，至孝明帝正光年间

① 沈约：《宋书·卷八二·周郎传》，中华书局1997年版。
② 魏收：《魏书·卷六九·裴延俊》，吉林人民出版社1995年版，第939—940页。
③ 叶良辅：《石景山附近永定河迁流辩》，《叶良辅与中国地貌学》，浙江大学出版社1989年版，第105页。

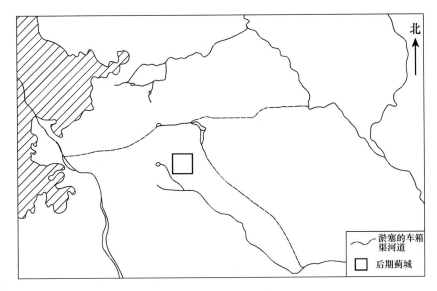

图 1 - 18 西晋至北魏车箱渠淤塞情况示意图

资料来源：本研究根据相关研究成果改绘。

（520—525年），人口规模大约相当于西晋太康年间的一倍。[①]

2. 相关史料证实裴延俊使卢文伟重修戾陵遏溉田，部分恢复了原有灌渠[②]

五 北齐天统元年（565年）斛律羡引高梁水北通易京水扩大灌区，沟通高梁河和温榆河

北齐天统元年（565年），幽州刺史斛律羡又"导高梁水，北合易京

[①] 《魏书·地形志》（魏收：《魏书·卷一〇六上·地形上》，吉林人民出版社1995年版，第1496页）总序概述说："正光已前，时惟全盛，户口之数，比夫晋之太康，倍而已矣。"

[②] 《魏书》记载："肃宗初……转平北将军，幽州刺史。范阳郡有旧督亢陂，径五十里，渔阳燕郡有故戾陵诸堰，广袤三十里。皆废毁多时，莫能修复。时水旱不调，民多饥馑，延俊谓疏通旧迹，势必可成，乃表求营造。遂躬自履行，相度水形，随力分督，未几而就。溉田百余万亩，为利十倍，百姓至今（指北齐）赖之。"魏收：《魏书·卷六九·裴延俊》，吉林人民出版社1995年版，第939—940页。《北齐书》记载："卢文伟，字休族，范阳涿人也……年三十八……除本州平北府长流参军，说刺史裴（延）俊按旧迹修督亢陂，溉田万余顷，民赖其利，修立之功，多以委文伟。……兴和三年卒于州，年六十……"李百药：《北齐书·卷二十二·卢文伟》，中华书局1999年版，第217—218页。北魏神龟二年（519年）（卢文伟年三十八修渠，兴和三年，年六十卒，据此推算修渠时间），幽州刺史裴延俊根据卢文伟的建议重加修复，并使卢文伟主持。

水，东会于潞，因以灌田，边储岁积，转漕用省，公私获利焉"[1]。易京水《水经·湿余水注》作易荆水，据姚汉源先生考证应为温榆河上源，[2] "导高梁水，北合易京水"应泛指导高梁水入温榆河水系。另外，从德胜门向北沿今小月河也可能在此时开凿[3]（图1-19）。

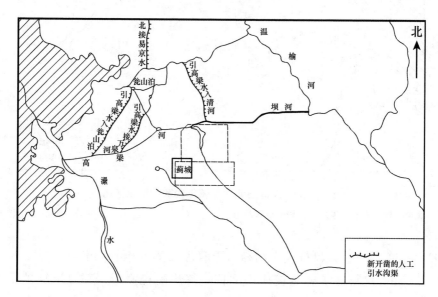

图1-19　斛律羡凿引高梁水北通易京水扩大灌区示意图

资料来源：本研究根据姚汉源相关研究成果改绘。

六　魏晋南北朝时期北京平原地区的农业垦殖与相关水利工程的修筑深刻影响了北京地区的水文

（一）在人类大规模干扰之前北京平原森林与草原兼而有之

植物学家吴征镒先生在《北京的植物》一书中推断称："北京平原中原生植被类型大致是森林和草原兼而有之。"[4]

中国科学院地质研究所周昆叔在1958—1959年间，通过对北京市西

---

① 李百药：《北齐书·卷十七·斛律羡》，中华书局1999年版，第154页。

② 姚汉源：《元以前的高梁河水利》，《水利水电科学研究院科学研究论文集·第12集（水利史）》，水利水电出版社1982年版，第129页。

③ 蔡蕃：《北京古运河与城市供水研究》，北京出版社1987年版，第18页。

④ 吴征镒：《北京的植物》，北京出版社1958年版，第7页。

北肖家河及东部沔涝淀两个全新世形成和被埋藏的泥炭的孢粉分析，证实了吴征镒先生的推断，认为北京平原的原始植被是森林与草原兼而有之，并且在低湿地区有一些湿生和沼泽植物的分布。森林成分中以栎树为主，混杂一些松树，并且混生有榆、椴、桦、槭、柿、鹅耳枥、朴、胡桃和榛等乔灌木植物。草原植物有蒿、禾本科和藜科植物，并混生有麻黄，代表着旱生的干草原类型；也有一些中生的草甸草原类型的植物，如蓼科和伞形科植物。①

（二）北京地区的农业垦殖与相关水利工程的修筑深刻影响了北京地区的水文

《战国策·燕策》记载："燕国……北有枣栗之利，民不佃作，枣栗之食足于民矣。"木本粮食种植最有利的种植地是平原与山地交汇的浅山区，战国时期北京地区大规模种植木本粮食，势必以大量砍伐原生森林为前提。

嘉平二年（250年）刘靖为了守卫边疆，在北京平原地区大规模屯田，同时修筑戾陵遏与车箱渠，引永定河水，灌溉农田两千多顷。景元三年（262年），樊晨重修戾陵遏，拓展了车箱渠，灌溉农田百余万亩（见图1-16）。

北魏神龟二年（519年）裴延俊使卢文伟重修戾陵遏溉田百余万亩。

北齐天统元年（565年），幽州刺史斛律羡又"导高梁水，北合易京水……因以灌田……"

北京平原大规模农业垦殖与水利工程的修筑，一方面保证了驻守军队和当地百姓的粮食供应，另一方面也深刻影响了北京地区的水文。

近人研究表明，"下垫面"因素对于径流的形成起着非常重要的作用。② 农业垦殖不可避免地造成森林资源和土壤结构的破坏，相应的，河流的水文情况不断恶化，加剧了径流在年内的变化与多年的变化，同时使得土壤的侵蚀日趋严重，造成旱涝频发，土地贫瘠的后果。③

---

① 周昆叔：《对北京市附近两个埋藏泥炭沼的调查及其孢粉分析》，《中国第四纪研究（第四卷第一期）》，科学出版社1965年版，第118—134页。

② A. A. 索科洛夫：《人类经济活动对河川径流的影响》，《人类活动对径流的影响》，水利水电出版社1958年版，第13页。

③ 李驾三：《人类活动对于河川径流的影响》，《人类活动对径流的影响》，水利水电出版社1958年版，第39页。

一般来说，茂密的森林具有多层植被，其水土流失量仅为农地的千分之一，甚至万分之一。① 查水文手册，我们发现，原始森林的径流系数约0.01，灌溉玉米地的径流系数约0.4，水泥地的径流系数约0.9。也就是说，从森林变成玉米地，增加了40倍的径流量，而玉米地变成水泥地只增加了2倍多。换言之，农业对水文的影响是决定性的，而现代城市化进程虽然也会对水文产生影响，但是从数量级上来说，并没有农业那么高。

由此可见，古代北京平原的农业垦殖对于北京地区水文的影响从程度上来说，很可能远大于近几十年以来快速的城市化进程对北京地区水文的影响。

七　魏晋南北朝时期北京地区水体空间演变过程分析

（一）魏晋南北朝时期北京地区水体空间演变的三个阶段

纵观魏晋南北朝时期北京地区水体空间的演变过程，笔者认为大致可分成三个阶段：第一阶段是三国曹魏至西晋的空间大发展时期；第二阶段是西晋元康五年至北魏肃宗初年的空间收缩时期；第三阶段是北魏肃宗初年的空间恢复及进一步拓展阶段。

1. 三国曹魏至西晋北京地区水体空间大发展

嘉平二年（250年）征北将军刘靖派部下丁鸿，督率军士在今石景山麓西北修筑拦水坝戾陵遏（堰），同时利用永定河改道前的金沟河旧河道（此时已断流），修筑人工水道车箱渠。将永定河与蓟城东北的高梁河连接起来，灌溉蓟城北、东、东南三面土地，"灌田岁二千顷，凡所封地百余万亩"。

景元三年（262年），戾陵遏重修，车箱渠进一步拓展，共可浇地"万有余顷"，灌区共有百余万亩。

本阶段水体空间的拓展主要是利用改道之前的永定河古河道疏浚而成。

通过比对分析笔者认为，在本时期导致水体空间发展的诸多因素中，最重要的历史因素是东汉末年大汉政权的衰落所导致的蓟城军事地位的提升，最重要的自然因素是由于断裂活动所导致的永定河南迁为戾陵遏—车箱渠的修筑创造的场地条件。这两个因素的共同作用最终导致了魏晋南北

---

① 张振帮等：《重庆市国土资源遥感综合调查与信息系统建设》，地质出版社2002年版，第130页。

朝时期北京地区水体空间的拓展（图1-20）。

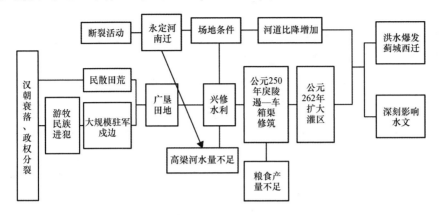

图1-20　戾陵遏—车箱渠修筑及扩建原因分析图

资料来源：本研究整理。

2. 西晋元康五年至北魏肃宗初年北京地区水体空间整体收缩

西晋元康五年（295年）直到北魏肃宗初年的二百余年期间，蓟城处于十六国时期，这是较之前更为动荡的时期。这段时间史料中没有关于戾陵遏与车箱渠的直接记载，但根据《魏书》中的相关记载可以推断，在此期间戾陵遏—车箱渠灌溉工程应基本处于荒废状态。像戾陵遏—车箱渠这样的人工水利工程，一经荒残，势必淤塞，进而可以推断本时期北京地区的水体空间处于收缩阶段。

笔者认为，较之前期更为动荡的社会环境和人口规模大幅度下降是这段时期北京地区水体空间整体收缩最为重要的原因。

3. 北魏肃宗初年北京地区水体空间恢复及进一步拓展阶段

本阶段水体空间的恢复及拓展除了对原天然河道疏浚外，另人工开凿了多条水渠，"导高粱水，北合易京水"[1]。笔者认为，政权相对稳定和人口恢复性增加是这段时期北京地区水体空间恢复及进一步拓展的最为重要的原因。

---

① 北魏神龟二年（519年）幽州刺史裴延俊命卢文伟修复戾陵遏—车箱渠水利工程，"……未几而就。溉田百余万亩，为利十倍……"北齐天统元年（565年），幽州刺史斛律羡又"导高粱水，北合易京水……因以灌田……"为导引高粱水至温榆河上源扩大灌区面积，开凿了多条南北向的连接水渠。

（二）戾陵遏—车箱渠的修筑最终导致了蓟城的西迁，具有一定的客观必然性

东汉末年，汉朝衰落，政权分裂，民散田荒，游牧民族进犯，蓟城的军事重镇地位凸显，必然需要垦殖农田兴修水利，以当时的技术条件，戾陵遏—车箱渠应是唯一的选择。由于其先天的缺陷（河道比降过大），导致洪水暴发，最终迫使蓟城西迁（见图1-17）。水体空间的拓展导致了城市空间的位移，这说明水体空间的演变与城市陆地空间的变化之间关系密切。

（三）魏晋南北朝时期北京地区水体空间的演变都是围绕农业垦殖展开，北京地区大规模的农业生产必然会对当地水文产生深刻影响

魏晋南北朝特定的历史背景以及蓟城特殊的地理位置和地貌特征决定了蓟城地区必然会大规模农业垦殖。同时，与之配套的水利工程就此展开，魏晋南北朝时期北京地区水体空间的演变基本都是围绕农业垦殖展开。大规模农业垦殖深刻影响了当地水文，从影响程度来说很可能超过后世人类活动对于当地水文的影响，笔者认为这种影响同样具有一定的客观必然性。

（四）蓟城的城市性质、城市等级在一定程度上决定了城市水体空间的演变

魏晋南北朝时期蓟城作为军事重镇的城市性质在很大程度上决定着北京地区水体空间的演变过程。

第五节　隋唐至辽代北京地区水体空间演变过程

一　隋代北京地区水体空间的拓展

（一）隋朝的对外政策与蓟城的地理位置决定了涿郡成为进攻高丽的军事集结地

隋朝时期"蓟城"正式更名为"幽州"，后又改名为"涿郡"。

公元四、五、六世纪的分裂时期，在辽河与朝鲜北部之间的边远地区，高丽王国兴起。

隋统一后，中原地区的汉族统治势力逐渐强大，开始扩张势力、开拓疆土，扩张的对外政策占主导地位。隋炀帝连续三次发动远征辽东、讨伐

高丽的对外战争（大业七年、九年、十年）。蓟城特殊的地理位置使其成为征伐高丽的军事集结地。

（二）隋炀帝开凿永济渠连接政治中心洛阳与涿郡（蓟城）

1. 大业四年（608 年）隋炀帝开凿永济渠

隋大业四年（608 年），隋炀帝用百余万男女劳工开凿永济渠北通涿郡①首先在今河南省内的黄河北侧支流沁水开凿运河，将沁水向东北方向引导，利用一段白沟旧道，再别开新渠，从今德州北入河北境，在今天津以西折向西到霸县东信安镇附近，再西北经永清县西，再折向北，过安次县西汇入桑干河（永定河分支），向西北直抵今北京城南（图 1 – 21）。永济渠的开凿将国家政治中心洛阳与征伐东北的军事大本营涿郡连接起来。

2. 永济渠的主要功能是运输征伐高丽的军事人员及物资

《资治通鉴》相关记载表明，②隋朝政府通过永济渠将大量的兵士、民夫、军粮及其他军需物资运抵涿郡，为讨伐东北方向的高丽做准备。

（三）永济渠的开凿客观上造成了北京地区水体空间的拓展

姚汉源先生认为，永济渠北合桑干河（永定河）分支至蓟城南这一段应是北京地区最早的人工漕渠。③

笔者认为，与普通的农业灌溉不同，永济渠需要运输的是大量的人员、粮饷及军需物资，势必需要较大的运载工具，这就对河道容量有更高的要求，而要达到大规模运输的要求，对永定河旧有河道疏浚拓展也就势在必行。永济渠的开凿势必导致北京地区水体空间的拓展（图 1 – 22）。

---

①《资治通鉴》记载："大业四年（608 年）春，正月，乙巳，诏发河北诸军（郡）百余万穿永济渠，引沁水南达于河，北通涿郡，丁男不供，始役妇人。"司马光：《资治通鉴·一百八十一卷·隋纪》，中州古籍出版社 2010 年版，第 1811 页。

②《资治通鉴》记载："大业七年（611 年）二月，乙亥，帝（隋炀帝）自江都行幸涿郡，御龙舟，渡河入永济渠……壬午，下诏征高丽……夏，四月，庚午……诏总征天下兵，无问远近，俱会于涿……秋，七月，发江、淮以南民夫及船，运黎阳及洛口诸仓米至涿郡，舳舻相次千余里。载兵甲及攻取之具，往还在道常数十万人，填咽于道，昼夜不绝，死者相枕，臭秽盈路，天下骚动。"司马光：《资治通鉴·一百八十一卷·隋纪》，中州古籍出版社 2010 年版，第 1816 页。

③ 姚汉源：《唐代幽州至营州的漕运》，《水的历史审视——姚汉源先生水利史研究论文集》，中国书籍出版社 2016 年版，第 206 页。

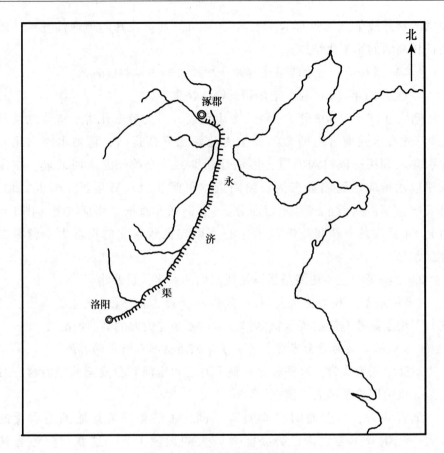

图 1-21　隋唐时期的永济渠

资料来源：本研究根据侯仁之《隋唐时期大运河图》改绘。

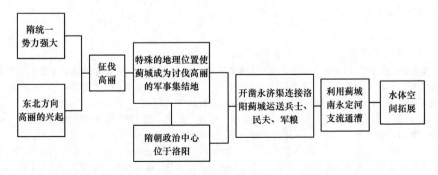

图 1-22　隋朝时期北京地区水体空间拓展关系图

资料来源：本研究整理。

二　唐代北京地区水体空间的拓展

（一）唐初太宗进攻高丽，再次将幽州作为军事集结地，永济渠北京段的水体空间得以维持

唐贞观十九年（645 年），太宗亲征高丽，誓师于幽州城南，幽州又一次成为东征高丽的军事大本营。[①]《旧唐书·韦挺传》记载，大军出征前太宗委派韦挺负责先行运送军粮至幽州，韦挺因没有提前考察卢思台（据姚汉源先生考证似为迁安县城北四十里的楼子山或是马哨以南地区）至桑干河（永定河）一段的永济渠淤塞的情况，而先行造船，待船运军粮至卢思台后发现漕渠壅塞不能行船，只得先将军粮卸于卢思台储存，结果贻误军国大事，被革职查办。由此事件可知，唐代永定河下游北京段仍有漕运功能。[②]

2006 年 3 月，北京大学城市与环境学院历史地理研究所的相关人员在北京外城南护城河和西护城河底的管道工程中发现了唐代河道，又分别在白纸坊桥南、开阳西桥西侧出土了三条唐代时期的木船残骸，并出土大量隋唐时期的瓷片。由此推断这次考古发掘中出土的唐代河道，很可能就是隋炀帝、唐太宗时期蓟城南面的桑干河。[③]

根据上述《旧唐书·韦挺传》和《旧唐书·太宗本纪》记载及 2006

[①]　《旧唐书·太宗本纪》记载："（贞观）十九年（645 年）……夏四月癸卯，誓师于幽州城南，因大蒐六军以遣之。丁未，中书令岑文本卒于师。癸亥，辽东道行军大总管、英国公李勣攻盖牟城，破之。"刘昫：《旧唐书·卷三·太宗下》，中华书局 1975 年版，第 57 页。

[②]　"（贞观）十九年（645 年），将有事于辽东，择人运粮，周又奏挺才堪粗使，太宗从之。挺以父在隋为营州总管，有经略高丽遗文，因此奏之。太宗甚悦，谓挺曰：'幽州以北，辽水二千余里无州县，军行资粮无所取给，卿宜为此使。但得军用不乏，功不细矣。'……挺至幽州，令燕州司马王安德巡渠通塞。先出幽州库物，市木造船，运米而进。自桑干河下至卢思台，去幽州八百里，逢安德还曰：'自此之外，漕渠壅塞。'挺以北方寒雪，不可更进，遂下米于台侧权贮之，待开岁发春，方事转运，度大兵至，军粮必足，仍驰以闻。太宗不悦，诏挺曰：'兵尚拙速，不贵工迟。朕欲十九年春大举，今言二十年运漕，甚无谓也。'乃遣繁時令韦怀质往挺所支度军粮，检覆渠水。怀质还奏曰：'挺不先视漕渠，辄集工匠造船，运米即下。至卢思台，方知渠闭，欲进不得，还复水涸，乃便贮之，无达平夷之日。又挺在幽州，日致饮会，实乖至公。陛下明年出师，以臣拙之，恐未符圣策。'太宗大怒，令将作少监李道裕代之，仍令治书侍御史唐临驰传械挺赴洛阳，依议除名，仍令白衣散从。"刘昫：《旧唐书·卷三·太宗下》，中华书局 1975 年版，第2670—2671 页。

[③]　岳升阳、苗水：《北京城南的唐代古河道》，《北京社会科学》2008 年第 3 期。

年的考古发现，其中透露出几点重要的细节：

1. 唐代永济渠下游一段应仍有漕运的功能。

2. 永定河下游漕河淤塞情况比较严重。

3. 文献虽没有明确说明疏浚河道的情况，但从后面战事的进展推断，笔者认为卢思台至桑干河一段的永济渠很可能进行了疏浚，恢复了漕运。

征伐高丽的战事，需要对北京地区永定河下游一段水体空间进行及时的疏浚，以便漕运军事人员及物资。唐高宗总章元年（668 年），高丽向唐臣服，东征战事结束，边疆斗争的重点发生了转移，幽州城的军事地位降低，永济渠下游段的漕运功能也随之结束。至此，动用大量人力、物力和财力对漕河定期疏浚也就难以保证了，由此势必会造成永济渠北京段水体空间容量的收缩。笔者由此推断，征伐高丽的战事需要是隋唐时期北京地区永定河下游水体空间稳定性的重要因素。

（二）唐朝盛期北京地区人口大规模增加导致粮食需求的增加，农业生产的需要决定了戾陵遏—车箱渠水体空间得以维持并拓展

1. 唐朝盛期北京地区人口大规模增加

唐贞观十三年（639 年）以后至安史之乱爆发前，唐朝社会稳定，经济发展。朝廷推行均田制和租庸调制，奖励婚嫁生育，招抚流民复业，吸引塞外部族内迁，为人口数量的恢复和增长创造了有利条件。

高寿仙根据新旧《唐书·地理志》相关数据及综合其他因素分析得出，至唐天宝十一年（752 年），北京地区实际人口应当超过 45 万人，较之唐初的 15 万人，数量增加了三倍之多。[①]

2. 唐代戾陵遏—车箱渠水体空间得以维持并拓展

唐朝盛期人口的大量增加，使得北京地区粮食需求量大增，为满足日益增长的粮食需求，就必须扩大农业生产，而要扩大农业生产，北京地区最重要的农业灌溉系统戾陵遏—车箱渠的空间维护（定期疏浚维护）和一定的拓展势在必行。

唐高宗永徽年间（650—655 年），"裴行方，永徽中为检校幽州都督，引泸沟水广开稻田数千顷，百姓赖以丰给"[②]。

---

① 高寿仙：《北京人口史》，人民大学出版社 2014 年版，第 106—112 页。

② 王钦若、杨亿、孙奭等：《册府元龟·第六册·卷四九七》，中华书局 1960 年版，第 5950 页。

姚汉源先生认为，唐高梁河有灌溉之利，应当经常疏浚、维修。并认为裴行方引泸沟水灌溉幽州稻田，应为戾陵遏—车箱渠水利工程的延续修整。[①]

唐后期幽州为卢龙节度使治所，因卢龙节度常处于独立或半独立状态，理应对戾陵遏—车箱渠灌溉水渠进行疏浚维修以保持幽州近郊粮食的丰产。

综上所述，笔者认为，唐代戾陵遏—车箱渠灌溉水体空间能够得到较为及时的疏浚维护，其空间容量基本得以维持，并可能有一定程度的拓展。

（三）征伐高丽的战争需要与唐代北京地区人口数量的激增促使唐代北京地区水体空间拓展

征伐高丽的战事需要对北京地区永定河下游一段水体空间进行及时的疏浚，保障了其空间的稳定性，以便运输军事人员及物资。唐朝盛期北京地区人口大规模增加导致粮食需求的增加，促使北京地区农业生产规模扩大，并因此保证了唐代戾陵遏—车箱渠灌溉水体空间的基本稳定，并得到一定的拓展。征伐高丽的战争需要和北京地区人口的大规模增长两个主要因素最终导致了唐朝北京地区的水体空间较之魏晋南北朝及隋朝时期有了更大的拓展（图1-23）。

三　五代时期北京地区水体空间的收缩

后唐时期赵德钧镇守幽州，姚汉源先生认为赵德钧可能对戾陵遏—车箱渠进行了较大规模疏导，所开之沟可能自高梁河东引。[②]

唐末五代契丹入侵，幽州近郊战事频发，赵德钧于晋天福元年（936年）投降契丹，连年的战事定会对农业生产有很大影响，相关水利设施很难做到及时维护疏浚，五代时期北京地区水体空间整体上呈收缩态势。

---

① 姚汉源：《元以前的高梁河水利》，《水利水电科学研究院科学研究论文集·第12集（水利史）》，水利水电出版社1982年版，第130页。

② 《续资治通鉴长编》记载："（宋琪说）……从安祖寨西北有卢师神祠，是桑干出山之口，东及幽州四十余里。赵德钧作镇之时，欲遏西冲，曾堙（掘堙）此水……"李焘：《续资治通鉴长编·卷二十七》，中华书局1956年版。

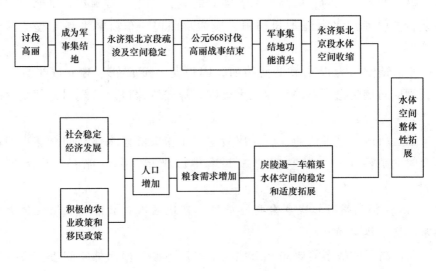

图 1-23　唐代北京地区水体空间拓展关系图

资料来源：本研究整理。

四　宋辽时期北京地区水体空间的演变

（一）辽代北京城市地位提升和人口规模的激增导致以农业灌溉为目的的水体空间的进一步拓展

1. 辽代北京城市地位的提升

后晋天福三年（938年），"燕云十六州"被石敬瑭割让给契丹。同年，辽太宗将幽州提升为南京，成为辽五京之一。[①] 幽州至此从中原王朝的边疆军事重镇变为北方游牧民族王朝的陪都。南京城在辽统治时期是整个辽朝的经济中心，同时也是辽统治下的农业地区中最大的城市。周边地区农业发达，成为农产品最大的集散地与南北交通枢纽。宋辽对峙时期，宋朝统治者屡次举兵试图收复幽州，但均失败。契丹人逐渐在幽州地区安定下来，并将其作为进一步南下中原的桥头堡。北京的城市地位自辽代开始日趋重要，辽代是北京由地方军事重镇向全国政治中心转变的过渡

---

① 都城在临潢（今辽宁省昭乌达盟巴林左旗林东镇南），称上京。另设中京（大定）、东京（辽阳）、西京（大同）与南京（析津·幽州蓟县改），皆为陪都。《辽史》卷四八《百官四》曰："辽有五京，上京为皇都，凡朝官京官皆有之，余四京随宜设官，为制不一。"

阶段。[①]

2. 辽代北京城市地位提升导致北京地区人口数量激增

（1）辽代北京地区人口大量增加

经过唐末五代的长期战乱，到纳入辽疆域时，北京地区的人口数量已不足盛唐时的一半，但经过有辽一代的持续发展，到辽朝末年时，北京地区的人口数量增至盛唐时的两倍。高寿仙在《北京人口史》一书中推断，盛唐时期北京地区共有人口约45万人，其中幽州人口约9万人。辽末北京地区共有人口约77.7万人，其中幽州地区约有16万人。高寿仙认为，造成人口大幅度增加的因素，除人口的自然增殖外，主要是北京升至辽朝的陪都带动的强制性和自发性大规模移民所致。[②]

（2）辽代北京地区移民构成

升幽州为南京以后，今北京地区便成为俘民的主要安置地。据《辽史·圣宗纪》记载，辽圣宗时期南攻俘掠的汉民，基本上都被安置在今北京地区。

同时，大量的契丹、渤海移民迁入今北京地区，主要为戍边的军士和迁入南京的官吏及其家属。此外，辽朝还曾招募大量民众耕种闲田，如统和十五年（997年），"诏山前后未纳税户，并于密云、燕乐两县，占田置业入税"[③]。

迁徙未纳税的民众到两县境内置业垦田。这次的移民，一部分属于今北京地区内部的人口迁徙，此外也有北京地区之外的向内迁徙。

3. 人口规模激增势必导致以农业灌溉为目的的北京地区水体空间的整体性拓展

《续资治通鉴长编》卷二十七记载："（宋）太宗雍熙三年（986年）……上……始有意北伐（取幽州蓟城）……刑部尚书宋琪上疏曰……从安祖寨西北有卢师神祠，是桑乾出山之口，东及幽州四十余里。赵德钧作镇之时，欲遏西冲，曾堑此水。况河次半有崖岸，不可径渡，河壖平处，筑城护之，守以偏师，此断戎之右臂也。仍虑步奚为寇，可分雄勇兵士三五

① 于璞：《北京考古史（辽代卷）》，上海古籍出版社2012年版，第23—24页。
② 高寿仙：《北京人口史》，人民大学出版社2014年版，第111—159页。
③ 脱脱：《辽史·卷五九·食货上》，吉林人民出版社2005年版，第507页。

千人，至青白军以来山中把截，此时（是）新州、妫山之间南出易州大路。其桑水属燕城北隅，绕西壁而转。大军如至城下，于燕丹陵北横堰此水，灌入高梁河，高梁岸狭，桑水必溢。可于驻跸寺东引入郊亭淀，三五日弥漫百余里，即幽州隔在水南。王师可于州北系浮梁以通北路，戎骑来援，已隔水矣。视此孤垒，浃旬必克。幽州管内洎山后八军，闻蓟门（蓟城）不守，必尽归降，盖势使然也……"①

北宋刑部尚书宋琪为收复幽州向宋太宗献策，利用桑干河水阻断幽州城与契丹的联系。

姚汉源先生考证，驻跸寺在今南新华街东面，前门大街西面，珠市口大街北面，或在煤市街至石头胡同一带，郊亭淀即郊亭附近及以东直至漷阴（旧漷县）一带的洼地淀泊，包含延芳淀及飞放泊等。通过分析《平燕疏》相关内容，姚汉源先生指出宋琪所描述的桑干河应由蓟城西北转向南至城西南再转向东，并根据"属燕城北隅，绕西壁而转"，推测其距城不远（图1-24线路1）。由此进一步推测，桑干河出山后不远，向东分一支绕蓟城而流，正流自应是东南流的桑干河（图1-24）。东分水道中的一支可能是自石景山南东流，顺车箱渠故道，即高梁河西段东流（图1-24线路2）。另一支东流至南京城北，到现玉渊潭附近再向东南转南流（图1-24线路3）。②

姚汉源先生通过分析《平燕疏》相关内容推测出辽代北京地区河湖水系的大致分布。将姚汉源先生推测的辽代北京地区河湖水系的分布示意图（图1-24）与北齐时期的分布图（图1-19）对比，可以看出辽代北京地区水体空间的拓展明显。由于辽代相关水利的资料较少，今人已很难完整准确地复原辽代北京地区的河湖水系及其他水体空间的布局及发展脉络，笔者根据魏晋南北朝以来北京地区水体空间发展演变的过程（见前），辽代北京地区的城市地位提升及人口规模的增长情况推断，在辽代，以农业灌溉为主要功能的北京地区水体空间，较之前朝进一步拓展。

---

① 李焘：《续资治通鉴长编·卷二十七》，中华书局1956年版。
② 姚汉源：《元以前的高梁河水利》，《水利水电科学研究院科学研究论文集·第12集（水利史）》，水利水电出版社1982年版，第131页。

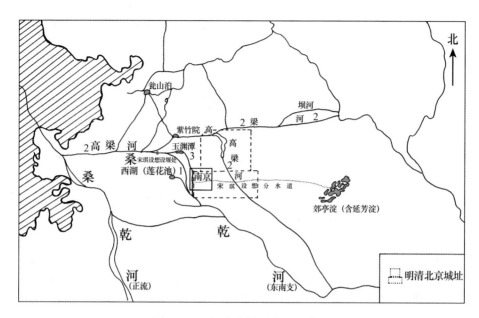

图 1-24　辽南京地区水系示意图

资料来源：本研究根据姚汉源《辽代桑干河及宋琪水断幽州设想的推测图》改绘。

（二）辽代北京城市地位的提升导致护城河水体空间的拓展

北宋末年，许亢宗《宣和乙巳奉使行程录》[①] 记述了辽末南京城池规模："……自晋赂北虏，建为南京析津府……癸卯年春归我版图，更府名曰燕山……城周围二十七里，楼壁共（楼台高）四十丈（尺），楼计九百一十座，地（池）堑三重，城开八门。""地（池）堑"即挖护城河，[②] 说明辽南京城有三重城墙并各有一道护城河。

郭超先生在《北京中轴线变迁研究》[③] 一书中，通过相关考古资料和历史文献的研究，认为辽南京城已有三重城垣，分别为大城、子城（皇城）和西南外罗城。郭超还认为，三重城垣出现是在唐幽州城的基础上的扩充与发展，适应了城市级别的提高（图 1-25）。

辽代北京由此前中原王朝的边疆军事重镇变为北方游牧民族王朝的陪

---

① 第四程：自良乡六十里至燕山府。

② 于德源：《辽南京（燕京）城坊宫殿苑囿考》，《中国历史地理论丛》1990 年第 4 期。

③ 郭超：《北京中轴线变迁研究》，学苑出版社 2012 年版，第 42—44 页。

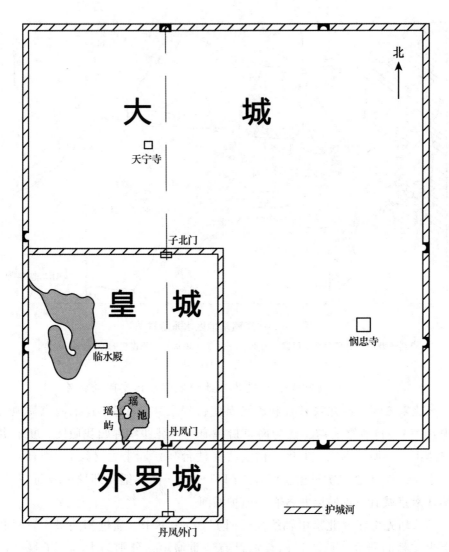

图1-25　辽南京城池示意图

资料来源：本研究根据《辽南京城图》、郭超《辽燕京中轴线平面示意图》及于德源相关研究改绘。

都，城市地位提升必然导致其城市的防卫等级的进一步提升，护城河作为重要的军事防御设施，其空间的进一步拓展也就顺理成章。护城河水体空间主要为人工开凿。

（三）辽代北京地区皇家御用水体空间的出现

辽代北京从中原王朝的边疆重镇升级为北方游牧民族王朝的陪都，北京开始出现专为最高统治者服务的水体空间，至此北京地区的水体空间有了政治和权力的属性，有了等级的区分。皇家御用水体空间相较于其他等级的水体空间而言，具有最高等级的物质、技术的支持和最高等级的维护、疏浚保障，从而决定其具有最高的空间稳定性。辽代北京地区的皇家御用水体空间包括皇城内的御用水体空间和皇城外的御用水体空间，前者供帝王处理政务，后者为帝王游猎、过冬。

1. 皇城内的御用水体空间

（1）临水殿旁皇家水域

《辽史》卷六八《游幸表》记载，辽兴宗重熙十一年（1042 年）九月，"闰月幸南京，宴于皇太弟重元第，泛舟于临水殿（图 1 - 25）宴饮"①。

在辽代，南京是辽王朝的五京之一，辽帝常到这里处理政务，《辽史》记载内容说明辽兴宗曾建府第于皇城内的湖泊区，其附近有临水殿，湖中可以行舟。就此推断，在辽代南京皇城内的这片湖泊区应具有一定的规模。

于光度先生认为辽皇城内的湖泊区，位置约相当于今天广安门外西南方小红庙村、广安门东站西街两侧直到铁路东的青年湖一带的地方，其水源来自西湖（今莲花池）②（图 1 - 25）。

（2）瑶屿与瑶池

《辽史》记载："南京……城方三十六里……其外，有居庸、松亭、榆林之关，古北之口，桑干河、高粱河、石子河、大安山、燕山。中有瑶屿。"③

于光度先生认为在临水殿旁皇家水源以东，另有一大湖，它的南岸正面临燕京城的南城墙（其址相当于今天的纸坊东、西街向西延伸，直到莲花河的东、西一线），湖中有一较大的岛，此湖正位于燕京城南，应是当时的瑶池，其中的大岛为瑶屿，瑶池殿应是建在瑶屿之上，是辽帝及贵族

---

① 脱脱：《辽史·卷六八·游幸表》，吉林人民出版社 2005 年版，第 605 页。
② 于光度：《金中都的琼林苑》，《北京社会科学》1994 年第 4 期。
③ 脱脱：《辽史·卷四〇》，吉林人民出版社 2005 年版，第 281 页。

们游玩、休养的地方（图1-25）。现在广安门外的青年湖及其附近一带，就是当年瑶池旧址，瑶池之水，是与附近其他湖泊、护城河等相通的，都来源于西湖（今莲花池）。

2. 皇城外御用水体空间

（1）延芳淀

延芳淀是契丹国主春季行猎的一个巨大水泊，《辽史·地理志》记载："……辽每季春，弋猎于延芳淀，居民成邑，就城故潞阴镇，后改为县。在京东南九十里，延芳淀方数百里……"

据姚汉源先生考证，辽代延芳淀属于郊亭淀的一部分，位于今之郊亭附近及以东直至潞阴（旧潞县）的广大区域。

除延芳淀外，郊亭淀周围还另有三个飞放泊（辽主放鹰猎取水禽的地方）。[1] 在今北京通州区南部（图1-24）。

从《辽史》可知，辽帝在延芳淀的游猎活动多集中于圣宗统和年间，[2] 这主要是因为当时辽宋战事吃紧，辽南京成为前线军事重镇。为便于应对战事，辽圣宗与其母承天太后多驻南京，并就近从事游猎活动。[3]

（2）金钩淀

辽代金沟淀位于今密云水库一带。《续资治通鉴长编》记载，北宋大中祥符六年（1013年）王曾出使契丹，"……至檀州（今北京密云），自北渐入山五十里至金沟馆。将至馆，川原平广，谓之金沟淀，国主常于此过冬……"

沈括在《熙宁使虏图抄》中记载，熙宁八年（1075年）沈括出使契

---

① 孙承烈等：《潞水及其变迁》，《环境变迁研究（第一辑）》，海洋出版社1984年版，第53页。

② 统和年间，辽圣宗曾数次到延芳淀。《辽史》记载："……辽每季春，弋猎于延芳淀，居民成邑，就城故潞阴镇，后改为县。在京东南九十里。延芳淀方数百里，春时鹅鹜所聚，夏秋多菱芡。国主春猎……"《辽史》卷六八中《游幸表》记载，辽圣宗分别于统和十一（993年）正月、十三年（995年）二月、十四年（996年）正月幸延芳淀。脱脱：《辽史·卷六八·游幸表》，吉林人民出版社2005年版，第605页。《辽史》卷一三《圣宗四》中记载："（统和）十二年（994年）春正月乙卯，幸延芳淀……（统和）十三年（995年）春正月壬子，幸延芳淀……（统和十三年）九月……丁卯，奉安景宗及皇太后石像于延芳淀……（统和）十五年（997年）春正月庚午，幸延芳淀……（统和）十八年（1000年）……二月，幸延芳淀……（统和）二十年（1002年）春正月庚子，如延芳淀。"脱脱：《辽史·卷一三·圣宗四》，吉林人民出版社2005年版。

③ 吴承忠、田昀：《辽南京休闲景观研究》，《邯郸学院学报》2013年第4期。

丹经过金钩馆时，"自馆少东北行，乍原乍隰，三十余里至中顿"。"隰"为地势低洼的湿地。

综合王、沈二人的记载，可知这片地方在辽代应是河流经过浅盆地时形成的一处低洼且广阔的水泊或草甸。孙东虎研究认为，辽代的潮里河（今潮河）、白崸河（今白河）流过金沟淀，水势得到有效滞蓄，在一定程度上确保了下游平原地区的河道安全。

（四）辽代北京开始出现专为贵族官员服务的水体空间

《全辽文》[1]记载，辽圣宗朝名臣析津府宛平县人张俭于南京有皇帝所赐"北第"。其在世时，"……西园之冠盖相望，客常满座，北海之樽罍不空……"涞水人耶律琮"优游自得，不拘官爵，而乐之以琴棋歌酒，玩之以八索九丘。雪落西园，……土之赋。花开南馆，宋玉之诗。……"

由此推测，辽时北京的西园、北海、南馆应是官员常观景聚会之所，西园、北海之中当有一定的水面，但具体地点无考。

（五）城市地位的提升是宋辽时期北京地区水体空间拓展的最主要原因

宋辽时期，北京从中原王朝的边疆军事重镇提升为北方游牧民族王朝的陪都，成为整个辽帝国的经济中心和农业地区中最大的城市，同时也是农产品最大的集散地与南北交通枢纽。北京城市地位的提升使得北京地区人口激增，导致以农业灌溉为目的的水体空间整体性拓展。辽代北京城市地位的提升促使护城河水体空间的拓展，并产生了专为最高统治者服务的御用水体空间和专为贵族官员服务的水体空间，北京地区的水体空间至此具有了政治和权力的属性，产生了等级差异。纵观整个宋辽时期，北京地区的水体空间整体上呈拓展之势，其最重要的推动因素是北京城市地位的提升（图1-26）。

（六）辽末永定河改道与郊亭淀水体空间的消失

1. 北京平原的新构造发育过程

中国科学院地理研究所张青松等人根据1968—1970年工作总结，在《水系变迁与新构造运动——以北京平原地区为例》一文中提到，北京平原的基本构造轮廓形成于中生代末期，因受燕山运动的影响，断裂构造十

---

[1]　陈述：《全辽文·卷六》，中华书局1982年版。

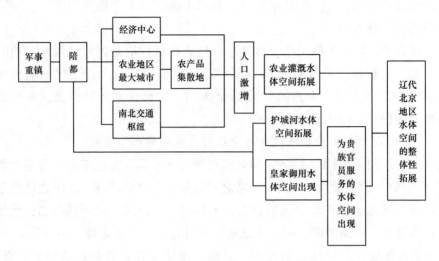

图 1 - 26   辽代北京地区水体空间拓展关系图

资料来源：本研究整理。

分发育，北东与北西方向两组断裂将岩体分割成大小不等的块断隆起区和
凹陷区。第三纪时期，该地区形成"两隆一凹"的构造形态，即京西北隆
起、北京凹陷和大兴隆起。分别以八宝山—高丽营断裂和南苑—通县（现
通州区）断裂为界。①

2. 近 2000 年永定河的变迁规律

张青松在上文中还提到，永定河在近 2000 年的变迁中，其基本规律
是："它的改流点逐渐往下游方向迁徙。"永定河的改流点主要有三处：第
一处在石景山—衙门口一带，第二处在卢沟桥以下，第三处在金门闸—辛
庄之间。这三个改流点均位于活动断裂带附近，依次为八宝山—高丽营断
裂、南苑—通县（现通州区）断裂和涿县（现涿县区）—潞县断裂。

永定河变迁的原因主要有两个：一是因为河流力求向凹陷区偏移的特
性。二是由于居庸关—通县（现通州区）断裂的差异升降运动，使该断裂
（东南段）的西南盘上升，地面向西南方向倾斜，进而迫使永定河发生自
东北向西南的大迁移（图 1 - 27）。

———————

① 张青松等：《水系变迁与新构造运动——以北京平原地区为例》，《地理集刊（第 10
号）》，科学出版社 1976 年版，第 71—72 页。

3. 辽末永定河改道与郊亭淀水体空间的消失

张青松等人在《水系变迁与新构造运动——以北京平原地区为例》一文中提到，北京地区西山山前地带以及北京凹陷西南部和大兴隆起的上升过程，导致10—14世纪永定河改流点逐渐移到了卢沟桥以下和金门桥—辛庄一带。辽代永定河河道发生重大变化，自卢沟桥以下，大致相当于今龙河故道，向东南经旧安次一带，再汇白河而入海（图1-27）。

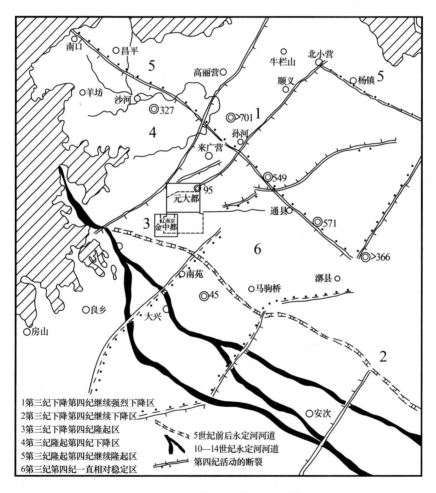

图1-27　辽末永定河改道示意图

资料来源：本研究根据张青松《北京平原地区新构造分区图》改绘。

至辽末，郊亭淀及相关水域，包括延芳淀和飞放泊就从历史中消失了。孙承烈在《漯水及其变迁》一文中提到："这显然是由于漯水（永定河）主流南移以后，地面径流大为减少，汊流和淀泊沼泽逐渐干涸的结果。"①

由以上资料分析可推断，辽统合年后至辽末这段时间，受北京平原断层活动的影响，地貌发生变化，永定河改流点逐渐移到了卢沟桥以下和金门桥—辛庄一带，永定河主流南移，并由此导致了郊亭淀水域包括延芳淀和其他飞放泊水体空间的消失。

第六节　本章总结

一　晚更新世晚期至辽代北京地区水体空间演变综述

晚更新世晚期至人类在北京地区大规模活动之前，自然因素是北京地区早期古河道形成、繁荣和变迁的主因。形成北京地区古河道的自然环境各要素彼此关联，互相制约，同处于一个有机整体中，其中气温的变化和断层活动是主要因素。

人类在北京地区大规模活动开始之后，北京地区特殊的地理位置和地貌特征决定了北京的城市选址、城市性质及城市地位。汉族与游牧民族之间的矛盾影响着北京的城市地位和城市性质。

周灭商以前，燕国这个自然生长的国家就已经存在，战国时代，燕国崛起为七雄之一。燕昭王时期，燕国向南以黄河为界，国都为蓟城。秦始皇统一六国后，曾修建驰道，北至蓟城，以加强蓟城和首都咸阳的联系。

东汉以前永定河流经蓟城北，地质断裂活动所导致的北京地形变化，使永定河在魏晋南北朝前期南迁，高梁河水量减少，为戾陵遏—车箱渠的修筑创造了必要的场地条件。

曹魏时期的政治、军事形势使北京成为军事重镇。北京地区驻军人口和著籍人口大量迁入，粮食需求增加，最终促成了戾陵遏—车箱渠（250年）的修筑。景元三年（262年），樊晨重修戾陵遏扩大灌区，灌溉蓟城田地百余万亩。戾陵遏与车箱渠的修筑在解决蓟城农业灌溉需要的同时，

---

① 孙承烈等：《漯水及其变迁》，《环境变迁研究（第一辑）》，海洋出版社1984年版，第60页。

造成洪水漫城，最终导致了蓟城的西迁。

晋元康五年（295年）至北魏肃宗初年二百余年间，北京地区水体空间整体上呈收缩之势，北魏神龟二年（519年）裴延俊使卢文伟重修戾陵遏溉田，部分恢复了原有灌渠。

北齐天统元年（565年）斛律羡开凿沟通水渠，引高梁水北通易京水扩大灌区，沟通高梁河和温榆河，北京地区水体空间得到恢复并进一步拓展。

魏晋南北朝时期，北京平原地区的农业垦殖与相关水利工程的修筑，深刻影响了北京地区的水文。古代北京平原的农业垦殖对于北京地区水文的影响从程度上看，很可能远大于近几十年以来快速的城市化进程。

隋统一后，中原地区的汉族统治势力逐渐强大，开始扩张势力、开拓疆土。隋炀帝连续三次发动讨伐高丽的对外战争，北京特殊的地理位置使其成为征伐高丽的军事集结地。隋炀帝开凿永济渠，运输征伐高丽的军事人员及物资。永济渠的开凿将国家政治中心洛阳与征伐东北的军事大本营涿郡连接起来。由于永济渠的北段利用了永定河的故道，客观上造成了北京地区水体空间的拓展。

唐初，太宗进攻高丽，再次将幽州作为军事集结地，永济渠北京段的水体空间得以维持。唐朝盛期北京地区人口激增导致粮食需求的增加，农业生产的需要决定了戾陵遏—车箱渠水体空间得以维持并拓展。征伐高丽的战争需要与唐代北京地区人口数量的激增促使唐代北京地区水体空间整体拓展。

唐末五代契丹入侵，连年的战事对农业生产有很大影响，相关水利设施很难做到及时维护疏浚，五代时期北京地区水体空间整体上呈收缩态势。

宋辽时期，北京从中原王朝的边疆军事重镇提升为北方游牧民族王朝的陪都，北京地区人口激增，以农业灌溉为目的的水体空间得以拓展。辽代北京城市地位的提升促使护城河水体空间的拓展，并产生了专为最高统治者服务的御用水体空间和专为贵族官员服务的水体空间。宋辽时期，北京地区的水体空间整体上呈拓展之势（图1-28）。

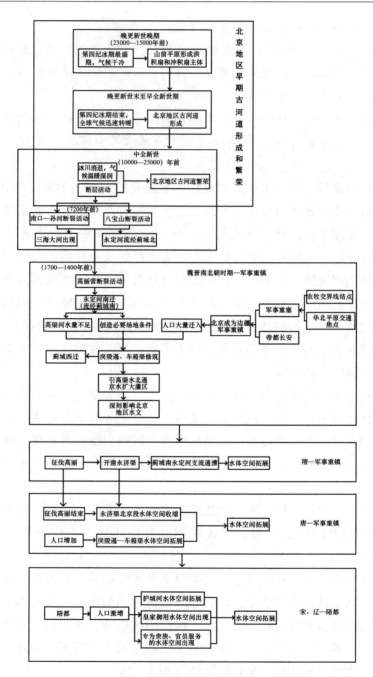

图1-28　金代以前北京地区水体空间演变过程

资料来源：本研究整理。

二　晚更新世晚期至辽代影响北京地区水体空间变化的决定性因素

晚更新世晚期至人类在北京地区大规模活动之前，气温的变化和地质断层活动是北京地区古河道形成发展的决定性因素。

曹魏至西晋北京地区水体空间大发展，这一时期影响北京地区水体空间最重要的因素有两个：一是由于汉政权的衰落所导致蓟城边疆军事重镇地位的提升；二是地质断层活动所导致的永定河南迁。这两个因素的共同作用最终导致北京地区水体空间的大发展。

西晋元康五年至北魏肃宗初年北京地区水体空间整体收缩，动荡的社会环境和人口规模大幅度下降是这段时期北京地区水体空间整体收缩最为重要的原因。

北魏肃宗初年北京地区水体空间得到恢复并进一步拓展，政权相对稳定和人口恢复性增加是主因。

隋统一后，中原地区的汉族统治势力逐渐强大，开始扩张势力讨伐高丽。蓟城特殊的地理位置使其成为征伐高丽的军事集结地，并最终促成了永定河水体空间的拓展。军事集结地的城市性质是隋代北京地区水体空间拓展的最重要因素。

唐初，太宗进攻高丽，再次将幽州作为军事集结地，永济渠北京段的水体空间得以维持，唐朝盛期北京地区人口大规模增加导致粮食需求的增加，农业生产的需要决定了戾陵遏—车箱渠水体空间得以维持并拓展。征伐高丽的军事集结地的城市性质及北京地区人口增加是唐代北京地区水体空间拓展的主因。

唐末五代，连年的战事对农业生产有很大影响，相关水利设施很难做到及时维护疏浚，这是本时期北京地区水体空间整体上收缩的主因。

宋辽时期，北京从中原王朝的边疆军事重镇提升为北方游牧民族王朝的陪都，这是北京地区在这一时期水体空间整体上拓展的主因（图 1 - 29）。

三　魏晋南北朝至辽代北京地区水体空间功能演变

魏晋南北朝时期北京地区水体空间的演变基本都是围绕农业垦殖展开。

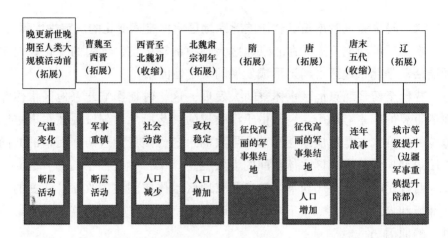

图 1 - 29　晚更新世晚期至辽代影响北京地区水体空间变化的决定性因素演变
资料来源：本研究整理。

隋统一后，运输征伐高丽的军事人员及物资成为隋永济渠水体空间的最重要功能。

唐初，太宗进攻高丽，再次将幽州作为军事集结地，永济渠北京段的水体空间得以维持。唐朝盛期人口的大量增加，使北京地区粮食需求量大增，车箱渠农田灌溉网络得以维持并在一定程度上得到拓展。

辽代北京升级为陪都，出现专为最高统治者服务的专属水体空间和专为贵族官员服务的水体空间。由于防卫等级的提升，辽南京的城市护城河水体空间大规模拓展。与此同时，北京地区人口数量激增，使得以农业灌溉为主要功能的北京地区水体空间拓展（图 1 - 30）。

四　晚更新世晚期至辽代北京地区水体空间人工化程度演变

晚更新世晚期至人类活动在本地区产生之前，全球性气候变迁和断层活动导致了北京地区古河道形成、繁荣和迁移，自然因素是北京地区水体空间产生的主因（图 1 - 5、图 1 - 11）。

曹魏时期戾陵遏—车箱渠的开凿主要是利用了古永定河改道后的旧河道修筑而成（图 1 - 15）。

北齐天统元年（565 年）斛律羡引高梁水北通易京水扩大灌区，人工

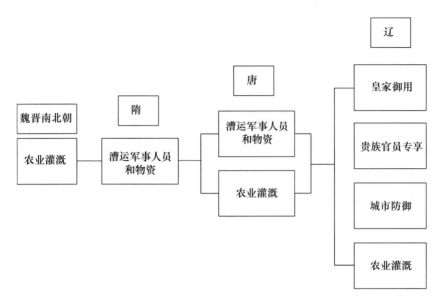

图 1 - 30 魏晋南北朝至辽代北京地区水体空间功能演变关系图

资料来源：本研究整理。

开凿了多条沟通水道（图 1 - 19）。

隋炀帝开凿永济渠，其北端利用永定河故道拓展修筑而成（图 1 - 21）。

辽代北京城市地位的提升导致护城河水体空间的拓展，其水体空间主要为人工开凿而成。

魏晋南北朝至辽代，水体空间主要还是在原有古河道的基础上疏浚修筑而成，受场地条件的制约较大。笔者认为，这种情况主要是由于受当时生产力水平相对较低所致。这段时期完全由人工开凿而成的水体空间主要是连接重要河道的沟通水渠和城市的护城河。

五 魏晋南北朝至辽代北京地区水体空间容量和稳定性与其功能之间的关系

（一）水体空间容量与其功能密切相关

魏晋南北朝时期北京地区水体空间的功能主要为农业灌溉，农业灌溉的功能对于水体空间的容量的要求相对较小。

　　隋统一后，运输征伐高丽的军事人员及物资成为隋代水体空间开凿的主要目的。与普通的农业灌溉不同，河道通航势必需要更为宽阔的容纳水体的空间，才可达到船只通航的要求，再者，永济渠需要运输的是大量的人员、粮饷及军需物资，势必需要较大的运载工具，这就对河道容纳水体的空间有更高的要求。

　　辽代北京开始出现专为最高统治者服务的专属水体空间，皇城内的御用水体空间主要为帝王处理政务、享乐之用，如临水殿旁皇家水域和瑶池，其空间应是在原有天然水体空间的基础上人工拓展修筑而成，有泛舟的功能，水体空间较大。

　　皇城外御用水体空间为辽帝游猎、过冬之用，如延芳淀、金钩淀，其水体也是在原有天然水体的基础上人工修筑而成，空间容量也应有相当的规模。

　　此外，辽代北京城市地位提升使防卫等级升级，护城河作为重要的军事防御设施，其空间得到进一步拓展。

　　（二）水体的空间稳定性与其功能和等级密切相关

　　与自然水体空间不同，人工水体空间必须定期疏浚清淤才能保证其空间的稳定性，这就需动用大量人力、物力和财力，否则一经荒废，即成淤塞。

　　魏晋南北朝时期北京地区持续大规模的农业垦殖，保证了北京地区以农业灌溉为主要功能的水体空间稳定拓展。

　　隋代，征伐高丽的战事需要，确保了北京地区永定河下游水体空间的稳定性。

　　唐高宗时期（668 年），高丽向唐臣服，东征战事结束，永济渠北京地区的漕运功能也随之结束。至此，需动用大量人力、物力和财力定期疏浚漕河的工作难以得到保障，使得河渠荒废淤塞，造成永济渠北京段水体空间容量收缩。

　　辽代北京升级为陪都，出现了专为最高统治者服务的专属水体空间，水体空间有了政治和权力的属性，有了等级的区分。皇家御用水体空间相较于其他等级的水体空间而言，享有最高等级的人力、物力、财力及技术支持和最高等级的维护、疏浚保障，从而决定其具有最高级的空间稳定性。

六　金代以前北京城市水体空间景观营造

魏晋南北朝之前北京地区的水体空间发展基本围绕农业垦殖展开，其景观类型以农业景观为主。

隋统一后，扩张势力。隋炀帝连续三次发动远征辽东、讨伐高丽的战争，北京特殊的地理位置使其成为征伐高丽的军事集结地。永济渠开通后，为给隋炀帝征伐高丽提供驻跸和祭祀场所，在清泉河（凉水河）北岸建立临朔宫和社稷二坛，北京地区水体空间开始出现专为皇家服务的景观类型。

辽太宗将幽州提升为南京，北京从中原王朝的边疆军事重镇升级为北方游牧民族王朝的陪都。由此产生了北京地区最早的皇家园林，在南京城皇城内建有瑶屿和临水殿，中有瑶池及临水殿西侧大片水域（图1－25，这也是金代西苑的前身）。南京城南凉水河一带也是皇帝常驻跸游赏和处理政务的地方。

金代以前北京城市水体空间的景观营造处于探索和梳理时期，人工化程度相对较低。水体空间景观主要以自然风光为主，伴有少量皇家园林和私家园林的建设。

第 二 章

金中都城市水体空间演变过程研究

第一节　金代北京升级为金王朝的首都

一　金初北京地区的战乱纷争

金收国元年（1115 年），女真族首领完颜阿骨打建国称帝，国号金。金与北宋结盟，共同抗辽。金天辅六年（1122 年），金军攻陷辽南京城。金天辅七年（1123 年），按照盟约规定，北宋收回辽南京改称燕山府。金天会三年（1125 年），金国重新占领燕山府。金天会四年（1126 年），金军占领北宋都城开封，北宋灭亡。金天会五年（1127 年），北宋宗室南下，在临安建都，史称南宋。[①]

二　通达良好的水路条件是中都城被选为金朝首都的重要原因

区别于一般城市，都城的运转需要更多外部物资供应，在当时陆路交通相对落后的情况下，良好的水运条件就成为保障都城物资供应的必要条件。

与金上京（会宁）相比，北京地区由于具有相对良好的自然及人工水路条件，成为金王朝选择北京作为政治中心的重要原因。[②]

三　中都成为金王朝的政治中心

天德三年（1151 年）开始准备迁都燕京，金帝完颜亮命张浩、孔彦

---

① 范成大：《揽辔录》，中华书局 1985 年版，第 51 页。
② 《大金国志》卷十三记载："天德二年（1150 年）……下诏求直言，内外臣僚上书者多谓上京僻在一隅，转漕艰而民不便，惟燕京乃天地之中，宜徙都燕以应之，与主意合，大喜……"宇文懋昭：《大金国志·卷十三》，商务印书馆，民国：104。"

舟等扩建辽南京城。贞元元年（1153 年），完颜亮正式迁都燕京，并将燕京升为中都府。北京由辽代陪都升级为金帝国的首都，历史上第一次成为王朝的政治中心。

　　但金朝并没有统一中原，与此同时，南宋王朝在长江流域保持着独立的政权，首都临安与中都争夺着国家政治中心的地位。[①]

第二节　扩辽南京城建金中都城与北京城市水体空间的拓展

一　扩辽南京城建金中都城

天德三年（1151 年），金帝完颜亮命张浩、孔彦舟等扩建南京城。[②]

中都城是在辽南京城的基础上，向东、南、西三面扩建而成，增修宫殿，扩大皇城范围。其后世宗、章宗时代继续增修，并建筑园林，成为当时规模空前的一座都城。[③]

二　中都城的扩建与城市水体空间的拓展

（一）皇家宫苑的修筑导致洗马沟被圈入中都城内

天德三年（1151 年）辽南京城开始扩建，在营建宫殿的同时，开始建设园林，这项工作是从中都城内开始的。金首先在辽子城（皇城）西部苑囿、湖泊的基础上扩建西苑。当时为了解决宫苑用水，就在扩建旧城时，将洗马沟圈入城内，用以导引上源西湖（今莲花池）之水。[④]

《水经注》记载："洗马沟……水上承蓟水，西注大湖，湖有二源……流结西湖。湖东西二里，南北三里，盖燕之旧池也。绿水澄澹，川亭望远，亦为游瞩之胜所也。湖水东流为洗马沟，侧城南门东注。"[⑤]

———————————

① 侯仁之：《北平历史地理》，外语教学与研究出版社 2014 年版，第 78—79 页。
② 脱脱：《金史·卷二十四·志第五·地理上》，中华书局 1975 年版，第 572 页。
③ 侯仁之：《北平历史地理》，外语教学与研究出版社 2014 年版，第 84 页。
④ 侯仁之：《北京都市发展过程中的水源问题》，《北京城的生命印记》，生活·读书·新知三联书店 2009 年版，第 63 页。
⑤ 郦道元：《水经注·卷十三·鲍丘水》，中华书局 1991 年版，第 749—750 页。

根据《水经注》的成书年代可推断，"侧城南门东注"所指应是北魏时蓟城的南门，至金代洗马沟已被包在中都城内（图2-1）。

"湖有二源"，说明莲花池上有两条河流汇入，从范成大等人诗中分析，① 金代莲花池上游水道应自西山引水入池（图2-1）。

金时，莲花池"湖东西二里，南北三里"。根据1959年北京勘测处所测地形图测量可知，莲花池东西约650米，南北约500米。从最新的百度地图测量可知，如今的莲花池水域面积东西约450米，南北约350米。从中可看出，莲花池水体空间随着时代的发展整体上呈收缩之势，金代莲花池的空间范围远大于今日之莲花池。

洗马沟流经皇城西部和南部，是金皇家园林同乐园的主要水源。② 同乐园利用了西湖（莲花池）下游地区开挖湖沼，引洗马沟水建成，其中水面西华潭就是中都城中的太液池（图2-2）。

此外，贞元元年（1153年）又从同乐园分水入宫城西南隅，汇为鱼藻池。③

侯仁之先生研究认为，鱼藻池下游流经皇城南面正门（宣阳门）前龙津桥下，斜穿出城，流入南护城河。南护城河西段，别有水源，出中都城西南近郊流泉，傍中都南墙东注，即今凉水河之上源（图2-2），而凉水河下游，即曹魏时㶟水故道。④

经实地调查，中都南城河遗迹今尚可见，蔡蕃先生据此认为，金中都南濠的水源可能为丽泽关南的百泉溪水（今水头庄）⑤（图2-2）。

---

① 《日下旧闻考》卷三七引《石湖集》："龙津桥在燕山宣阳门（中都宫城南门）外，以玉石为之，引西山水灌其下"。又范成大诗有"西山剩放龙津水"之句，似西山水先引入莲花池，再流至龙津桥。今莲花池上有二小河。于敏中：《日下旧闻考·卷三十七》，北京古籍出版社1958年版，第591页。

② 《金台集》："西华潭，金之太液池也。"又《大金国志》："西至玉华门同乐园，蓬瀛、柳庄、杏村尽在于是。"（按玉华门为中都皇城之西门）。震钧：《天咫偶闻·卷十》，北京古籍出版社1982年版，第220—221页。

③ 脱脱：《金史·卷二十四·志第五·地理上》，中华书局1975年版，第573页。

④ 侯仁之：《北京都市发展过程中的水源问题》，《北京城的生命印记》，生活·读书·新知三联书店2009年版，第62页。

⑤ 大典本《顺天府志》卷十一宛平县山川记载："百泉溪，在宛平县西南十里。旧城丽泽关南，平地有泉三十余穴，东南流入大兴县境。通柳河村。"蔡蕃：《北京古运河与城市供水研究》，北京出版社1987年版，第182页。

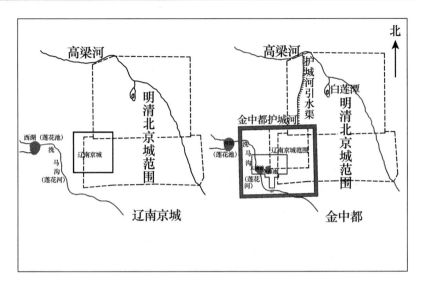

图2-1　辽金北京城市水体空间比较图

资料来源：本研究整理。

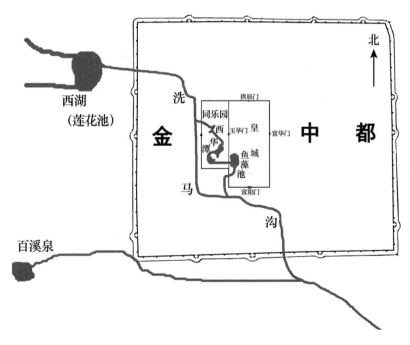

图2-2　金中都城内水体空间位置图

资料来源：本研究整理。

（二）辽南京护城河的消失与金中都护城河的开凿

1. 金中都城的扩建与辽南京护城河的消失

辽代北京由边疆军事重镇提升为王朝的陪都，辽南京建有三重城墙并各有一道护城河（图1－25）。

金代北京由辽陪都进一步上升为金王朝的首都，金中都在辽南京的基础上扩建而成，根据侯仁之先生主编的《北京历史地图集（政区城市卷）》中绘制的金中都地图（图2－3）来看，金中都在扩建的过程中，出于城市建设的需要将原辽南京城的护城河进行了填埋。①

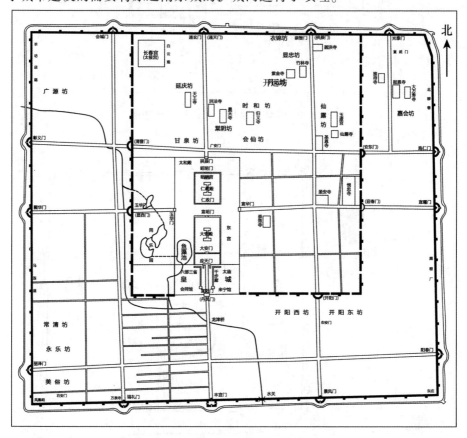

图 2 - 3　金中都（大定至贞祐年间）复原图

资料来源：侯仁之：《北京历史地图集（政区城市卷）》，北京出版集团公司文津出版社2013年版，第43页。

---

① 侯仁之：《北京历史地图集（政区城市卷）》，北京出版集团公司文津出版社2013年版，第43页。

2. 金中都城的扩建与中都城护城河的开凿

根据侯仁之先生的研究，金中都建城时（1151—1153 年），环绕城墙开挖了护城河。根据前面分析可知，金中都护城河的水源主要来自三个方向：①北面通过护城河引水渠导高粱水入北城濠；②西面通过洗马沟导西湖水入西城濠；③南面导引西南近郊流泉入南城濠（图 2-4）。[①]

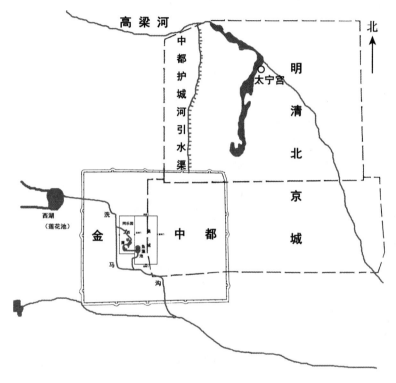

图 2-4　金中都护城河引水渠位置图

资料来源：本研究整理。

根据阎文儒先生对于金中都城范围的考古研究数据，可推断金中都护城河长度大约为 18.7 公里（图 2-3）。

3. 金中都护城河的开凿导致高粱河连接水渠的开凿

根据蔡蕃先生的研究，中都护城河西部由西湖（莲花池）通过洗马沟

---

① 侯仁之：《北平历史地理》，外语教学与研究出版社 2014 年版，第 87 页。

（莲花河）引水。[①]

　　侯仁之先生认为，由于洗马沟（莲花河）的汇水区有限，无法满足护城河的用水需要。因此，除洗马沟外，护城河必须导引其他水源。根据相关考古发现，侯先生认为金代开凿了沟通高梁河与北城濠的连接水渠，目的是将高梁河水引入中都护城河（图2-4）。通过比较分析，笔者认为这条引水渠很可能就是后来元代开凿的金水河入大都城后的一部分，也是明代西沟，清大明濠的一部分（图4-16、图5-13）。

三　中都城市水体空间拓展原因分析

　　金代北京由辽代陪都上升为首都，成为王朝的政治中心，中都城在辽南京城的基础上，扩大皇城范围，增修宫殿，向南、东、西三面扩建。为保证宫苑用水需要，将原辽南京城外洗马沟划入城内。中都城市的扩建将原辽南京城的护城河进行了填埋，与此同时，出于城市防卫的需要，开凿了更大规模的中都城护城河。由于洗马沟汇水区有限，无法满足护城河的用水需要，金代开凿了沟通高梁河与北城濠的连接水渠，将高梁河水引入中都护城河，用以解决护城河水量不足的问题（图2-5）。

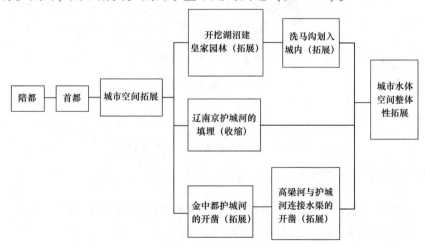

图2-5　金中都城市水体空间变化逻辑关系图

资料来源：本研究整理。

---

① 蔡蕃：《北京古运河与城市供水研究》，北京出版社1987年版，第182页。

从上述发展过程看，中都城市水体空间整体拓展的主因是宫苑（皇家御用）水体空间的拓展以及为保卫皇城开凿了中都城护城河，都是为最高统治阶层服务的。笔者认为，中都城市水体空间的拓展是北京由辽代的陪都发展到金王朝首都所导致的必然结果。

第三节　中都城周边行宫的修建与水体空间的拓展

一　北宫（北苑）的修建与白莲潭（积水潭）水体空间的拓展

《金史·食货志》记载："承安二年（1197 年），敕放白莲潭东闸水于百姓溉田。"[1]

据姚汉源先生考证，"白莲潭"就是元代的积水潭，包括今天的什刹海、北海、中海部分，其空间远比今天的潭、海更大。

金中都城建成后，又在其东北白莲潭（积水潭）南修建离宫——北宫（北苑）。据姚汉源先生研究，在北宫（北苑）主体建筑太宁宫[2]修建之前，其周围白莲潭（积水潭）水面已开始经营，金政府将部分白莲潭（积水潭）水体进行了疏浚，并利用疏浚水体的土石堆砌成琼华岛。北苑离宫的修建拓展了金白莲潭（积水潭）的水体空间[3]（图 2–6）。

二　建春宫的修建与南苑地区水体空间的拓展

北京地区西山山前地带以及北京凹陷西南部和大兴隆起的上升过程，导致自辽代开始，永定河改流点逐渐移到了卢沟桥以下和金门桥—辛庄一

---

① 脱脱：《金史·卷五十·食货五》，中华书局 1975 年版，第 1122 页。

② 《金史·地理志》记载："京城北离宫有太宁宫，大定十九年（1179 年）建。后更为寿宁，又更为寿安，明昌二年（1191 年）更名为万宁宫。"脱脱：《金史·卷二十四·中都路》，中华书局 1975 年版，第 573 页。《金史》中频繁出现金帝临幸太宁宫（万宁宫）的记载，如《金史·章宗三》记载："（承安）三年（1198 年）……秋七月……己酉，如万宁宫。"脱脱：《金史·卷十一·章宗三》，中华书局 1975 年版，第 248 页。《金史·章宗四》记载："（泰和）七年（1207 年）……三月……壬寅，如万宁宫。"脱脱：《金史·卷十二·章宗四》，中华书局 1975 年版，第 280 页。

③ 姚汉源：《元以前的高梁河水利》，《水利水电科学研究院科学研究论文集·第 12 集（水利史）》，水利水电出版社 1982 年版，第 137 页。

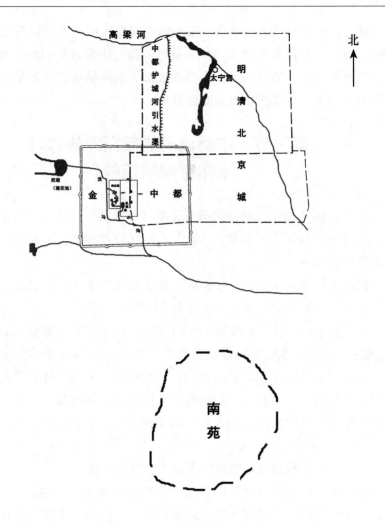

图2-6　金中都北宫与南苑位置图

资料来源：本研究整理。

带，永定河河道发生重大变化，自卢沟桥以下，大致相当于今龙河故道，
向东南经旧安次一带，再汇白河而入海（图1-27）。永定河主流南移，
并由此导致了郊亭淀水体空间的消失（详见第一章第五节）。而在南苑地
区，永定河南移后残留的余脉构成了许多地下水溢出带在地表形成的若干
洼地，逐渐形成了南苑的水体空间。《南海子史料集》中提到："南苑所包

含的河流湖泊就是残存的洼地及平地涌泉衍化而来。"①

　　据姚汉源先生研究认为，早在金代南苑之北凉水河水系已初步形成，这一地区多淀泊，金章宗时期，在此建行宫进行春猎活动，《金史·百官志》记载："通济河节巡官兼建春宫地分河道。"② 从中可知，通济河节巡官兼管建春宫周边河道，这应该与建春宫地区属皇帝行宫有关（图2－6）。

　　据姚汉源先生研究，金代姚村淀③为南苑一带的淀泊，建春宫建于其南或东部。④

　　从《金史》相关记载中可知，承安三年（1198 年），章宗将中都南面的行宫命名为建春宫，并且早在明昌五年（1194 年）建春宫建筑就已经存在。金代皇室于南苑春水的时间更是在大定十七年（1177 年）间就已经开始。从《金史·章宗纪》中可知，章宗年间，金帝频繁往来于中都城与建春宫行宫之间，从中可推断，金代南苑地区的离宫对于金代帝王来说举足轻重。⑤

---

　　① 大兴区政协：《首都文史精粹大兴卷·南海子史料集：苑囿生态》，北京出版社 2015 年版，第 136 页。

　　② 脱脱：《金史·卷五十六·百官二》，中华书局 1975 年版，第 1277 页。

　　③ 《金史·世宗纪》记载："（大定）十七年（1177 年）……五月……癸卯，幸姚村淀，阅七品以下官及宗室子、诸局承应人射柳。"脱脱：《金史·卷七·世宗中》，中华书局 1975 年版，第 166—167 页。《金史·章宗纪》记载："（明昌）四年（1193 年）……二月戊戌朔，如春水。使以春、秋二仲月上戊日祭社稷。癸丑，猎于姚村淀。癸亥，至自春水。"脱脱：《金史·卷十·章宗二》，中华书局 1975 年版，第 227—228 页。

　　④ 姚汉源：《元以前的高梁河水利》，《水利水电科学研究院科学研究论文集·第 12 集（水利史）》，水利水电出版社 1982 年版，第 137 页。

　　⑤ 《金史·章宗纪》记载："（明昌）五年（1194 年）正月……丁亥，幸城南别宫。"脱脱：《金史·卷十·章宗二》，中华书局 1975 年版，第 231 页。同文记载："（承安）元年（1196 年）……二月……己巳，复命还军。幸都南行宫春水。"脱脱：《金史·卷十·章宗二》，中华书局 1975 年版，第 238 页。《金史·章宗纪》记载："（承安）三年（1198 年）春正月……己未，以都南行宫名建春。"脱脱：《金史·卷十一·章宗三》，中华书局 1975 年版，第 249—250 页。《金史·章宗纪》又记载："（承安）三年（1198 年）春正月……丙辰，如城南春水……己未，以都南行宫名建春。甲子，至自春水……（承安）四年（1199 年）……二月乙丑，如建春宫春水。乙巳，还宫……辛未，如建春宫……乙亥，还宫。戊寅，如建春宫……甲申，还宫。乙酉……如建春宫。戊子，还宫。三月……己亥，如建春宫……泰和二年（1202 年）春正月……甲戌，如建春宫……（泰和）三年（1203 年）春正月……庚辰，如建春宫……（泰和）七年（1207 年）……二月……癸亥，如建春宫……（泰和）八年（1208 年）……二月……甲寅，如建春宫……"脱脱：《金史》，中华书局 1975 年版，第 247—283 页。

三　北宫（北苑）与南苑地区水体空间拓展的相关保障

笔者认为，作为金帝王重要的行宫，北宫与建春宫的修建定会大兴土木，同时，势必对其周边水体空间进行疏浚和修整，从而使其得以拓展。再者，作为次一级的皇家御用水体空间（最高等级为皇城内御用水体空间如同乐园水体），其日常的疏浚维护也能得到充分的物质保障，从而在很大程度上维持了其水体空间的稳定。

第四节　金代北京地区漕运水体空间的开凿

一　金代北京地区漕运水体空间开凿的条件

（一）金代北京开始由生产城市向消费城市转变

金王朝都城地位的确立，使北京由之前的生产城市向消费城市转变，作为金王朝最重要的消费城市，需聚敛部分国家农田赋税中的食粮及其他城市所需物资汇集至都城。

（二）金代北京地区人口剧增使中都地区对外地粮食需求大增

海陵王迁都后，令上京宗室贵族南徙，安置于中都。"贞元迁都，遂徙上京路太祖、辽王宗干、秦王宗翰之猛安，并为合扎猛安，及右谏议乌里补猛安，太师勖、宗正宗敏之族，处之中都。"[1]

此外，贞元元年（1153 年）"（张）浩请（海陵王）凡四方之民欲居中都者，给复十年，以实京城，（海陵王）从之"[2]。世宗即位后，"诏徙女直猛安谋克于中都，给以近郊官地……"[3] 继续采取迁徙人口充实中都的政策。大量人口迁居中都，使这一地区人口剧增。世宗欲幸金莲川，梁襄上疏劝谏，有"随驾生聚，殆逾于百万"[4] 之说，此后人口进入以自然增殖为主的稳步发展阶段，根据韩光辉先生的研究，至金章宗泰和七年（1207 年），今北京地区人口达到 161 万左右，其中城市人

① 脱脱：《金史·卷四十四·志第二十五·兵志》，中华书局 1975 年版，第 993 页。
② 脱脱：《金史·卷八十三·列传第二十一·张浩》，中华书局 1975 年版，第 1863 页。
③ 脱脱：《金史·卷八十三·列传第二十一·张汝弼》，中华书局 1975 年版，第 1869 页。
④ 脱脱：《金史·卷九十六·列传第三十四·梁襄》，中华书局 1975 年版，第 2133 页。

口 40 万左右。[①]

（三）周边地区的粮食生产无法满足金中都城市人口的粮食需求

金代统治者为解决北京粮食供应问题采取了两大措施：一是发展本地农业；二是将南方的粮食漕运至中都城。

金太宗灭北宋后，天会四年（1126 年）十二月"令所在长吏督劝农功"[②]。

金世宗时对京郊农业发展更加重视，根据《金史》记载，采取的具体措施有：①鼓励耕垦，改进工具；②开辟水田，发展稻作；③禁杀耕牛；④专设捕蝗官；⑤减免租税。

尽管中都地区已拥有较为发达的农业和粮食生产，但由于中都地区人口的空前增长，近畿粮食生产也无法满足中都城市人口的粮食消费。[③] 因此，大量输入外地粮食成为保障北京城市人口粮食供给的基本措施。

（四）古代陆路交通的相对落后使得漕运成为金代保障首都北京粮食供给的最重要运输方式

古代社会，由于生产力和科技水平所限，陆路运送物资，主要依靠肩担畜驮等较为原始的方式，少量的物资运送或短距离运输尚可，大量的、远距离的物资运输，便难以如此了。从经济效益来看，粮食属于笨重货物，大量远距离陆运成本极高。

船运和陆运相比较，有一桩史实，[④] 反映出船运优势明显：真君七年

---

①　韩光辉：《辽金元明时期北京地区人口地理研究》，《北京大学学报》（哲学版）1990 年第 5 期。

②　脱脱：《金史·卷三·本纪第三·太宗》，中华书局 1975 年版，第 56 页。

③　韩光辉：《从封建帝都粮食供给看北京与周边地区的关系》，《中国历史地理论丛》2001 年第 3 期。

④　《魏书》卷三八记载，北魏太平真君七年（446 年），（刁）雍表曰："奉诏高平、安定、统万及臣所守四镇，出车五千乘，运屯谷五十万斛付沃野镇，以供军粮。臣镇去沃野八百里，道多深沙，轻车来往，犹以为难，设令载谷，不过二十石，每涉深沙，必致滞陷。又谷在河西，节转至沃野，越渡大河，计车五千乘，运十万斛，百余日乃得一返，大废生民耕垦之业。车牛艰阻，难可全至，一岁不过二运，五十万斛乃经三年。臣前被诏，有可以便国利民者动静以闻。臣闻郑、白之渠，远引淮海之粟，溯流数千，周年乃得一至，犹称国有储粮，民用安乐。今求于牵屯山河水之次，造船二百艘，二船为一舫，一船胜谷二千斛，一舫十人，计须千人。臣镇内之兵，率皆习水。一运二十万斛。方舟顺流，五日而至，自沃野牵上，十日还到，合六十日得一返。从三月至九月三返，运送六十万斛，计用人功，轻于车运十倍有余，不费牛力，又不废田。"魏收：《魏书·卷三八·刁雍》，吉林人民出版社 1995 年版，第 527—528 页。

（446 年），从薄骨律镇（今宁夏灵武南）运五十万斛屯谷到沃野镇（今内蒙古乌拉特前旗），两地相距 800 里，比较之后，终用船运。因为陆运用 5000 辆车运输，每车载谷不过 20 石，路上有沙滞陷，还需渡河，百余日始得一返，影响耕垦，路途艰辛，车牛难得保全，且一年只能运输两次，三年方能完成。而船运用船 200 艘，一船可载谷 2000 斛，一次运输可达 20 万斛，顺流而下五日可以到达，溯水而上也只需 10 天，60 天得一返，从三月至九月三返，运送 60 万斛，人功可省车运十倍，又不废牛力，也不影响耕作。由此可见，水运比车运运量多，省人力和牛力，并且也不至于影响农业生产。

首都用粮的运输，既量大而且必须每年征运，从综合效益来看漕运应是首选，即通过水路用船只将粮食加以转输。

（五）封建中央集权制度是金代漕运产生的制度条件

封建社会经济是自给自足的自然经济，生产者的劳动产品主要用于自己的消费，而不是用以交换和售卖。因此，全国性的商品尤其是粮食商品市场难以形成，王朝都城大量的粮食消费无法通过市场以交换和购买的方式得到满足，只有采取行政手段解决问题。在封建中央集权之下，以皇帝为首的中央政府，其权力是至高无上的，封建国家可以借助权势，在全国范围内征收粮赋，并加以转运至京城用以维持庞大的中央官僚机构的正常运转。封建中央集权制度是金代中都漕运产生的制度条件。①

（六）原有的河湖水系基础是金代北京地区漕运产生发展的客观条件

漕运必须依赖水道才能进行，良好的水道运输系统是漕运产生与发展的必要客观条件。金代以前，北京地区已在原有自然水体空间基础上构建了完善的农田水利系统（详见第一章第四节）。隋代，利用桑干河（永定河）分支修筑了永济渠北段，这是北京地区最早的人工漕渠（详见第一章第五节）。以上水体空间的修筑为金代中都漕运的发展奠定了空间基础。

（七）作为首都的城市性质为漕河的开凿提供了必要的物资保障

北京地区的漕运水道并不完全由天然水道运输组成，根据运输的需要也不得不开凿部分人工水道。开凿人工水道本身需要花费大量人力、物力

---

① 吴琦：《漕运的历史演进与阶段特征》，《中国农史》1993 年第 4 期。

和财力。由于泥沙淤塞的问题，开凿成功之后要使漕河长期正常运行，定期的疏浚维护必不可少，同样费力。金代北京作为王朝政治中心的城市性质为解决上述问题提供了必要的物资保障（图2－7）。①

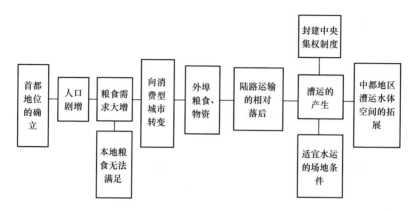

图2－7　金中都漕运水体空间产生发展的成因关系图
资料来源：本研究整理。

二　通州至中都的通漕是金代漕运需要解决的最主要问题

（一）中都的漕粮主要来自南方的山东、河北等路

《金史·河渠志》记载："金都于燕……故为闸以节高良（梁）河、白莲潭诸水，以通山东、河北之粟。"② 中都的漕粮供给主要来自南面的山东、河北等路。

（二）山东、河北等路的漕粮通过旧黄河可运抵通州

《金史·河渠志》记载："……其通漕之水，旧黄河行滑州、大名、恩州、景州、沧州、会川之境，漳水东北为御河，则通苏门、获嘉、新乡、卫州、浚州、黎阳、卫县、彰德、磁州、洺州之馈，衡水则经深州会于滹沱，以来献州、清州之饷，皆合于信安海壖，沂流而至通州……"山东、河北的漕粮可通过旧黄河行漕至通州。

① 王培华：《元明北京建都与粮食供应——略论元明人们的认识和实践》，文津出版社2005年版，第21页。
② 脱脱：《金史·卷二十七》，中华书局1975年版，第682页。

（三）三国时期车箱渠的东扩客观上为金漕河的开凿提供了场地条件

景元三年（262 年），樊晨重修戾陵遏（图 1 - 15），开渠东入坝河灌田，扩大灌区，将通州的潞水与高粱河连接起来。当时是以灌溉农田为主，并无漕运功能。

三国时期通州至中都灌溉水渠虽经历岁月早已淤塞，但其河道仍存，若要通漕，只需在原有河道的基础上疏浚拓展即可。这在客观上为金漕河的开凿提供了相对有利的场地条件。

（四）通州至中都通漕的不利因素

1. 辽、金时期高粱河断了桑干河水源，高粱河故道淤塞

根据姚汉源先生的研究，由于桑干河泥沙含量较大，高粱河西段逐渐淤塞，至辽、金时期，高粱河断了桑干河的水源。金世宗时期"只有坡水、泉水由今南长河东入高粱旧渠，水源是很不充分的"[1]。

《金史·河渠志》记载，金世宗大定四年（1164 年），户部侍郎曹望之，有河不加疏浚，高粱河东段的坝河（姚汉源先生认为，此应为三国时期的坝河故道）水道淤塞，致使山东粮食运至通州后无法经水路运抵京城，使百姓陆运劳甚，而受到世宗的斥责。此事进一步证实世宗初年高粱河故道淤塞严重。[2]

2. 中都至通州地势陡峻致水道艰涩

河北、山东等路的粮食运抵通州，通州至中都因地势陡峻致水道艰涩，为通漕的不利因素。[3]

三　金漕河的开通尝试与坝河故道水体空间的拓展

（一）金漕河的通漕尝试与坝河故道水体空间的拓展

针对大定四年（1164 年）运河湮塞的情况，大定五年（1165 年）

①　姚汉源：《元以前的高粱河水利》，《水利水电科学研究院科学研究论文集·第 12 集（水利史）》，水利水电出版社 1982 年版，第 134 页。

②　《金史·河渠志》记载："初，世宗大定四年（1164 年）八月，以山东大熟，诏移其粟以实京师。十月，上出近郊，见运河湮塞，召问其故。主者云户部不为经划所致。上召户部侍郎曹望之，责曰：'有河不加浚，使百姓陆运劳甚，罪在汝等。朕不欲即加罪，宜悉力使漕渠通也。'"脱脱：《金史·卷二十七》，中华书局 1975 年版，第 683 页。

③　《金史·河渠志》记载："然自通州而上，地峻而水不留，其势易浅，舟胶不行，故常徙事陆挽，人颇艰之。"脱脱：《金史·卷二十七》，中华书局 1975 年版，第 682 页。

春，金世宗调军夫浚治这条淤塞的运河河道，试图解决中都城的漕运问题。[①]

这条河道经姚汉源先生研究，认为应是坝河故道[②]（图 2 - 8）。

侯仁之先生也认为，这就是分别于景元三年（262 年）和北齐天统元年（565 年），为解决北京地区的农业灌溉用水，引高梁水东接坝河的故道[③]（图 1 - 15、图 1 - 19）。

坝河水道在金代以前其功能主要为农业灌溉，对于河道来说，漕运功能相较于农业灌溉来说需要更大的空间容量。因此笔者认为，大定五年（1165 年）金漕河的浚治势必拓展了坝河故道的空间容量，进而整体上拓展了北京地区的水体空间容量。

（二）坝河的浚治并未解决通州至中都城的漕运问题

金大定五年（1165 年），金世宗浚治坝河故道以后，史料中并无漕河通行的任何记载。

《水经注》记载："……故俗谚云：'高梁无上源，清泉无下尾。'盖以高梁微涓浅薄，裁足津通，凭藉涓流，方成川眮。"[④]

从文中记述可知，早在《水经注》成书（北魏）之前，高梁河水源就"微涓浅薄"。根据姚汉源先生的研究，至辽金之时，高梁河断了桑干河（永定河）水源。世宗之时，只有坡水、泉水东入高梁河旧渠，水源更少。笔者就此推测，很可能是由于高梁河上游水源的不足，导致坝河的浚治没有取得相应的通漕成效，通州至中都的漕运问题仍未解决（图 2 - 8）。

四　金口河的开凿

（一）金漕河（坝河）的湮废导致金口河的开凿

《金史·河渠志》记载："大定十年（1170 年），议决卢沟（桑干

---

① 《金史·河渠志》记载："（大定）五年（1165 年）正月，尚书省奏，可调夫数万，上曰'方春不可劳民，令宫籍监户、东宫亲王人从、及五百里内军夫，浚治'。"脱脱：《金史·卷二十七》，中华书局 1975 年版，第 683 页。

② 姚汉源：《元以前的高梁河水利》，《水利水电科学研究院科学研究论文集·第 12 集（水利史）》，水利水电出版社 1982 年版，第 134 页。

③ 侯仁之：《北京历代城市建设中的河湖水系及其利用》，《北京城的生命印记》，生活·读书·新知三联书店 2009 年版，第 91 页。

④ 郦道元：《水经注·卷十三·灅水》，中华书局 1991 年版，第 751 页。

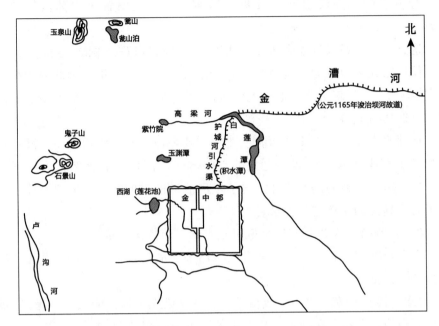

图 2 - 8　金漕河开凿时中都地区河湖水系概况图

资料来源：本研究整理。

河）以通京师漕运，上（世宗）忻然曰：'如此，则诸路之物可径达京师，利孰大焉。'"① 金漕河（坝河）修治以后，由于上游水源不足等问题致使其无法通航，通州至中都城的漕粮运输问题仍未得到解决。为解决水源问题，世宗决定导引上游卢沟河水，用以解决漕河水源不足的问题。

金口河于金大定十一年（1171 年）十二月开工，十二年（1172 年）三月完工，施工八十日，实用五十日。②

（二）金口河行径路线

据蔡蕃先生考证，"金口"为今石景山北麓缺口处，卢沟河（永定河）

---

① 脱脱：《金史·卷二十七》，中华书局 1975 年版，第 686 页。
② 《金史·河渠志》记载："（大定）十一年（1171 年）十二月，省臣奏复开之，自金口疏导至京城北入壕，而东至通州之北，入潞水，记工可八十日。十二年三月，上令人覆按，还奏：'止可五十日。'"脱脱：《金史·卷二十七》，中华书局 1975 年版，第 686 页。

上的取水口在今麻峪村。麻峪村至金口应开凿有长约4—5里的引水渠。蔡蕃先生认为，金口以东河道先是沿用了一段车箱渠故道，在今海淀区半壁店附近与原车箱渠路线分离，向东南过今玉渊潭，再向南入中都城北护城河。① 根据孙秀萍先生的研究，金口河出中都城北护城河后，再向东至嘎哩胡同东北折，经今旧帘子胡同、人民大会堂南、历史博物馆南，沿台基厂三条、崇内同仁医院、北京火车站南，向东沿今通惠河道至通州城北入白河② （图2－9）。

五　金口河的湮废

（一）大定二十七年金口河湮废

大定二十一年（1181年），通州至中都的漕粮已经"辇入京师"③。说明此时金口河的水体空间收缩严重，漕运功能已经丧失。金口河虽不能通航，但此时仍有灌溉功能。

金口河从大定十二年（1172年）通漕至大定二十七年（1187年）世宗决定将金口堵塞，勉强维持了十五年，金口河就此湮废。④ 根据姚汉源先生的研究，金口河口虽堵塞，河道仍在。

（二）金口河湮废原因

1. 《金史》及姚汉源先生对于金口河湮废原因汇总

据《金史》相关内容可知，金口河湮废的原因主要有两个⑤：

一是金口河"地势高峻"，致水流速度过快。即河床比降较大，河道过陡，导致水流速度过于湍急。根据姚汉源先生的研究，麻峪至金中都城的金口河道，平均比降约千分之二，比时代稍前的古汴渠（开封至泗口）

---

① 蔡蕃：《北京古运河与城市供水研究》，北京出版社1987年版，第20页。

② 孙秀萍：《北京地区全新世埋藏河、湖、沟、坑的分布及其演变》，《北京史苑（第二辑）》，北京出版社1985年版，第224页。

③ 《金史·河渠志》记载："（大定）二十一年（1181年），以八月京城储积不广，诏沿河恩、献等六州粟百万余石运至通州，辇入京师。"脱脱：《金史·卷二十七》，中华书局1975年版，第683页。

④ 《金史·河渠志》记载："（大定）二十七年（1187年）三月……上（世宗）……遣使塞之。"

⑤ 《金史·河渠志》记载："及渠（金口）成，以地势高峻，水性浑浊。峻则奔流漩回，啮岸善崩，浊则泥淖淤塞，积滓成浅，不能胜舟。"脱脱：《金史·卷二十七》，中华书局1975年版，第686页。

陡十多倍，而汴渠在当时已号称"坡陡流急"①。

另一原因是"水性浑浊"，即当时永定河水含沙量大。姚汉源先生研究认为，虽因金口渠河床比降大，水流湍急，"金口河靠流速冲刷淤积是没问题的"，但当时的技术条件无法解决由于流速过快导致的"啮岸善崩"问题，即"防淤不能防冲"，而要解决此问题就应该通过节制来减缓河水流速，但河水"水性浑浊"，如果节制"则水缓沙停，淤积成浅，不能通航"。

车箱渠灌溉工程维持了很长时间，效益很大，而金口河寿命较短，效益不足，姚汉源先生认为车箱渠以灌溉为目的，而金口河以航运为主，前者对城市安全威胁较小，而后者威胁较大。除此之外，与金口河相比，车箱渠河道较为迂缓，有淀泊调蓄，而金口河较为径直，淀泊较少。

2. 金口河湮废原因的再研究

金口河湮废的主要原因一是河床比降过陡，二是上游水源（永定河）含沙量大。那么是什么原因导致金口河的比降过陡，又是什么原因导致永定河水含沙量大，笔者认为对于这两个问题有必要做进一步的研究。

北京大学王乃樑团队研究认为，大约在距今 5000 年前后，高丽营断裂活动加强，断裂的东南盘相对下降，西北盘上升，从而永定河出山后，就不再流向相对抬高的原古清河而选择了地势较低的东和东南方向迁移，距今约 1400 年前后（笔者认为应距今约 1700 年前后）永定河由原来古清河逐渐转移到㶚水和古无定河的位置②（详见第一章第四节）。根据王乃樑团队的相关研究成果，笔者认为地质活动（高丽营断裂活动）应是导致金口河床比降过陡，使金口河水流湍急的主因。

那么又是什么原因导致永定河水的含沙量增大呢？笔者通过梳理金代北京地区生态环境变迁的相关研究成果发现，北京地区尤其是山区森林的大规模破坏是从金代开始的，③ 金代永定河上游山区森林的大规模砍伐应是导致永定河水含沙量增大的主因。

经笔者研究史料发现，金代永定河上游大规模的森林砍伐，其目的主

　　① 姚汉源：《元以前的高梁河水利》，《水利水电科学研究院科学研究论文集·第 12 集（水利史）》，水利水电出版社 1982 年版，第 134 页。

　　② 王乃樑等：《北京西山山前平原永定河古河道迁移、变形及其和全新世构造运动的关系》，《第三届全国第四纪学术会议论文集》，科学出版社 1982 年版，第 181 页。

　　③ 王伟杰等：《北京环境史话》，地质出版社 1989 年版，第 137 页。

要有两个：一是对南宋的战争准备；二是中都城市建设。①

《大金国志》记载："天会十三年（1135 年）……兴燕、云两路夫四十万人之蔚州②交牙山，采木为筏，由唐河及开创河道，运至雄州之北虎州，造战船，欲由海道入侵江南，是岁之夏，以百姓大困，啸聚蜂起，海盗之行，遂成中辍。"③

金初为打造征伐南宋的战船，在永定河上游地区役使四十万百姓大规模砍伐森林，虽然此项工程后来因为伐木百姓的反抗而没能持续，但上山伐木的人数多达四十万，即使时间不长，对该地区森林资源的破坏规模也应是空前的。

另据《金史》记载，正隆四年（1159 年）二月丁未："修中都城。造战船于通州……十月乙亥……（海陵王）观造船于通州。"④ 宋朝著名词作家周麟在其代表作品《造海船》中描述了正隆四年造海船的情况："造海船……传闻潞县燕京北，木柿翻空浪头白。近年升作北通州，谓是背吭宜控扼。坐令斩木千山童……""坐令斩木千山童"反映了当时北京地区山林破坏的严重程度。文献虽未提及造船所用木材的确切来源，但按情理推测，应有相当部分取自永定河上游流域。

除了对南宋的战争准备之外，海陵王迁都中都，中都城的建设势必对周边森林（包括永定河上游区域）造成一定程度的破坏。

另从永定河名称的变化，我们也可看出永定河河流特性的变化。先秦时期，根据《山海经》记载，永定河被称为"浴水"。西汉时期，《汉书·地理志》中将永定河称为"治水"，《汉书·燕刺王传》中称"台水"。东汉至北朝时期，根据《说文解字》和《水经注》中相关记载，永定河被称之为"灅水"。三国时期被称为"高梁河"。北朝时期，根据郦道元《水经注》相关记载，永定河被称为"湿水"，同时期《魏土地记》中记载："清泉河上承桑干河"，可知北朝时期永定河也称"清泉河"。隋唐

① 孙东虎：《北京近千年生态环境变迁研究》，北京燕山出版社 2007 年版，第 126 页。

② 蔚州即今河北省蔚县，根据光绪《蔚州志》记载"交牙山在城南"判断，交牙山应在蔚县南，永定河上游支流壶流河流贯蔚州县境。尹钧科、吴文涛：《历史上的永定河与北京》，北京燕山出版社 2005 年版，第 142 页。

③ 宇文懋昭：《大金国志·卷九》，商务印书馆，民国：79。

④ 脱脱：《金史·卷五》，中华书局 1975 年版，第 110 页。

宋辽时期，据《隋书·地理志》《礼仪志三》《旧唐书·韦挺传》中相关记载，永定河被称之为桑干河。

根据《金史·地理志》《金史·世宗纪》可知，金代永定河被称之为"卢沟河"。金朝初年，北宋徽宗宣和七年（1125 年）许亢宗出使金朝，其在《宣和乙巳奉史行程录》中描述说："过良乡三十里渡卢沟河，水极湍激，当地人每待水浅时置小桥以渡，岁以为常。"金朝中期，周煇于孝宗淳熙四年（1177 年）出使金朝时，记述："二十六日至良乡县……二十七日过卢沟河即卢龙也。燕人呼水为龙，呼黑为卢，亦谓黑水河。色黑而浊，其急如箭。"

从永定河名称的变迁，特别是由"清泉河"变称为"卢沟河"，明显可知，至金代永定河河水由清变黑。这主要是由于金代大规模造船南征以及中都城市建设，导致上游山区森林严重破坏，河水中泥沙不断增多，使永定河水由清变黑。

除上述原因外，笔者认为，金口河通漕后，永定河水对中都城市的安全威胁也应是金口河湮废的重要原因。《金史·五行志》记载：金世宗大定十七年（1177 年）"……七月，大雨，滹沱、卢沟水溢……"这是首次有明确年代记载的金代永定河泛滥情况。[1]

《金史·河渠志》记载："（大定）二十五年（1185 年）五月，卢沟决于上阳村。先是，决显通寨，诏发中都三百里内民夫塞之，至是复决，朝廷恐枉费工物，遂令且勿治。"[2]

大定二十五年（1185 年），卢沟河大水漫决，"决于显通寨"，金世宗下令征集中都附近三百里内的民夫进行堵塞。此后不久，又决于上阳村。

大定二十六年（1186 年）五月，卢沟河复决于上阳村。前次（大定二十五年）河决时，金政府曾诏发中都附近三百里内民夫堵塞决口，而这次复决时，金政府考虑塞河费工浩大，竟决定让河水顺势漫流，不加修治。大定二十七年（1187 年），金政府鉴于卢沟河为害甚剧，封卢沟水神为"安平侯"，以求"平安"。

---

[1] 脱脱：《金史·卷二十三》，中华书局 1975 年版，第 538 页。
[2] 脱脱：《金史·卷二十七》，中华书局 1975 年版，第 686 页。

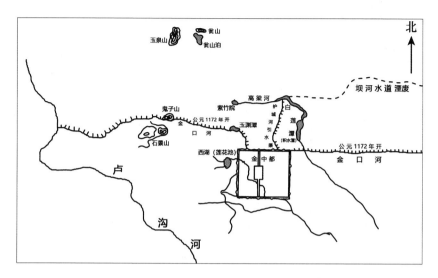

图 2 - 9　金口河开凿时中都地区河湖水系概况图

资料来源：本研究整理。

3. 金口河湮废是自然和人为因素共同作用的结果

对南宋的战争准备和中都城市建设使永定河上游植被破坏严重，从而导致永定河水含沙量增大，"水性浑浊"。高丽营断裂活动的加强使金口河河床比降增大，加之河道平直淀泊少，导致水流湍急。金口河"水性浑浊""水流湍急"不利漕运，同时由金口河开漕引起的洪涝灾害也威胁到中都城的安全，以上因素最终导致金口河的湮废（图 2 - 10）。

在诸因素中，对南宋的战争准备、中都城的城市建设以及高丽营的断裂活动是最主要的因素。可见，金口河的湮废是自然和人为因素共同作用的结果。

六　通济河（闸河）通漕

（一）金口河的湮废致通济河（闸河）通漕

由于卢沟河水源不可用，致使金口河湮废，漕运中断，通州至中都城的粮饷只得通过陆路运输。为解决通州至中都的漕运问题，章宗只得另辟水道。《金史·河渠志》记载："（章宗）承安五年（1200 年）……乃命

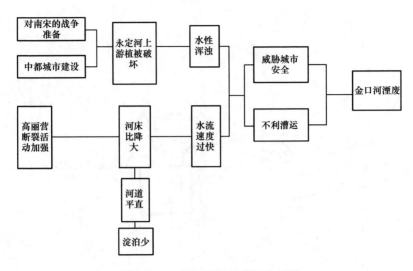

图 2 - 10　金口河湮废成因分析图

资料来源：本研究整理。

都水监丞田栎相视运粮河道。"① 承安五年（1200 年），金章宗命都水监丞田栎普查了漕运河道。

《金史·乌古论庆寿传》记载："乌古论庆寿……泰和四年（1204 年）迁本局提点。是时，议开通州漕河，诏庆寿按视。"②《金史·韩玉传》记载："泰和中，（韩玉）建言开通州潞水漕渠，船运至都。升两阶……"从上述两则文献可知，泰和四年（1204 年），乌古论庆寿和韩玉建议开通州至中都的漕河。

从《金史·河渠志》相关记载③中可知这次动员军夫地区涵盖中都地区，结合《金史·韩玉传》中提及"开通州潞水漕渠，船运至都"的描述看，蔡蕃先生认为，这次"改凿"的重点应是中都至通州的漕运河道，也就是"通济河（闸河）"以及通州以南的"潞水漕渠"。由此可断定通济河开凿于泰和五年（1205 年）。④

---

① 脱脱：《金史·卷二十七》，中华书局 1975 年版，第 684 页。

② 脱脱：《金史·卷一百十》，中华书局 1975 年版，第 2237—2238 页。

③ 《金史·河渠志》记载，泰和五年（1205 年）"上（章宗）至霸州，以故河道浅涩，敕尚书省发山东、河北、中都、北京军夫六千，改凿之"。

④ 蔡蕃：《北京古运河与城市供水研究》，北京出版社 1987 年版，第 35 页。

文中还提及："（泰和）六年（1206 年），尚书省……于是遂定制，凡漕河所经之地，州府官衔内皆带'提控漕河事'，县官则带'管勾漕河事'，俾催检纲运，营护堤岸。为府三，大兴、大名、彰德。"从中可知"大兴"在列其中，说明通州与中都之间的漕河已经通畅。

（二）凿长河节高粱河、白莲潭诸水通漕

《金史·河渠志》记载："金都于燕，东去潞水五十里，故为闸以节高粱河、白莲潭诸水，以通山东、河北之粟。"这次开河改引高粱河、积水潭为水源。

根据侯仁之先生的研究，泰和五年（1205 年）前后，为导引上游瓮山泊（昆明湖）水解决漕河的水源问题，金章宗开凿了连接瓮山泊与高粱河上源（今紫竹院湖泊前身）的人工水渠——长河（也称玉河）（图 2 - 11），瓮山泊水从高粱河积水潭上游接坝河的位置，经护城河引水渠（详见本章第二节），入中都北护城河一段，东入通济河（闸河），使抵达通州的各地粮饷可以直接漕运至中都城。[①]

侯先生认为，此时为保证通济河（闸河）的用水，设闸切断了高粱河下游的水源，从此高粱河下游断流（图 2 - 11）。

姚汉源先生认为，开通济河（闸河）后，闸河以南的高粱河道可能被堵塞，留为溢洪水道，河岸本身仍存。[②]

（三）通济河（闸河）的通漕导致北京地区水体空间的变化

章宗时期为解决中都城的漕运问题，开通济河（闸河）通漕，这条水道的通漕，一方面促成了导引水渠长河的开凿，拓展了北京地区的水体空间容量，另一方面切断了高粱河下游的水源使其断流（侯仁之），仅残存水道及湖泊（姚汉源），同时使得高粱河东段（坝河段）被废弃（姚汉源），部分缩减了北京地区的水体空间容量（图 2 - 11）。

七　通济河（闸河）的湮废

《金史·河渠志》记载："（泰和）八年（1208 年）六月，通州刺史

---

①　侯仁之：《北京历代城市建设中的河湖水系及其利用》，《北京城的生命印记》，生活·读书·新知三联书店 2009 年版，第 92 页。
②　姚汉源：《元以前的高粱河水利》，《水利水电科学研究院科学研究论文集·第 12 集（水利史）》，水利水电出版社 1982 年版，第 139 页。

张行信言，'船自通州入闸，凡十余日方至京师，而官支五日转脚之费'，遂增给之。"

从这段文字可知，连接通州和中都城的通济河（闸河），开漕之初（泰和五年，1205 年），原定五日至中都城，开漕三年后泰和八年（1208年）则变为十余日至中都城。根据姚汉源先生的研究，出现这种情况的主要原因是此段河道"坡陡，水少，易浅，行舟甚慢"。此后，通济河（闸河）的漕运逐渐被陆运取代，通济河（闸河）湮废①。

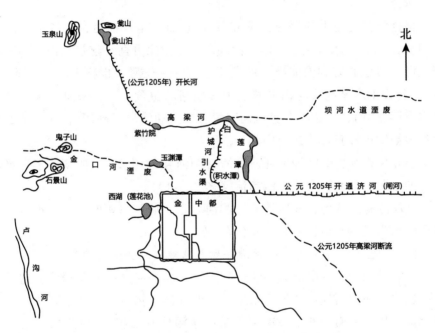

图 2-11　通济河（闸河）开凿时中都地区河湖水系概况图

资料来源：本研究整理。

八　本节总结

（一）上游水源的不稳定决定了金代漕河水体空间频繁变化

大定五年（1165 年），金世宗调军夫浚治坝河故道，试图解决通州至中都城的漕运问题，因上游水源的不足漕河尚未通航即湮废。

---

① 姚汉源：《元以前的高粱河水利》，《水利水电科学研究院科学研究论文集·第 12 集（水利史）》，水利水电出版社 1982 年版，第 136 页。

大定十一年（1171 年），金世宗又利用车箱渠故道开金口河，导卢沟水东至通州，通漕成功。金口河的开凿，虽解决了漕河的水源问题，但因河床比降及河水含沙量等问题，致开河不久，金口河漕运功能丧失。

泰和五年（1205 年），金章宗敕尚书省导引高梁河、白莲潭（积水潭）以及瓮山泊水入漕河，使通济河（闸河）通漕，后因水源不足等问题湮废。

纵观金代北京地区漕运水体空间的变化过程可知，漕运水体空间的稳定性与上游水源的水量、流速及含沙量密切相关。

（二）金代中都地区通漕的不断失败与再尝试，客观上拓展了北京地区的水体空间容量

金漕河的开通尝试导致坝河水体空间的拓展，后金漕河通漕失败促使金口河的开凿，金口河的湮废导致连接瓮山泊与高梁河上源的人工水渠——长河的开凿，后金口河的湮废又致通济河（闸河）通漕。从金代北京地区漕河发展的过程来看，中都地区通漕的不断失败与再尝试，客观上拓展了北京地区的水体空间。

（三）金代北京地区漕运水体空间的发展大致经历了"先易后难"的过程，其人工化程度逐步加强

金代首次通漕尝试仅是在坝河故道的基础上浚治而成。其后金口河的通漕，中都北护城河以西河段是在原车箱渠的基础上拓展而成，另外利用了部分中都城北护城河道，其以东河段新开凿了通州至中都北护城河一线的河道。通济河（闸河）的通漕，新开凿了连接瓮山泊与高梁河上源（今紫竹院湖泊前身）的人工水渠——长河。

纵观金代北京地区漕运水体空间的发展过程可发现，其空间发展大致经历了"先易后难"的过程，人工化程度逐步加强。

（四）金代漕运的发展导致天然水道——高梁河水体空间的剧烈变化，其水体空间的人工化程度不断加强

高梁河本是发源于"蓟城西北平地泉"的一条天然河道，《水经注》记载："㶟水又东南，高梁之水注焉。水出蓟城西北平地泉。"金代漕运的发展导致高梁河水体空间发生了巨大的变化，其上游开凿了连接瓮山泊与高梁河的长河，下游改道至闸河，并使闸河以下高梁河断流，高梁河水体空间的人工化程度不断加强。

第五节　本章总结

一　金代北京地区水体空间演变概述

天德三年（1151 年）完颜亮准备迁都北京，开始扩建辽南京城，在营建宫殿的同时，建设皇家园林。金首先在辽子城（皇城）西部苑囿、湖泊的基础上扩建西苑。当时为了解决宫苑用水，在扩建旧城时将洗马沟圈入城内，用以导引上源西湖（今莲花池）之水。

贞元元年（1153 年）完颜亮正式迁都燕京，并升燕京为中都府。北京由辽代陪都上升为金王朝的首都，同年从同乐园分水入宫城西南隅，汇为鱼藻池。

金中都在辽南京的基础上扩建而成，在扩建的过程中，出于城市建设的需要将原辽南京城的护城河进行了填埋。

金中都建城时（1151—1153 年），环绕城墙开挖了护城河。由于洗马沟（莲花河）的汇水区有限，无法满足护城河的用水需要，因此，除洗马沟外，还开凿了沟通高粱河与北城濠的连接水渠，目的是将高粱河水引入中都护城河。

金中都城建成后，在其东北白莲潭（积水潭）南修建离宫——北宫（北苑），在北宫（北苑）主体建筑太宁宫修建之前，其周围白莲潭（积水潭）水面已开始经营，金政府将部分白莲潭（积水潭）水体进行了疏浚，并利用疏浚水体的土石堆砌成琼华岛，北苑离宫的修建拓展了金白莲潭（积水潭）的水体空间。

北京地区西山山前地带以及北京凹陷西南部和大兴隆起的上升过程，导致自辽代开始永定河主流南移，并导致郊亭淀水体空间消失。在南苑地区，永定河南移后残留的余脉构成了许多地下水溢出带，加上永定河主流南移后在地表形成的若干洼地，逐渐形成了南苑的水体空间。金代章宗时期，在此建皇家行宫建春宫进行春猎活动。

金代建都中都，北京开始由生产城市向消费城市转变。随着北京地区人口剧增，中都地区对外地粮食需求大增。由于近畿粮食生产无法满足中都城市人口的粮食消费，加之北京地区具备较好的发展漕运的水体空间基础，而当时陆路交通又相对落后，以上因素导致金中都漕运水体空间的拓展。

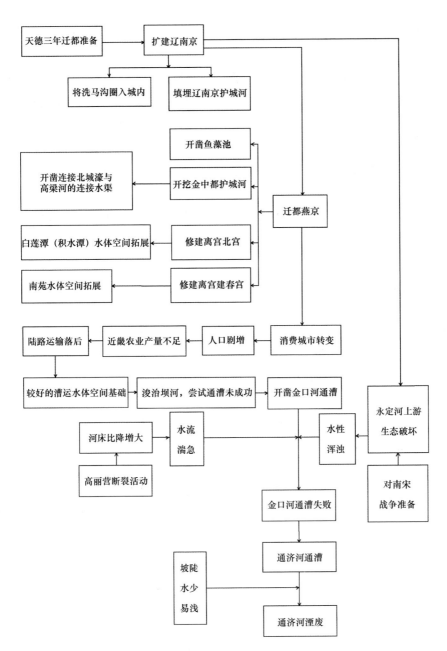

图 2-12　金代北京地区水体空间演变过程

资料来源：本研究整理。

金大定五年（1165年），浚治坝河，尝试通漕，因水源不足未成功。坝河通漕未果促使金大定十一年（1171年）至十二年（1172年）开凿金口河通漕。

由于对南宋的战争准备和中都城市建设使永定河上游植被破坏严重，从而导致永定河水含沙量增大，"水性浑浊"。高丽营断裂活动的加强使金口河河床比降增大，加之河道平直淀泊少，导致水流湍急。金口河"水性浑浊"、"水流湍急"不利漕运，同时由金口河开漕引起的洪涝灾害也威胁到中都城的安全，以上因素最终导致金口河在勉强维持十五年后湮废。

金口河的湮废导致泰和五年（1205年）通济河（闸河）通漕，三年后因"坡陡，水少，易浅，行舟甚慢"而湮废。

二　金代北京地区水体空间等级化差异分析

通过本章研究，根据其重要性等级，笔者认为至少存在十个等级的水体空间，从高至低依次为：金中都太液池和鱼藻池、白莲潭和南苑水域、洗马沟、中都护城河、西湖（莲花池）、金口河、通济河（闸河）、金漕河（坝河）、中都护城河引水渠、中都城西南近郊流泉及其导引河道。

（一）最高等级的皇家御用水体空间——金中都太液池和鱼藻池

天德三年（1151年）扩建辽南京城建金中都，在营建宫殿的同时，开始建设皇家苑囿同乐园。同乐园是利用西湖（莲花池）下游地区开挖湖沼，引洗马沟水建成，其中水面就是中都城中的太液池。此外，贞元元年（1153年）又在皇城西南开凿鱼藻池，并从同乐园分水入内。

太液池和鱼藻池是金中都城内最高等级的水体空间，拥有最高等级的人力、物力、财力以及制度层面的保障，具有最高等级的空间稳定性。

（二）皇家郊外苑囿水体空间——白莲潭和南苑水域

作为金帝王重要的行宫，北宫与建春宫的修建定会大兴土木，同时，势必对其水体空间进行疏浚和修整，从而使其水体空间得以拓展。再者，作为次一级的皇家御用水体空间（最高等级为皇城内御用水体空间，如同乐园水体），其日常的疏浚维护也能得到足够的物资保障，从而在很大程度上维持了其水体空间的稳定性。

（三）为太液池和鱼藻池输水的通道——洗马沟

为了解决宫苑用水，金中都在扩建辽南京城时，将洗马沟圈入城内，用以导引上源西湖（今莲花池）之水入太液池和鱼藻池。

（四）守卫金中都城市外围的水体空间——中都护城河

金中都建城时（1151—1153年），环绕城墙开挖了护城河。护城河水体一方面是守卫中都的重要屏障，另一方面也是消纳城市雨洪的重要空间。

护城河一般都能得到及时的疏浚维护保障，从而在很大程度上保障了其水体空间的稳定性。

（五）中都城市水体空间的最主要水源地——西湖（莲花池）

金中都城市宫苑用水、城市生活用水以及部分护城河的用水均导引自西湖（今莲花池），是中都城市最重要的水源地。

（六）维持十余年的漕河——金口河

金漕河（坝河）修治以后，由于上游水源不足等问题致使其无法通航，为解决通州至中都城的漕粮运输问题，世宗决定导引上游卢沟河水，用以解决漕河水源不足的问题。金口河从大定十二年（1172年）通漕至大定二十七年（1187年）世宗决定将金口堵塞，勉强维持了十五年。

（七）维持不足五年的漕河——通济河（闸河）

由于卢沟河水源不可用，致使金口河湮废，漕运中断，通州至中都城的粮饷只得通过陆路运输。为解决通州至中都的漕运问题，章宗于泰和五年（1205年）开凿通济河通漕。

通济河的通漕，一方面促使导引水渠长河的开凿，另一方面切断了高梁河下游的水源使其断流，仅残存水道及湖泊。

（八）经疏浚但未能通漕的漕河——金漕河（坝河）

金大定五年（1165年），为解决通州至中都的漕运问题疏浚坝河故道通漕未果，但客观上拓展了坝河水体空间。

（九）金中都护城河重要的引水渠道——护城河引水渠

由于洗马沟（莲花河）的汇水有限，无法满足护城河的用水需要，为满足中都护城河的用水需要，金代开凿了沟通高梁河与北城濠的连接水渠，目的是将高梁河水引入中都护城河。

（十）金中都南濠水源——中都城西南近郊流泉及其导引河道

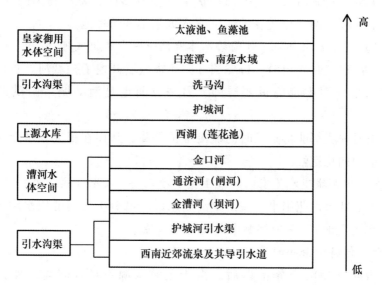

图 2 - 13　金代北京地区水体空间等级差异示意图

资料来源：本研究整理。

三　金代北京地区水体空间演变特征

金代北京地区水体空间演变的主要特征表现为两方面：一是皇家御用水体空间的整体拓展；二是由于中都地区通漕的不断失败与再尝试导致金代北京地区相关漕运水体空间整体性拓展。

（一）金代北京地区皇家御用水体空间的整体拓展

金代扩建辽南京城建金中都，建设皇家苑囿同乐园，开凿西华潭，引洗马沟水后又在皇城西南开凿鱼藻池，并从同乐园分水入内，中都城内皇家御用水体空间大幅度拓展。

中都郊外，修建北宫与建春宫。白莲潭、南苑水体空间拓展。

纵观金代北京地区水体空间的演变过程可知，中都城内的水体空间拓展都是围绕同乐园、鱼藻池这些皇家御用水体空间拓展，中都城外拓展的北苑和南苑水体空间也都是为皇家服务的水体空间。

（二）中都地区通漕的不断失败与再尝试导致金代北京地区相关漕运水体空间整体性拓展

金建都北京，漕运问题凸显，首先尝试疏浚金漕河（坝河）通漕未果，但这次尝试导致坝河水体空间的拓展。

金漕河通漕失败促使金口河的开凿，拓展了水体空间。

金口河的湮废导致金通济河（闸河）的通漕，通济河的通漕导致了连接瓮山泊与高梁河上源的长河的开凿，使得北京地区的漕河水体空间进一步拓展。

从金代北京地区漕河发展的过程来看，中都地区通漕的不断失败与再尝试，客观上拓展了北京地区的水体空间。

四　金代北京地区各级水体空间关系分析

（一）西华潭、鱼藻池的开凿导致洗马沟被圈入中都城

天德三年（1151年）扩辽南京城建金中都城。营建皇城宫殿的同时在其西部建皇家御苑同乐园开凿西华潭，开鱼藻池。

为解决西华潭、鱼藻池的用水，在扩建旧城时将洗马沟圈入城内，用以导引上源西湖（今莲花池）之水（图2-14）。

图2-14　金西华潭、鱼藻池与洗马沟关系示意图

资料来源：本研究整理。

（二）金中都护城河的开凿导致高梁河连接水渠的开凿

开凿金中都护城河后，由于洗马沟的汇水有限，无法满足护城河的用水需要，金代开凿了沟通高梁河与北城濠的连接水渠，将高梁河水引入中都护城河（图2-15）。

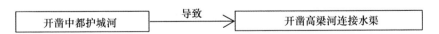

图2-15　金中都护城河与高梁河连接水渠关系示意图

资料来源：本研究整理。

（三）通济河（闸河）的开凿导致连接水渠长河开凿

金泰和五年（1205 年），开凿通济河通漕。为解决水源问题，金章宗开凿了连接瓮山泊与高梁河上源（今紫竹院湖泊前身）的人工水渠——长河（图 2 - 16）。

（四）通济河（闸河）的开凿导致高梁河下游湮废

通济河通漕，此时为保证用水，设闸切断了高梁河下游的水源，从此高梁河下游断流（图 2 - 16）。

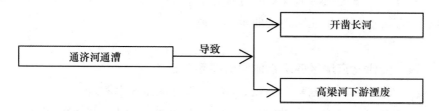

图 2 - 16　通济河与开凿长河、高梁河下游湮废关系示意图
资料来源：本研究整理。

五　金代北京城市水体空间与陆地空间彼此影响表现

（一）陆地空间对水体空间的影响

1. 金中都城的扩建导致辽南京护城河被填埋

辽南京城建有三重城墙并各有一道护城河，金中都在辽南京城的基础上扩建而成，在扩建的过程中，出于城市建设的需要将原辽南京城的护城河进行了填埋（图 2 - 17）。

图 2 - 17　中都城扩建与辽南京护城河被填埋关系示意图
资料来源：本研究整理。

2. 北宫的修建导致白莲潭（积水潭）水体空间拓展

金中都城建成后，又在其东北白莲潭（积水潭）南修建离宫——北宫（北苑）。在北宫（北苑）主体建筑太宁宫修建之前，其周围白莲潭（积水潭）水面已开始经营，金政府将部分白莲潭（积水潭）水体进行了疏浚，并利用疏浚水体的土石堆砌成琼华岛。北苑离宫的修建拓展了金白莲潭（积水潭）的水体空间（图2-18）。

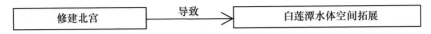

图2-18　中都北宫修建与白莲潭水体空间拓展关系示意图

资料来源：本研究整理。

3. 建春宫的修建导致南苑水体空间拓展

早在金代，南苑之北凉水河水系已初步形成，这一地区多淀泊，金帝在此修建皇家御苑建春宫。金章宗时期，经常在此行宫进行春猎活动。建春宫的修建定会大兴土木，同时，势必对其水体空间进行疏浚和修整，从而使其水体空间得以拓展（图2-19）。

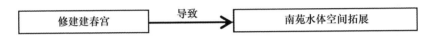

图2-19　修建建春宫与南苑水体空间拓展关系示意图

资料来源：本研究整理。

（二）水体空间对陆地空间的影响

通达良好的水路条件是中都城被选为金朝首都的重要原因。"上京僻在一隅，转漕艰而民不便，惟燕京乃天地之中，宜徙都燕以应之。"

区别于一般城市，都城的运转需要更多外部物资供应，在当时陆路交通相对落后的情况下，良好的水运条件就成为保障都城物资供应的必要条件。与上京（会宁）相比，北京地区具备相对良好的自然及人工水路条件，成为金王朝选择北京作为政治中心的重要原因（图2-20）。

图2-20　水路基础条件与金定都关系示意图

资料来源：本研究整理。

六　金代北京城市水体空间景观营造

金代北京由辽代陪都上升为金帝国的首都，历史上第一次成为王朝的政治中心。随着金中都城市地位的进一步提升，北京城市水体空间周边的人工建置俱增。莲花池供水系统随着金中都城市的扩张，成为皇家宫苑水源。洗马沟被圈入城内，串联起皇城中各水域，包括西华潭及鱼藻池（图2-2），组成了皇家西苑景观区。西苑延续中国传统园林设计中"一池三山"的基本格局，楼、阁、台、殿、池、岛等景观要素一应俱全。还有各类景观植物（竹、杏、柳等）沿水面布局，丰富了景观层次。

通济河的通漕带动西北郊瓮山泊景观向更大范围发展，玉泉山、香山一带山脉构建多处御苑行宫。金代开始对前朝已建的行宫进行扩建，金世宗时期在香山建大永安寺，修筑会景楼等建筑，可供登临、休憩。玉泉山行宫是金章宗的避暑胜地。此外，金章宗还在西山一带敕建西山八院。金代围绕瓮山泊水域周边的经营，构成了北京西山景观体系的雏形，为元明清西郊园林的大规模建设奠定了基础。

金中都东北郊白莲潭广阔的水域，优美的自然水环境，为万宁宫建设提供了良好的自然基础。

金章宗曾邀集众多文人雅士游赏北京山水，选出"燕山八景"[1]，其中与水体空间有关的是太液秋风、琼岛春阴、卢沟晓月。

西湖（莲花池）是金中都主要为市民提供的游憩场所。西湖沿岸种植桃柳，湖边还有酒肆，市民均可游玩于此，酒醉而归。[2]

金代北京城市水体空间的景观营造以模仿自然形态为主，滨水植物以柳树、桃树为主，辅以竹、杏、梅等，与宋画中的自然山水画风颇为类似。同时，主要河道两岸多开辟有农田或果园，在水系溉田的同时，营造了较为多样的农业景观，丰富了河道周边的田园景观。

---

[1]　收录于《明昌遗事》。
[2]　金人赵秉文描述了西湖的自然风光和市民游览西湖醉酒而归的场景："倒影花枝照水明，三三五五岸边行。今年潭上游人少，不是东风也世情。……醉里不知归去晚，先声留着颢华门。"

第 三 章

元大都水体空间演变过程研究

第一节　金末元初的战乱纷争与北京
地区水体空间的萎缩

一　金末元初的战乱纷争致中都城残破不堪

（一）金末元初的战乱纷争

金大安三年（1211 年），成吉思汗率领蒙古军队进攻金国，拉开蒙古灭金的序幕。金贞祐二年（1214 年），金宣宗以"燕京乏粮，不能应办"[①]为由，于五月乙亥"决议南迁"并"诏告国内"，"秋七月，车驾至南京"，将都城南迁至汴京（今开封）。[②]

蒙古军队进入中都后，重新将中都改为燕京。此外，设置了燕京路，总管大兴府，管理燕京及其周边地区。[③]

元太宗窝阔台即位后，经过蒙古和南宋的联手攻击，金天兴三年（1234 年）金朝灭亡。

元中统元年（1260 年），忽必烈在开平（今内蒙古正蓝旗东北闪电河

---

①　宇文懋昭：《大金国志（下）·卷二十四》，商务印书馆，民国：173。

②　脱脱：《金史·卷十四》，中华书局 1975 年版，第 304—305 页。

③　金贞祐三年（1215 年），"五月，明安（石抹明安）将攻中都，金相完颜复兴饮药死。辛酉，城中（金中都）官属父老缟素，开门请降……"宋濂：《元史·卷一百五十·石抹明安传》，中华书局 1976 年版，第 3557 页。"元太祖十年（1215 年），克燕，初为燕京路，总管大兴府。"宋濂：《元史·卷五十八·地理志一》，中华书局 1976 年版，第 1347 页。

北岸）称帝，建立元朝。元至元元年（1264 年）"诏改燕京为中都"①，升燕京为元中都。

（二）中都城因战乱残破不堪

元太祖十年（1215 年），成吉思汗出兵攻破金中都，皇城宫阙为战火所毁，至元世祖忽必烈即位初期，中都城中几无可用于满足帝王享用的建筑，来到燕京，忽必烈只能住在近郊残存的金代太宁离宫广寒殿。②

南宋使者邹伸之在其《使蒙日录》中记载："端平甲午（1234 年）九月初一抵燕京……十二日……因就看亡金宫室，瓦砾填塞，荆棘成林。"③

在蒙古骑兵攻入燕京十九年之后，南宋使者邹伸之来到燕京，亡金宫室只剩"瓦砾填塞，荆棘成林"的景象。

南宋景定元年（1260 年），王恽游览琼华岛，赋诗《游琼华岛》④，从诗文中可知，此时的琼华岛已是长满野蒿，满目荒凉。

金中都城历经战火，又在蒙古政权统治了半个世纪之后，已残破不堪。

二 金末元初中都城市地位的骤降

金贞祐二年（1214 年），金宣宗迫于压力将都城迁至汴京（今河南开封），大批百姓也随之南迁，中都由金王朝的首都下降为边疆城镇。⑤

金贞祐三年（1215 年），蒙古军队攻陷中都城，改中都为燕京，之后便在成吉思汗的统帅下继续西征，此时蒙古政权并没有在燕京建都的打算，木华黎留守华北，以燕京作为华北地区的军政中心。

---

① 宋濂：《元史·卷五·世祖二》，中华书局 1976 年版，第 99 页。

② 《廿二史札记》记载："元太祖十年（1215 年）已取燕京……中统二年（1261 年），始命修燕京旧城。盖自金宣宗迁汴后，燕京入于蒙古，宫室为乱兵所焚，火月余不减，至是已四十余年，班朝出治之所无复存者，故中统元年车驾来燕，只驻近郊。王磐传所谓宫阙未定，凡遇朝贺，臣庶杂至帐殿前，喧扰不能禁也。"赵翼：《廿二史札记·卷二十七·元筑燕京》，上海古籍出版社 2011 年版，第 529 页。侯仁之先生考证忽必烈此时驻跸的只能是广寒殿。侯仁之：《元大都城》，《侯仁之文集》，北京大学出版社 1998 年版，第 56 页。

③ 于敏中：《钦定日下旧闻考·卷二十九·宫室 辽金》，北京古籍出版社 1985 年版，第 428 页。

④ "蓬莱云气海中央，薰彻琼华露影香，一炬忽收天上去，谩从焦土说阿房"；"玉云仙岛戴灵鳌，老尽琼华到野蒿，惆怅津阳门外去，春风飘乱酒旗高"。

⑤ 王岗：《北京城市发展史（元代卷）》，北京燕山出版社 2008 年版，第 1 页。

三　金末元初中都城市水体空间萎缩

（一）金中都皇家御用水体空间的严重萎缩

南宋宝祐元年（1253 年），名儒郝经在《琼华岛赋》中写道："由万宁故宫，登琼华岛……悲风射关（居庸关），枯石荒残，琼花树死，太液池干……"[①]

"万宁故宫"即金离宫太宁宫，位于白莲潭（元积水潭）一带（详见第二章第三节），琼华岛原是太宁宫的组成部分。在占领金中都城之前，蒙古军队就抢先攻占了万宁宫。蒙古军对这座离宫进行了焚掠，使它遭到很大破坏。从诗中"琼花树死，太液池干"可知，金末元初积水潭水体空间萎缩严重。由此推断，金中都城内的原皇家御用水体空间遭到空前破坏，严重萎缩。

（二）金中都地区漕运水体空间严重萎缩

金末元初，由于中都城市地位急剧下降，人口大量减少，城市漕运物资需求量大幅度减少，保证漕河正常运转的人力、物力和财力保障缺失，致使原金政权遗留漕运河道的日常疏浚维护无法保障，对于漕河这种非自然河道"一经荒残，即成淤塞"，中都地区原漕运水体空间势必大幅度萎缩。

第二节　元定都大都与中都旧城水体空间的进一步萎缩

一　忽必烈即位与定都燕京

（一）忽必烈即位与陪都中都

忽必烈即位前后，蒙古族亲信部属和汉地名儒都曾提出定都燕京的建议。

世祖即位前，蒙古族亲信霸突鲁进言世祖，若要经营天下，应驻跸燕

[①]　郝经：《郝文忠公陵川文集·卷一·琼华岛赋》，山西人民出版社 2006 年版，第 8 页。

京。世祖即位后定都燕京，认为这其中有霸突鲁的功劳。①

　　南宋宝祐四年（1256 年），汉地名儒郝经在其《便宜新政·定都邑以示形势》②中向世祖进言。郝经认为，较之和林，上都（开平）更适合做蒙古帝国的都城，但最理想的国都位置还应当是燕京。这是因为燕云处于漠北与汉地的交汇处，故郝经认为燕京为元帝国都城的首选之地。

　　忽必烈即位之后，《续资治通鉴》记载："景定五年（1264 年）……八月……癸丑……蒙古刘秉忠请定都于燕，蒙古主从之，诏营城池及宫室。乙卯，改燕京为中都，大兴府仍旧。"③

　　南宋景定五年（蒙古至元元年，1264 年），刘秉忠请世祖定都燕京（金中都旧址），世祖采纳了他的建议，并委任刘秉忠主持都城城池和宫室的营建。

　　霸突鲁和郝经都强调指出燕京地理位置的优越，便于控制四方，是帝国首都的首选。忽必烈对他们的建议很是重视，他决定将政治中心南移，不再以漠北的和林作为首都。元中统元年（1260 年），忽必烈在开平（今内蒙古正蓝旗东北闪电河北岸）称帝，建立元朝。

　　中统四年（1263 年）五月，元世祖忽必烈"升开平府为上都"，正式定名开平为上都。至元元年（1264 年）八月，"诏改燕京为中都"④，将燕京又改为中都。在开平设立中央行政机构——中书省，在燕京分立行中书省。

　　为了更好地照顾蒙古贵族阶层的生活习惯，防止引发不必要的对抗，忽必烈在即位之初采取了较为稳妥的两都制。即以开平（位于草原）为首都，燕京为陪都。世祖每年往返于两都之间，在开平度夏，燕京过冬。

---

　　①　忽必烈即位前，《元史·霸突鲁传》记载："……世祖在潜邸，从容语霸突鲁曰'今天下稍定，我欲劝主上驻跸回鹘，以休兵息民，如何？'对曰'幽燕之地，龙蟠虎踞，形式雄伟，南控江淮，北连朔漠。且天子必居中以受四方朝觐。大王果欲经营天下，驻跸之所，非燕不可。'世祖怃然曰'非卿言，我几失之。'……世祖至开平，即位，还定都于燕。尝曰'朕居此以临天下，霸突鲁之力也'。"宋濂：《元史·卷一百一十九·霸突鲁传》，中华书局 1976 年版，第 2942 页。

　　②　"今日于此建都，固胜前日，犹不若都燕之愈也。燕都东控辽碣，西连三晋，背负关岭，瞰临河朔，南面以莅天下。和林置一司分，镇御根木；北京、木靖各置一司分，以为二辅；京兆、南京各置一司分，以为藩屏。夫燕云，王者之都，一日缓急，便可得万众，虽有不虞，不敢越关岭、逾诸司而出也。形势既定，本根既固，则太平可期。"郝经：《郝文忠公陵川文集·卷三十二·便宜新政》，山西人民出版社 2006 年版，第 449 页。

　　③　毕沅：《续治通鉴·卷第一百七十七》，上海古籍出版社 1987 年版，第 94—96 页。

　　④　宋濂：《元史·卷五·世祖二》，中华书局 1976 年版，第 99 页。

（二）元至元九年燕京上升为帝国首都

《廿二史札记》记载："中统二年，始命修燕京旧城。"①《元史·地理志》记载："世祖至元……四年，始于中都之东北置今城而迁都焉。"②《析津志辑佚》记载："至元四年二月己丑，始于燕京东北隅，辨方位，设邦建都，以为天下本。"③元至元四年（1267 年），忽必烈将都城迁至中都城东北，开始兴建元大都。

《元史·刘秉忠传》记载刘秉忠于"至元……八年，奏建国号曰大元，而以中都为大都"④。至元八年（1271 年），刘秉忠奏请世祖将国号改为元，将中都升为帝国首都。

《元史·世祖本纪》记载："……（至元）九年……二月……壬辰……改中都为大都。"⑤元至元九年（1272 年）二月，元世祖忽必烈改中都为大都。至此，大都成为元帝国的首都，北京又一次成为全国的政治中心。

（三）大都城市地位较之金中都进一步提升

金中都虽为金王朝的政治中心，但由于金并没有统一中原，南宋王朝在长江流域保持着独立的政权，其首都临安也因其富庶的经济，与中都分庭抗争。

元至元十六年（1279 年）蒙古人灭南宋，统一全国，在其统治下，元帝国真正成为一个统一的国家，而其首都——大都城自然也就成为全国的政治中心，其地位显然要高于金中都。

二　永定河南迁与大都城另觅新址

（一）世祖弃中都旧址另觅新址建大都

燕京城旧址（金中都城），历史悠久，元中统二年（1261 年），世祖开始修筑中都旧城。至元元年（1264 年），刘秉忠请世祖定都燕京（金中都城），世祖采纳了他的建议，并委任刘秉忠主持都城城池和宫室的营建。但是仅过了三年，至元四年（1267 年），世祖便下令放弃中都旧城建都的

---

①　赵翼：《廿二史札记·卷二十七·元筑燕京》，上海古籍出版社 2011 年版，第 529 页。

②　宋濂：《元史·卷五十八·志第十·大都路》，中华书局 1976 年版，第 1347 页。

③　熊梦祥：《析津志辑佚·朝堂公宇》，北京古籍出版社 1983 年版，第 8 页。

④　宋濂：《元史·卷一百五十七·列传第四十四·刘秉忠》，中华书局 1976 年版，第 3694 页。

⑤　宋濂：《元史·卷七 本纪第七·世祖四》，中华书局 1976 年版，第 140 页。

决定，改在旧中都城东北郊外，另建都城。①

（二）史料及今人对大都另觅新址的原因论述

关于旧址被放弃选择大都新址的原因，历史文献资料和今人的研究均有提及，整理如下。

1. 历史文献中的相关记载

按照马可·波罗的说法，世祖将都城从中都旧址迁至金口河对岸，是因为有江湖术士预测中都城将要发生叛乱，因此促使他将都城外迁。②

元代学者陆文圭在《中奉大夫广东道宣慰使都元帅墓志铭》中提到："世祖皇帝（忽必烈）奇公（都元帅）才，亦欲试以事。会旧燕土泉疏恶，将营新都。"③

从中可知，世祖将都城外迁的原因是因为旧中都城"土泉疏恶"，即旧中都城水量不足是世祖迁都的主因。

2. 侯仁之先生的研究

侯仁之先生在其《元大都城》④一文中提到，放弃中都旧址原因有两个：

（1）昔日宫阙经过战乱已成废墟。

（2）中都城主要水源莲花池水系、高梁河以及瓮山泊（昆明湖）水量有限，不能满足漕运用水的需要，而金口河由于河床坡度过陡，水大则易于冲决，水小又不能行船，开凿之后，旋即废弃，济漕也很不利。

关于大都新址的位置选择原因，侯先生认为主要有两个：

（1）更好地为宫苑供水

中统元年（1260 年）忽必烈初到中都，驻跸燕京近郊太宁离宫。至元四年（1267 年）决定另建新都，正是选择了太宁宫的湖泊为中心，开

---

① 侯仁之：《元大都城与明清北京城》，《历史地理学的理论与实践》，上海人民出版社 1979 年版，第 160 页。

② 《马可·波罗游记》中记载："汗八里城（金中都城）位于契丹省的一条大河上，自古以来就以庄严华丽著称。城名的含义是指'帝都'。不过大汗（忽必烈）根据占星者的预测，认为此城将来要发生叛乱，于是他决定在河的对岸另建一座新都。……新都和旧都只隔着一条河流（金口河），这个新建的都城取名大都。"马可·波罗：《马可·波罗游记》，梁生智译，中国文史出版社 1998 年版，第 116 页。

③ 陆文圭：《中奉大夫广东道宣慰使都元帅墓志铭》，《墙东类稿·卷十二》，台湾商务印书馆 1983 年版，第 1194—680——1194—681 页。

④ 侯仁之：《元大都城》，《侯仁之文集》，北京大学出版社 1998 年版，第 57—59 页。

始规划大都城。

（2）更好地为漕运补充水源

中统三年（1262年），郭守敬提出别引玉泉山水通漕的计划。侯先生根据地形判断，应通过瓮山泊和高粱河，下接闸河，经过太宁宫附近。因此，至元四年（1267年）决定以太宁宫的湖泊为中心规划元大都新城时，也一并考虑到解决漕运用水问题。

从中都旧城向东北方向迁至大都新城址，即将城址从莲花池水系迁移到高粱河水系。主要目的是为了取得更为丰沛的水源，使帝都漕运更为有效地运转。

3. 段天顺等人的研究

段天顺等人在《略论永定河历史上的水患及其防治》[①] 一文中指出，北京城从西南转移到北部的位置，与防御永定河洪水袭击密切相关。自辽开始至元初，永定河正位于今看丹、马家堡、凉水河一线，离中都城较近，加之这一带地势较为低洼，故中都城所在位置受永定河洪水侵袭压力巨大。

《辽史》载："（统和）十一年（993年）秋七月己丑，桑干、羊河溢居庸关西，害禾稼殆尽，奉圣、南京庐舍多垫溺者。"

故此认为，在中都旧址建立都城是不合适的。元代修建大都城时，即将城址北移，应是考虑到了防洪这个重要因素。段天顺等人认为，从防洪角度看，元代的大都城址，处于永定河冲积扇脊背上的最优位置。如果再向北移，则离清河河谷太近，再向东迁，又遇到温榆河、北运河低地，这个城址比起中都来就安全多了。查阅《元史》笔者发现，自大都建成至被明军所灭之时，历时85年（1283—1368年），大都城水患或雨潦成灾的记录仅见五次。[②] 在五次大都城内水灾中，至元二十六年（1289年）、至

---

① 段天顺、戴鸿钟、张世俊：《略论永定河历史上的水患及其防治》，《北京史苑（第一辑）》，北京出版社1983年版，第251页。

② "（至元九年）六月壬辰……是夜京师大雨，坏墙屋，压死者众……"宋濂：《元史·卷七·本纪第七·世祖四》，中华书局1976年版，第141页。"（至元二十六年）秋七月……辛巳……雨坏都城，发兵、民各万人完之。"宋濂：《元史·卷十五·本纪第十五·世祖十二》，中华书局1976年版，第324页。"（至元三十年）三月庚申……雨坏都城，诏发侍卫三万人完之，仍命中书省给其佣直。"宋濂：《元史·卷十七·本纪第十七·世祖十四》，中华书局1976年版，第371页。"（至正八年）五月丁酉朔，大霖雨，京城崩。"宋濂：《元史·卷四十一·本纪第四十一·顺帝四》，中华书局1976年版，第882页。"（至正十八年）秋七月……京师大水。"宋濂：《元史·卷四十五·本纪第四十五·顺帝四》，中华书局1976年版，第944页。

元三十年（1293年）、至正八年（1348年）这三次水患也只威胁到大都城墙。而另外两次水灾中，至元九年（1272年）这次水灾是因大都城建设、开金口河所致，实为人祸（详见本章第三节）。由此可见，大都城市的水患问题的确不算严重，这应与大都城的选址有关。

（三）永定河南迁与大都城另觅新址

1. 北京平原地区构造运动导致永定河南迁

中国科学院地理研究所张青松等人根据1968—1970年工作总结，在《水系变迁与新构造运动——以北京平原地区为例》一文中提到，自公元5世纪以来，由于居庸关—通县（现通州区）断裂的差异升降运动，使该断裂（东南段）的西南盘上升，地面向西南方向倾斜，迫使永定河脱离清河故道，改走灢水故道，并不断向西南方向改道。至辽代（10—12世纪），受地质构造运动的影响，永定河河道又发生重大变化，自卢沟桥以下，大致相当于今龙河故道，向东南经旧安次一带，再汇白河而入海（图1-27）。[①]

2. 永定河的南迁影响了北京平原地区的水文

辽代开始永定河主流南迁，使得原中都平原地区地面径流大为减少，导致辽末郊亭淀及相关水域的消失（详见第一章第五节）。

3. 永定河的南迁最终导致大都另觅新址

综合上述相关资料笔者认为，北京平原的地质运动，使永定河于辽代开始南迁，致中都城内地表径流大幅度减少，从而使中都旧城"土泉疏恶"。这无论对于都城中帝王和普通百姓的日常生活，还是关乎都城经济的漕运都是非常不利的。为了帝都的更好运转，只有将城址从莲花池水系迁移到水量更为丰沛的高粱河水系上来，这应是世祖"将营新都"的重要原因。

同时，由于北京平原地区构造运动，至辽代，中都一带地势相较之前更为低洼，致中都城受永定河洪水侵袭风险增大，从城市防洪考虑，元代将大都城址北移至永定河冲积扇脊背上的最优位置，提升了都城的防洪安全等级。以上是世祖"将营新都"的主要原因（图3-1）。

---

① 张青松等：《水系变迁与新构造运动——以北京平原地区为例》，《地理集刊（第10号）》，科学出版社1976年版，第71—82页。

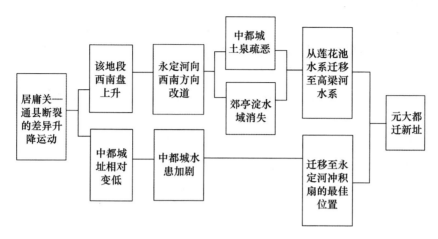

图 3 - 1　元大都迁新址的原因分析图

资料来源：本研究整理。

三　中都旧城与大都新城长期并存共同组成了元大都城

元至元四年（1267 年），忽必烈开始将都城迁至中都城东北。至元九年（1272 年）二月，世祖改中都为大都，原中都旧城成了大都的组成部分。①

从《马可·波罗游记》有关记载可知，新迁大都之时，新城内主要修建还未完成，不能容纳太多的居民。元朝政府出于安全考虑首先将旧城内的契丹遗民迁至大都城内，以便监视他们的行动，相对可靠的居民仍留在旧城内。②

至元二十年（1283 年），大都城内修建基本完成，元政府将旧城的商铺和政府衙门、税务机构等迁入新城。③

至元二十二年（1285 年），朝廷规定优先将旧城内的富户和有官职的

---

① 陈高华：《元大都》，北京出版社 1982 年版，第 31 页。

② 《马可·波罗游记》记载，大都新建伊始，"所有契丹人，即契丹省的居民，都被迫离开旧都而迁居新都。不过那些忠贞不贰，无可怀疑的居民仍得以留在旧都，特别是因为新都虽然有我们下面要描写的那样的面积，但仍不像巨大的旧都那样，能容纳如此众多的居民"。马可·波罗：《马可·波罗游记》，梁生智译，中国文史出版社 1998 年版，第 116 页。

③ 《元史·世祖本纪》记载："（至元）二十年……六月……丙申，发军修完大都城……九月……丙寅……徙旧城市肆，局院，税务皆入大都，减税征四十分之一。"宋濂：《元史·卷十二·本纪第十二·世祖九》，中华书局 1976 年版，第 255—257 页。

人家迁入新城。①

黄文仲在其《大都赋》中说到"维昔之燕，城南废郛；维今之燕，天下大都"。昔日的中都旧城不过是新城南边的一片荒芜之地，而今日的大都新城才是当今天下最大最宏伟的都城。

元政府将旧中都城内居民大量迁入大都新城，中都旧城渐趋衰落②（图3-2）。

值得注意的是，据韩光辉所著《北京历史人口地理》记述，至元十八年（1281年）中都旧城有14万户，而大都新城仅7.95万户，中都旧城人口数量远大于大都新城。元至正九年（1349年），新旧二城各10万户，二城人口数量相当，但由于新城面积大于旧城，故旧城的人口密度要大于新城。

由此可知，中都旧城长期与大都新城并存，其人口数量甚至多于新城，人口密度更是远大于大都新城。中都旧城在整个元大都城市范围内（大都新城+中都旧城）依然扮演着重要的城市角色（图3-2）。③

四　中都旧城水体空间进一步萎缩

元朝御史王恽作《革故谣》④，反映了随着元统治者将都城迁往大都新址，原中都旧城日渐凋敝。其中"郊遂（郊外，泛指中都旧城）坦夷（平坦）无壅隔（阻隔）"说明当时原中都旧城的护城河此时已被填平。由此推断，中都旧城内其他水体空间也或消失，或萎缩。大都建成后，中都旧城水体空间进一步萎缩。

---

①　《元史·世祖本纪》记载："（至元）二十二年……二月……壬戌……诏旧城居民之迁京城者，以赀高及居职者为先，仍定制以地八亩为一分，其或地过八亩及力不能作室者，皆不得冒据，听民作室。"宋濂：《元史·卷十三·本纪第十三·世祖十》，中华书局1976年版，第274页。

②　《廿二史札记》记载："朱竹垞所谓元建大都在金燕京北之东，大迁民以实之，燕城以废是也。"赵翼：《廿二史札记·卷二十七·元筑燕京》，上海古籍出版社2011年版，第529页。

③　韩光辉：《北京历史人口地理》，北京大学出版社1996年版，第83页。

④　"南城（中都旧城）器嚣足污秽，既建神都风土美。燕人重迁朽厥载，睿意作新思有沘。一朝诏从殊井强，九陌香生通戚里。炀城密迩不划去，适足囊奸养狐虺。城复池隍莫叹嗟，一废一兴固常理。今年戊子冬十月，天气未寒无雨雪。禁军指顾旧筑空，郊遂坦夷无壅隔。寂寞千门草棘荒，佗年空有铜驼说。我诗虽小亦王风，庶配商盘歌帝哲。"

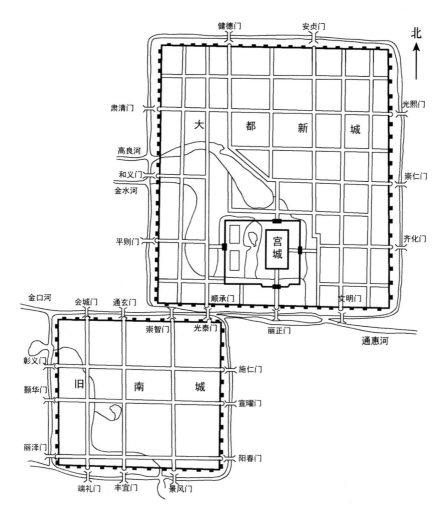

图 3-2　元大都南北两城概图

资料来源：王岗：《北京城市发展史（元代卷）》，北京燕山出版社 2008 年版，第 1 页。

第三节　元大都城市建设与重开金口河

一　元大都的城市建设与北京地区的生态破坏

（一）元大都城市建设进程

至元四年（1267 年）为丁卯年，正月丁未是个黄道吉日，大都城就在这一天正式动工。①

至元十三年（1276 年）大都城建成。② 至元二十年（1283 年），大都城又进行了一次大规模修建。③

（二）元大都宫城与皇城建设进程

《元史·张弘略传》记载，在大都城全面建设前一年，大都宫城已经开始修建（1266 年）。

至元四年（1267 年）成立提点宫城所，专门管理宫城施工，至元五年（1268 年）宫城基本完工。④

至元十年（1273 年），大明殿及附属用房完工，第二年（1274 年）正月世祖开始正式使用。至元十一年（1274 年）四月位于皇城西南的太子府邸东宫（隆福宫）完工。同年十一月，皇城仍有所添建，至大二年（1309年），在皇城西北建兴圣宫⑤（图 3 - 3）。

（三）元大都的城市建设深刻影响了大都及周边地区的水文

陶宗仪《南村辍耕录》⑥记载："至元四年正月，城京师……城方六十里，里二百四十步（60.8 元里，合 18240 元步，约 28682.4 米），分十一门……宫城周回九里三十步（9.1 元里，合 2730 元步，约 4293 米），东西四百八十步（约 754.8 米），南北六百十五步（约 967.1 米）。高三十五

---

① 《大都城隍庙碑》记载："至元四年，岁在丁卯，以正月丁未之吉，始城大都。"虞集：《道园学古录·卷之二十三·碑·大都城隍庙碑》，商务印书馆、中华民国二十六年：387。

② 《元史·张弘略传》记载："（张）弘略……至元三年，城大都，佐其父（张柔）为筑宫城总管……十三年，城成。"宋濂：《元史·卷一百四十七·列传第三十四·张弘略》，中华书局1976 年版，第 3477 页。

③ 《元史·世祖本纪》记载："（至元）二十年……六月……丙申，发军修完大都城。"

④ 《元史·世祖本纪》记载："（至元）四年春正月……戊午，立提点宫城所……五年戊戌，宫城成。"宋濂：《元史·卷六本纪第六·世祖三》，中华书局 1976 年版，第 113—120 页。

⑤ 《元史·世祖本纪》记载："（至元）十年……冬十月……初建正殿、寝殿、香阁、周庑两翼室……十一年春正月己卯朔，宫阙告成，帝始御正殿，受皇太子诸王百官朝贺……夏四月……癸丑，初建东宫……十一月……癸巳……起阁南直大殿及东西殿。"宋濂：《元史·卷八·本纪第八·世祖五》，中华书局 1976 年版，第 151—158 页。"（至大）二年……五月丁亥，以通政院使憨剌合儿知枢密院始事，董建兴圣宫，令大都留守养安等督其工。"宋濂：《元史·卷二十三·本纪第二十三·武宗二》，中华书局 1976 年版，第 511 页。

⑥ （元）陶宗仪：《南村辍耕录·卷二十一·宫阙制度》，上海古籍出版社 2012 年版，第229 页。

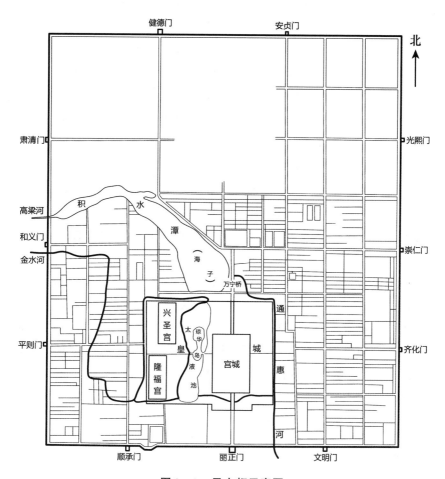

图 3 - 3　元大都示意图

资料来源：元大都考古队：《元大都的勘察和发掘》，《考古》1972 年第 1 期。

尺（约 11 米）。砖瓷。"[1]

　　在如此范围内修造庞大的建筑群，加之多数建筑以木结构为主，大都城市建设对于木材、石材的消耗极大。城市建设所需要的木材，如楠木、檀香木等名贵木材，需要依靠南方地区的支援，而一般的建筑材料，不可

----

　　① 1 元里 = 300 步 = 471.75 米，1 元尺 ≈ 0.3145 米，1 元步 ≈ 1.5725 米，本尺寸换算采用郭超先生在《元大都的规划与复原》一书中关于元里制的研究成果。

避免地从周边地区的森林和矿场获取。大都及其周边的森林资源，由此拉开了被朝廷大规模采伐的序幕。

元至元三年十二月（1267年初）大都城建设之初，为了将西山的木石材料运抵大都，用于城市建设，专门为此重开了金口河。《元史·世祖本纪》记载："（至元三年十二月）丁亥，诏安肃公张柔、行工部尚书段天祐等同行工部事，修筑宫城……凿金口，导卢沟水以漕西山木石。"① 从中可知，西山地区应是修建大都城重要的木材与石料基地。

元至元二十四年（1287年）八月，大都城市建设基本结束后，元政府将原在大都的三千多户专门采伐木料的百姓迁至滦州（治所在今河北滦县）屯田，② 从中可推测，这些也只应是专门采伐木料的一部分百姓，全部的伐木者当远不止此数，由此可见大都城建设致使元代森林采伐的规模之大。

元至元十六年十二月（1280年1月）建万安寺。六年后，朝廷派出四千军人砍伐了近六万根木料供应万安寺修造，③ 由此可知修建这所寺院所耗费的木材量极大，而大都城内的寺院远不只这一所。根据李孝聪的研究统计，大都城内能确定位置的庙宇，包括儒祠、佛寺、道观、原庙（供奉祖先遗像）共计48所。尽管规模大小不同，但木材耗费量应是极为惊人的，而这些木材大多来自大都周边，因此对大都所造成的生态破坏只能是积少成多而渐趋严重。

元至元二十七年（1290年），世祖派遣一万军人伐木，为修筑城墙备办工料。④ 这万人之众所砍伐的树木虽无史料考证，但一定不是个小数目。

河道整治消耗的木材也很多。《通惠河志·修河经用》中记载："至元

---

① 宋濂：《元史·卷六本纪第六·世祖三》，中华书局1976年版，第113页。

② 《元史·兵志》记载："世祖至元二十四年八月，以北京（宋濂笔误，应为大都）采取材木百姓三千余户，于滦州立屯。"宋濂：《元史·卷一百·志第四十八·兵三》，中华书局1976年版，第2562页。

③ 《元史·世祖本纪》记载："（至元十六年）十二月……丁酉，建圣寿万安寺于京城"宋濂：《元史·卷十·本纪第十·世祖七》，中华书局1976年版，第218页。"（至元二十二年）十二月戊午，以中卫军四千人伐木五万八千六百，给万安寺修造。"宋濂：《元史·卷十三·本纪第十三·世祖十》，中华书局1976年版，第282页。

④ 《元史·世祖本纪》记载："（至元二十七年）夏四月……癸未，发六卫汉军万人伐木为修城具。"宋濂：《元史·卷十六·本纪第十六·世祖十三》，中华书局1976年版，第336页。

二十九年（开挖通惠河），用过木拾陆万叁阡捌百根。"①

元至元二十九年（1292 年），开挖通惠河，用木料 163800 根。

至顺元年（1330 年）三月，改修通惠河庆丰闸，宋褧在《改修庆丰石闸记》中记载："董役士卒暨土木金石之工，集有伍百伍拾，输木万章，铁以钧计，凡捌百有奇，石材叁阡贰百，瓴甓灰藁他物无算。"

通惠河上的庆丰闸，一次改修就耗费上万棵木料，另需 800 钧（每钧为 30 斤）的铁、3200 块石材、无以计数的砖瓦、石灰、柴草，这些材料的生产过程也都需消耗大量的森林资源。庆丰闸只是通惠河 24 闸之一，整条通惠河的一次改修所消耗的森林资源可想而知。而通惠河也仅是大都若干条河道之一，由此推测整个大都城河道工程所需要的木料应十分庞大，由此带来的森林植被的砍伐量也就不难推想了。

经过元大都的城市建设，除了北部燕山山脉的森林保存相对完好之外，北京西山地区以及整个永定河中上游流域的森林均遭到大规模的砍伐，"留给山区的大概只有裸露的岩石与次生植被了"②。

因此有民间谚语道："西山兀，大都出。"元大都的城市建设使永定河中上游地区森林的实质性减少，深刻影响了当地的水文，金代永定河被称为"卢沟河"，元代称永定河为"浑河"，其名称的演变也反映出永定河上游生态的进一步恶化。

二　元初重开金口河

（一）元大都的城市建设致重开金口河

元大都城大规模建设之前，元至元二年（1265 年），都水少监郭守敬为解决大都城市建设所需木材、石料等物资的运输问题，向世祖提议重开在金代已经堵闭的金口河。为了防止重蹈金代开河失败的覆辙，郭守敬建议在金口河西侧预先开凿溢洪通道，并连通西南方向的浑河（永定河），用以抵御洪水的侵袭。对于郭守敬的建议，世祖表示同意，并在元至元三年十二月（1267 年初）重开金口河。金口河成为元大都建设运输建材的

① 吴仲：《通惠河志·卷上》，齐鲁书社 1996 年版。
② 孙东虎：《北京近千年生态环境变迁研究》，北京燕山出版社 2007 年版，第 138 页。

工作河道。①

（二）重开金口河致大都城内水患加剧

高丽营断裂活动的加强使金口河河床比降增大（详见第二章第四节），河道平直淀泊少，致水流湍急。元大都的城市建设进一步加剧了永定河上游的生态破坏，致河水含沙量较之金代更甚。如节制，"则水缓沙停，淤积成浅，不能通航"，如不节制，则"啮岸善崩"（详见第二章第四节）。元初重开金口河虽"预开减水口，西南还大河，令其广深，以防涨水突入之患"，但以当时的技术水平无法同时解决这两个问题，故重开金口河势必加剧大都水患。

金代，金口河位于都城北郊，即使有水患，对都城的影响相对较轻，至元代，大都城址向东北方向迁移，金口河位于大都城的西南方向，并处于新城与旧城之间，其水患对于大都城的威胁较之中都城更为严重（图3-2）。

重开金口之初，至元九年（1272年）的一场大雨致金口河大水，严重威胁大都及中都旧城的城市安全，魏初认为，开金口河之利无法弥补其对城市的危害，并主张堵塞金口。②

（三）大都城市建设致元初金口河水体空间相对稳定

笔者推测，重开金口河，虽有水患威胁，但相较大都城市建设而言，仍是次要矛盾，所以当时元世祖没有采纳魏初的奏议。在整个大都城市建设期间，元政府势必用大量的人力、物力和财力，定期疏浚维护，保证金

---

① 《元史·郭守敬传》记载："至元……二年……守敬……又言'金时，自燕京之西麻峪村分引卢沟一支东流，穿西山而出，是谓金口。其水自金口以东、燕京以北，灌田若千顷，其利不可胜计。兵兴以来，典守者惧有所失，因以大石塞之。今若按视故迹，使水得通流，上可致西山之利，下可以广京畿之漕。'又言'当于金口西预开减水口，西南还大河，令其广深，以防涨水突入之患。'帝善之。"宋濂：《元史·卷一百六十四·列传第五十一·郭守敬》，中华书局1976年版，第3846—3847页。《元史·世祖本纪》记载："至元……三年……十二月……丁亥，诏安肃公张柔、行工部尚书段天祐等同行工部事，修筑宫城……凿金口，导卢沟水以漕西山木石。"宋濂：《元史·卷六·本纪第六·世祖三》，中华书局1976年版，第113页。

② 监察御史魏初上奏："至元九年……五月二十五日至二十六日，大都大雨，流潦弥漫，居民室屋倾圮，溺压人口，流没财物粮粟甚众。通元门外金口（河）黄浪如屋，新建桥庑及各门旧桥五六座一时摧败，如拉朽漂枯，长楣巨栋不知所之。里间耆艾莫不惊异，以谓自居燕以来未省有此水也……恭详两都（指大都与中都旧城）承金口下流，势若建瓴，其水溃恶平时犹不能遏止。西北已冲渲至城脚，若积雨会合，漂没偶大于此，则所谓省木石漕运之费，收藉渠溉之功，恐未易补偿也……莫若塞金口为便。"（魏初：《青崖集3·卷四》）

口河水体空间的稳定，以便维持其正常运行，保障大都城市建设顺利进行。由此可知，大都城市建设应是元初金口河水体空间相对稳定的根本原因。

三 金口河的第二次湮废

（一）元大都城市建设结束与城市水患问题凸显

至元二十年（1283 年），大都城内修建基本完成，此后十余年大都城虽还在陆续建设，但城市建设强度大为减弱，因此，金口河作为大都建设工作河道的功能逐渐被削弱。与此同时，开凿金口河带来的水患威胁日益凸显，金口河的水患对大都城市安全的威胁逐渐上升为主要矛盾。

元成宗大德二年（1298 年）浑河水暴涨，为避免浑河顺金口河至大都为害，大都路都水监衙门关闭了金口闸。[①]

（二）郭守敬堵闭金口河

大德五年（1301 年），浑河在汛期水势浩大，时任太史院知事的郭守敬恐怕浑河洪水冲决金口闸后引起金口河暴涨，威胁田、薛二村（在今石景山区境内）和大都城及中都城旧城。为保险起见，他命人将金口河在麻峪的引水口堵塞，并将金口闸到麻峪之间的引水渠用砂石杂土尽行填塞，[②]至此，金口河被第二次湮废。[第一次湮废在金大定二十七年（1187 年，详见第二章第四节）]

第四节 元大都皇家御用水体空间的拓展

一 元大都最高等级的水体空间——太液池

（一）金北苑离宫水域升级为元皇城太液池

金中都城建成后，在城东北白莲潭南修建离宫——北宫（北苑），其主体建筑为太宁宫。金政府将部分白莲潭水体进行了疏浚，并利用疏浚水体的土石堆砌成琼华岛（详见第二章第三节）。

---

① 《元史·河渠志》记载："大德二年，浑河水发为民害，大都路都水监将金口下闭闸板。"宋濂：《元史·卷六十六·志第十七下·河渠三》，中华书局 1976 年版，第 1659 页。

② 《元史·河渠志》记载："大德……五年间，浑河水浩大，郭太史恐冲没田薛二村、南北二城，又将金口已上河身，用砂石杂土尽行堵闭。"

　　元建大都城，以琼华岛及其周围白莲潭水面为中心，将宫城、兴圣宫、隆福宫环列在其东西两岸，原金代白莲潭南侧水域被划入皇城，升级为太液池（图3－3），成为最高等级的水体空间，拥有最高等级的人力、物力、财力以及制度层面的保障，具有最高等级的空间稳定性。

　　（二）白莲潭水域被一分为二

　　为保证皇城饮用水质，元统治者将划入皇城的白莲潭水域与城外水域一分为二，位于皇城内的水域称为太液池，位于城外的称为积水潭，并将两块水域进行阻隔（图3－3）。

　　（三）太液池水体空间的拓展

　　元建大都之前，郝经登琼华岛，看到的景象是"琼花树死，太液池干"。元建大都后，《南村辍耕录》记载："太液池在大内西，周回若干里。"

　　《安雅堂集》记载："皇帝御极之初，即命两丞相与儒臣一月三进讲，于是益优礼讲官，既赐酒馔，又以高年疲于步趋也，命皆得乘舟太液池，径西苑以归。"

　　从上述史料可知，元建大都前，太液池水域由于战乱等因素，长期荒废，淤塞严重。元建大都后，太液池水域升级为最高等级的御用水体空间，势必大加疏浚，精心修整，其水体空间大为拓展，使其"周回若干里"并且能够"乘舟太液池"。

二　专为皇城输水的御用水体空间——金水河

　　《元史·河渠志》记载："金水河，其源出于宛平县玉泉山，流至和义门南水门入京城，故得金水之名。"[1]

　　（一）金水河的开凿与大都宫城的修建密切相关

　　至元十年（1273年）大明殿及附属用房完工，第二年（1274年）正月世祖开始正式使用。关于金水河的修筑时间，史料中无明确记载，姚汉源先生考证后认为应在至元三年（1266年）到至元十一年（1274年）之间，即大都宫城的修筑期间。[2]

①　宋濂：《元史·卷六十四·志第十六·河渠一·金水河》，中华书局1976年版，第1591页。
②　姚汉源：《元大都的金水河》，《水的历史审视——姚汉源先生水利史研究论文集》，中国书籍出版社2016年版，第223页。

　　蔡蕃先生研究认为，金水河开凿时间当在至元十一年（1274 年）至十五年（1278 年）之间，即在大都宫城建成后不久。[①]

　　根据两位学者的研究可知，金水河的开凿与大都宫城的修建密切相关。

　　（二）金水河独引玉泉山优质水源至皇城

　　玉泉山水质极佳，在金代就已是皇家御用之水，[②] 至元代定都大都后，为方便帝王享用，开凿了连接玉泉山与大内的输水通道——金水河（图 3 - 4）。金水河独引玉泉水至皇城太液池，供皇室专用，是元代皇家生活用水的最主要来源。

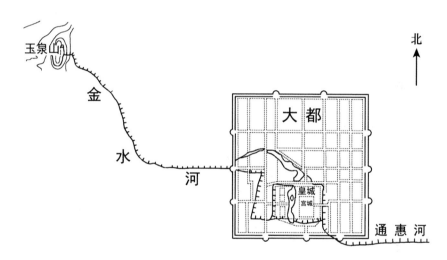

图 3 - 4　金水河与大都城市位置关系图

资料来源：本研究整理。

　　（三）金水河入大都城后的行径路线

　　《元大都的勘察和发掘》一文指出，金水河自和义门南约 120 米处入大都城，后一直向东，沿柳巷胡同（今）至北沟沿向南流，过前泥洼胡同

　　① 蔡蕃：《北京古运河与城市供水研究》，北京出版社 1987 年版，第 177 页。
　　② 《元一统志》记载："玉泉山在宛平县。（金）庚子年十二月编修赵著碑记：'燕城西北三十里有玉泉。泉自山而出……泉极甘洌，供奉御用。'"（元）孛兰肹等（赵万里校辑）：《元一统志上·卷一·大都路·山川》，中华书局 1966 年版，第 12 页。

（今）西口东折，沿宏庙胡同（今），过甘石桥，在灵境胡同西口分为两支，北支沿东斜街（今）向东北流，在毛家湾胡同（今）东口处东流，经今北海公园九龙壁西南，注入太液池，南支自灵境胡同一直东流，过府右街（今）而注入太液池，复自太液池东岸流出，注入通惠河①（图 3 - 5）。

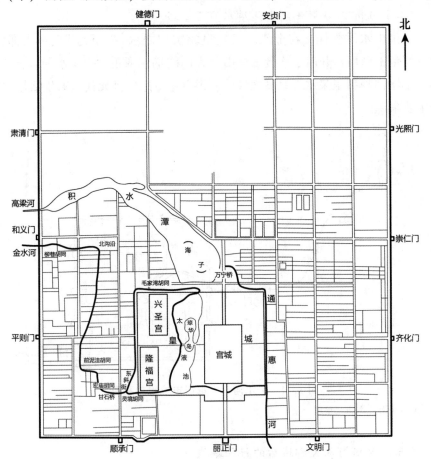

图 3 - 5　金水河入大都城后行径路线图

资料来源：本研究根据《元大都的勘察和发掘》文中描述整理。

（四）相关技术保障

从大都城的地势看，金水河入城后，先向东再向南为顺流，其北支向

---

① 元大都考古队：《元大都的勘察和发掘》，《考古》1972 年第 1 期。

北则为逆流（图3-5），金水河水道这样迂回的设计，根据姚汉源先生[1]
和蔡蕃先生研究认为，这是为了抬高水位，达到维持金水河水自流的同
时，保持水质清洁的目的。

《元史·河渠志》记载："金水河所经运石大河及高良（梁）河、西
河俱有跨河跳槽，……"[2]

为了保证金水河水质和保持一定的高程，金水河在与其他河道相交
时，用了从空中架槽引水技术，即"跨河跳槽"（图3-6）。

此外，金水河工程还运用了将步行桥与流水渡槽结合在一起的技术。
《南村辍耕录》记载："（万岁）山之东有石桥，长七十六尺，阔四十一
尺，半为石渠以载金水，而流于山后以汲于山顶也。"[3]

蔡蕃先生经考证认为，这座桥是行人和流水渡槽结合在一起的一项工
程，此桥一半供行人使用，另一半做成石渠以渡金水。[4]

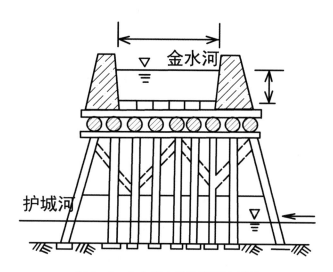

图3-6　金水河上跨河跳槽示意图

资料来源：蔡蕃：《元代水利家郭守敬》，当代中国出版社2011年版，第60页。

[1]　姚汉源：《北京旧皇城区最早出现的宫殿园池——城市与水利》，《水利水电科学研究院科
学研究论文集·第12集》，水利水电出版社1982年版，第149—150页。
[2]　宋濂：《元史·卷六十四·志第十六·河渠一·隆福宫前河》，中华书局1976年版，第
1591页。
[3]　（元）陶宗仪：《南村辍耕录·卷二十一·宫阙制度》，上海古籍出版社2012年版，第233页。
[4]　蔡蕃：《元代水利家郭守敬》，当代中国出版社2011年版，第60页。

（五）相关制度保障

为保证金水河的水质，元政府禁止百姓在金水河内洗手、洗澡、洗衣、倾倒土石、牲畜饮水，禁止在金水河两岸建房屋，禁止在金水河上游利用水力启动石磨。[①]

为保障大内的水质安全，至元十五年（1278年），世祖下令禁止在玉泉山伐木、捕鱼。[②]

三　皇家苑囿——下马飞放泊（南苑）

下马飞放泊位于大都城南，早在金代，南苑之北凉水河水系已初步形成，这一地区多淀泊，金章宗时期，便在此建行宫进行春猎活动（详见第二章第三节）。定都大都后，蒙古统治者仍保留射猎习俗，在大都周围设置了多处"飞放泊"[③]。

《大明一统志》记载："南海子在京城南二十里，旧（元）为下马飞放泊，内有按鹰台。"[④]

由相关史料可知，"飞放泊"即由广阔的水面、草地和众多动物构成的以狩猎为主要功能的皇家苑囿，"下马"形容其距离宫城较近。[⑤]

从《大元混一方舆胜览》中可知，元代大都附近有三处飞放泊：北城店飞放泊、黄垡店飞放泊、下马飞放泊。另有燕家泊和碾庄七里泊两处淀

[①]《元史·河渠志》记载："昔在世祖时，金水河濯手有禁……"《都水监事记》记载："金水入大内，敢有浴者，浣衣者，弃土石瓴甋其中，驱牛马往饮者，皆执而笞之。屋于岸道，因以陋病牵舟者，则毁其屋。碾磑金水上游者，亦撤之。"（元）苏天爵：《元文类·卷三十一·都水监事记》，上海古籍出版社1993年版，第1367—1383页。

[②]《元史·世祖本纪》记载："（至元）十五年……十二月……丙午，禁玉泉山樵采鱼弋。"宋濂：《元史·卷十·本纪第十·世祖七》，中华书局1976年版，第207页。

[③]《大元混一方舆胜览》记载："北城店飞放泊。大兴县，广大三十顷。黄垡店飞放泊。同上（大兴县，广大三十顷）。下马飞放泊。大兴县正南，广大四十顷。燕家泊。宛平西北二十五里。碾庄七里泊。昌平，入宛平。"（元）刘应李：《大元混一方舆胜览·卷上·腹裹·大都路》，四川大学出版社2003年版，第25页。

[④]（明）李贤：《大明一统志·卷之一·京师·顺天府·苑囿》，三秦出版社1990年版，第1页。

[⑤]《钦定日下旧闻考》注称："下马飞放泊，即今南苑之地。曰下马者，盖言其近也。"（清）于敏中：《日下旧闻考·卷七十五·国朝苑囿·南苑二》，北京古籍出版社1985年版，第1265页。所谓"飞放"，按《元史·兵志》所记："冬春之交，天子或亲幸近郊，纵鹰隼搏击，以为游豫之度，谓之飞放。"宋濂：《元史·卷一百一·志第四十九·兵四·鹰房捕猎》，中华书局1976年版，第2599页。

泊。其中下马飞放泊面积最大，有40顷。① 下马飞放泊为今北京南苑地区，其他几处飞放泊现已无从考辨。

关于元代下马飞放泊的具体范围，今人研究认为：北起今南小街，南至今四义庄，西至今大白楼，东至今德茂庄（图3-7）。

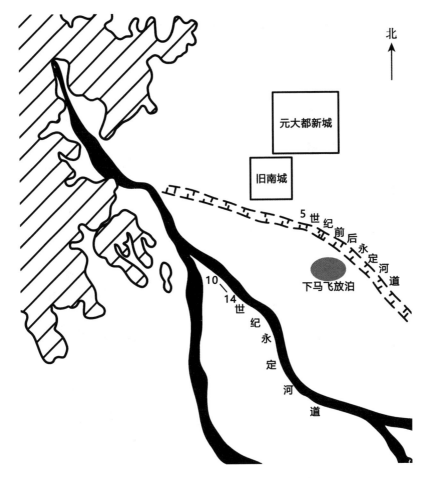

图3-7　元大都与下马飞放泊位置示意图

资料来源：本研究整理。

① 《大元混一方舆胜览》记载："北城店飞放泊。大兴县，广大三十顷。黄埭店飞放泊。同上（大兴县，广大三十顷）。下马飞放泊。大兴县正南，广大四十顷。燕家泊。宛平西北二十五里。碾庄七里泊。昌平，入宛平"（元）刘应李：《大元混一方舆胜览·卷上·腹裹·大都路》，四川大学出版社2003年版，第25页。

　　另外，元代在潞县西还有柳林海子淀泊。① 在侯仁之先生主编的《北京历史地图集（政区城市卷）》元代北京地图中，明确标注了柳林海子的位置，另还标注有马家庄飞放泊和栲栳垡飞放泊（图3-8）。

　　笔者认为，飞放泊作为元统治者重要的皇家苑囿，拥有广大的水体空间，这些水体空间是仅次于太液池的次一级的皇家御用水体空间。其定期疏浚和整修甚至拓展，定会得到足够的经济和制度层面的保障，从而在很大程度上保障了其水体空间的稳定性。

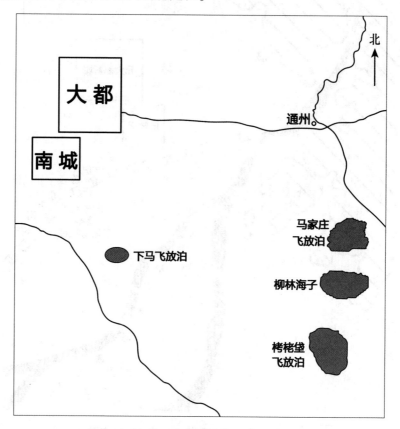

图3-8　元大都周边淀泊位置示意图

资料来源：本研究根据侯仁之《北京历史地图集（政区城市卷）》元代地图改绘。

---

　　① 另《元史·文宗本纪》记载："至顺元年……秋七月……乙丑……调诸卫卒筑潞州柳林海子堤堰……三年……秋七月……辛未……修筑柳林海子桥道。"《钦定日下旧闻考》注称："柳林在今通州废潞县西，与南海子无涉。"（清）于敏中：《日下旧闻考·卷七十五·国朝苑囿·南苑二》，北京古籍出版社1985年版，第1265页。

第五节　元大都护城河水体空间的拓展

一　元大都护城河水体空间的拓展

侯仁之先生在《北京地下湮废河道复原图说明书》一文中指出，元大都护城河在元至元四年（1267年）始建大都城时所凿，其南部护城河宽约25—30米，深约3米。[1]

孙秀萍先生在《北京地区全新世埋藏河、湖、沟、坑的分布及其演变》一文中提到，北京护城河一般宽30—50米，深6—7米。金、元、明、清大致相同。[2]

元大都城周长约为28.6公里，[3] 而金中都城周长约为18.7公里。[4] 相较金中都，元大都护城河水体空间有了较大的拓展。

大都护城河应自高梁河入和义门北水门处南北分流，环大都十一门，最后从东南隅出城，向南流入通惠河（图3-24）。

二　元大都护城河行船计划

《元朝名臣事略》中记载："公（郭守敬）又欲于澄清闸稍东，引水与北坝河接，且立闸丽正门西，令舟楫得环城往来，志不就而罢。"[5]

元代，郭守敬曾提出在澄清闸稍东处，引水并与北坝河相接，在丽正门西设闸，则舟船可环绕大都护城河通行，但当时未能实现。这是最早记载北京利用护城河行船规划的史料。

第六节　元大都漕运水体空间的发展演变

一　元大都漕运水体空间发展的条件

（一）元帝国统一全国为大都漕运水体空间的拓展提供了空间条件

金朝的统治范围仅限于淮河、秦岭以北的部分地区，契丹、女真人建

---

[1] 侯仁之：《北京地下湮废河道复原图说明书》，《北京城的生命印记》，生活·读书·新知三联书店2009年版，第161页。

[2] 孙秀萍：《北京地区全新世埋藏河、湖、沟、坑的分布及其演变》，《北京史苑（第二辑）》，北京出版社1985年版，第228页。

[3] 元大都考古队：《元大都的勘察和发掘》，《考古》1972年第1期。

[4] 阎文儒：《金中都》，《文物》1959年第9期。

[5] （元）苏天爵：《元朝名臣事略·卷第九·太史郭公守敬》，中华书局1996年版，第193页。

立的金帝国只占领了国家的部分领土。与金不同，蒙古统治者征服了全国，这是中国历史上第一次由少数民族建立的全国范围的政权。元帝国既容纳了北方游牧民族，也容纳了南方的农耕百姓，大都则成为帝国的首都。

金帝国由于未统一中原，其漕粮主要来自山东路与河北路（详见第二章第四节），即华北平原。在蒙古人最终统一中原后意识到，为维持庞大的官僚机构与军队开支，国家税收应主要依赖长江中下游地区。于是，漕粮的输入地便由金代的华北平原南伸至长江中下游地区。将漕粮从遥远的江南地区运抵大都便成为元帝国的头等大事，这无疑对元帝国的漕运水体空间提出了更高的要求。

至元十三年（1276 年）伯颜在与南宋的征战中获胜，自江南俘送南宋帝、后等人至上都时，与同僚张易、赵良弼商议，提出江南贡赋入北方都邑，非漕运不可。同时指出，应广寻熟悉河道水利之人，规划漕运。待他到上都开平见到世祖后，又向世祖提出，漕运较之陆路运输更加经济，现在已经统一中原，应开漕渠，连通四海之水，方便江南贡赋入北方都邑。[①] 这一提议得到元世祖称赞，遂下令修浚京杭大运河。

至元十三年（1276 年）穿济州漕渠，至元十七年（1280 年）浚通州运粮河，至元二十六年（1289 年）浚沧州御河，开会通河。为使江南漕粮直达通州，世祖先后用了十几年时间，开通了京杭大运河。至此，政治中心大都与经济中心江南地区紧密连接在一起。[②]

此外，据《大元海运记》记载，从至元十九年（1282 年）开始试行海运，海运量由初年的 4.6 万余石，到至元二十八年（1291 年）达 150 万—180 万石，一度成为元帝国最重要的漕粮北运方式。但海运船只能抵

[①] 《元朝名臣事略》中记载："（至元）十三年……四月……丞相伯颜既渡江，来朝京师，谓枢密院副使张易、同签（官职）赵良弼言'都邑乃四海会同之地，贡赋之人，非漕运不可。若由陆运，民力愈矣。川渎所经，何地适便，此方今便宜，博加寻访，必有知者。'至上都，入见，奏言：'江南城郭郊野，市井相属，川渠交通，凡物皆以舟载，比之车乘，任重而力省。今南北混一，宜穿凿河渠，令四海之水相通，远方朝贡京师者，皆由此致达，诚国家永久之利。'上可其奏。"（元）苏天爵：《元朝名臣事略·卷第九·太史郭公守敬》，中华书局 1996 年版，第 19—20 页。

[②] 《元史·世祖本纪》记载："（至元）十三年春正月……甲午……穿济州漕渠……十七年……二月……庚子……发侍卫军三千浚通州运粮河……二十六年……二月辛亥……浚沧州御河。"《元史·河渠志》记载："至元二十六年……六月辛亥（会通河）成。"

达今天津附近，货物还需要在此转装运河船才能运抵京城。这些漕粮大部分也须经通州运至大都。

元帝国统治疆域的拓展为大都漕运水体空间的拓展提供了空间条件。

（二）城市人口激增是大都漕运水体空间拓展的直接原因

大都的城市空间较之金中都有了明显的拓展（图3-2），其人口也随之激增。

在元世祖忽必烈迁都大都新城的过程中，迁入大批官吏、军户、工匠及服务人口，使大都城市人口在短期内迅速膨胀。

据韩光辉所著《北京历史人口地理》，大都城市人口在元中统五年（1264年）有4万户，14万人。元至元八年（1271年）有11.95万户，42万人。元至元十八年（1281年）有21.95万户，88万人。其中中都旧城14万户，56万人，大都新城7.95万户，32万人。

中统五年到至元八年，大都城市居民增加了约7.95万户，28万人。至元八年到十八年又增加了10万户，46万人。由此可知，元世祖时期大都城市户口增长迅速。到元泰定四年（1327年）达到大都人口的峰值21.2万户，95.2万人。

元中后期，大都城市人口数量略有减少，元至正九年（1349年），共20.85万户，总人口为83.4万人①（表3-1）。

表3-1　　　　　　　　　元代大都城市户口变迁

年代	中统五年（1264年）	至元八年（1271年）	至元十八年（1281年）	泰定四年（1327年）	至正九年（1349年）
户数	4万	11.95万	21.95万	21.2万	20.85万
口数	14万	42万	88万	95.2万	83.4万

资料来源：《元史·本纪》《元史·兵志》《元文类·弓手》等。韩光辉：《北京历史人口地理》，北京大学出版社1996年版，第84页。

元代北京地区人口激增使大都地区对外地粮食需求大增，仅靠大都地

①　韩光辉：《北京历史人口地理》，北京大学出版社1996年版，第83—84页。

区的农业生产无法满足大都城市人口的粮食需要。因此，大量输入外地粮食成为保障北京城市人口粮食供给的基本措施。

（三）良好的基础加之前朝通漕的努力为元大都漕运水体空间的拓展提供了场地条件

元朝统一全国，大都漕运目的地延伸至更加遥远的江南地区，加之大都人口剧增，对大都地区漕运水体空间较之前朝有了更高的要求。大都地区良好的水体空间基础，以及前朝金代北京地区的通漕努力都为元代北京城市漕运水体空间的拓展提供了良好的场地条件。

1. 北京地区良好的漕运水体空间基础

金代以前，北京地区已在原有自然水体空间基础上构建了完善的农田水利系统（详见第一章）。隋代，利用桑干河（永定河）分支修筑了永济渠北段（详见第一章第五节）。以上水体空间的修筑为后世漕河的开凿奠定了良好的空间基础。[①]

2. 金代北京地区的通漕努力为元大都漕运水体空间的拓展提供了场地条件

为解决通州至金中都城的漕运问题，金朝政府先后开凿了金漕河、金口河、通济河（详见第二章第四节）。这些漕河的开凿虽多以失败告终，但为元代北京地区漕运水体空间的拓展提供了良好的场地条件。元大都漕河多是在金代漕河的基础上发展起来的。[②]

至元二十九年（1292 年）郭守敬主持通惠河工程，得到上下一致拥护，郭守敬循着已经淤塞的中都旧闸河开通惠河，众人钦佩他识别旧河道的能力。[③] 由此可知元通惠河是在金旧河道的基础上开凿修筑的。

---

① 吴琦：《漕运与中国社会》，华中师范大学出版社 1999 年版，第 10 页。

② 《元史·河渠志》记载："世祖至元二十八年，都水监郭守敬奉诏兴举水利，因建言'疏凿通州至（大）都河，改引浑河溉田，于旧闸河（金代）踪迹导清水……'（世祖）从之。首事于至元二十九年之春，告成于三十年之秋，赐名曰通惠。"宋濂：《元史·卷六十四·志第十六·河渠一·通惠河》，中华书局 1976 年版，第 1588—1589 页。

③ 《元史纪事本末·运漕》记载："（至元）二十九年开通惠河……复置都水监，命（郭）守敬领之，丞相以下，皆亲操畚锸（盛土的工具）为之倡。置闸之处，往往于地中得旧时（金代）砖木，人服其识，逾年毕工。"（明）陈邦瞻：《元史纪事本末·卷十二·运漕》，商务印书馆民国二十四年版，第 68 页。

二 中统初年坝河通漕

(一) 中统初年世祖在中都至通州沿河旁建漕仓

世祖深知漕运的重要作用，为解决中都至通州的漕运，中统初年，仿金制在旧河旁设立粮仓。[①]

(二) 中统三年郭守敬请开玉泉水以通中都漕运——坝河通漕

忽必烈定都大都前，于中统元年 (1260 年) 在开平称帝，建立元朝。中统三年 (1262 年)，张文谦入朝为中书省左丞相，向忽必烈举荐郭守敬，郭守敬面见世祖，提出六项水利建议，其中第一条便是改造中都城的旧漕河，导引玉泉山水，恢复通州至中都城漕运的计划，这样便可大为节省陆路运输成本。他的计划上奏世祖后，得到批准。[②]

郭守敬的这项建议是否得到了落实，史料并没有明确记载。元臣阎复作《大元故镇国上将军浙西道吴江长桥都元帅沿海上万户宁公神道碑铭》记载："……中统初定鼎于燕，召公 (宁玉) 充河道官，疏浚玉泉河渠。"中统初年，大都新城未建，金水河未开，世祖派大将宁玉疏浚玉泉河道，只能是为通漕。由此可见，中统初年，郭守敬开玉泉水通中都漕运的建议得到了落实。[③]

至元二年 (1265 年)，世祖迁众多工匠到中都造船运粮，进一步证实了郭守敬开玉泉水通中都漕运这一上奏得到了落实。[④]

---

① 据王恽《秋涧先生大全文集》卷八十记载："是月 (中统元年冬十月)，刱 (创) 建葫芦套省仓落成，号曰千斯。时大都 (指燕京) 漕司、劝农等仓，岁供营帐工匠月支口粮，此则专用收贮随路僧漕粮科 (斛)，只备应办用度，及勘会亡金通州河仓规制。自是船漕入都……"《元史·百官志一》记载，中统二年，又兴建了相因仓、通济仓、万斯北仓等漕仓。宋濂：《元史·卷八十五·志第三十五·百官一》，中华书局 1976 年版，第 2131—2132 页。

② 齐覆谦《知太史院事郭公行状》记载："中统三年，张忠宣公荐公 (郭守敬) 习知水利且巧思绝人，蒙赐见上都便殿。公面陈水利六事：其一，中都旧漕河，东至通州，权以玉泉水引入行舟，岁可省僦车钱六万缗。" (元) 齐覆谦：《知太史院事郭公行状》，《元文类》，上海古籍出版社 1993 年版，第 1367—647 页。《元史·世祖本纪》记载："(中统三年) 八月己丑，郭守敬请开玉泉水以通漕运；广济河渠司王允中请开邢、洺等处漳、滏河、达泉以溉民田；并从之。"宋濂：《元史·卷五·本纪第五·世祖二》，中华书局 1976 年版，第 86 页。

③ 尚振明、尚彩凤：《河南孟县宁玉墓的调查》，《华夏考古》1995 年第 3 期。

④ 《元史·世祖本纪》记载："(至元) 二年春正月……癸酉……又徙奴怀、忒木带儿炮手、人匠八百名赴中都造船运粮。"宋濂：《元史·卷六·本纪第六·世祖三》，中华书局 1976 年版，第 105 页。

关于这次通漕的水道，蔡蕃先生在《元代的坝河——大都运河研究》一文中明确指出应是坝河水道即金漕河故道，并认为积水潭在当时就已经是漕运的终点码头①（图 3 - 9）。

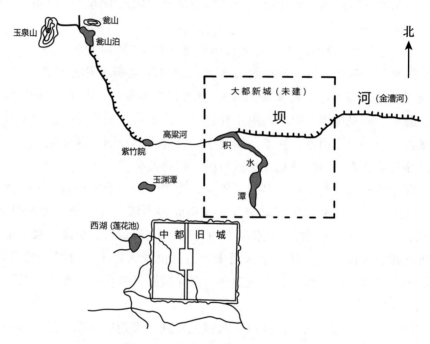

图 3 - 9　中统初年坝河通漕示意图

资料来源：本研究整理。

（三）中统初年坝河通漕拓展了北京地区的水体空间

金代在大定五年（1165 年）虽疏浚坝河，但由于高粱河上游水源不足并未通漕，很快湮废（详见第二章第四节）。至元初已历经近百年，要使早已湮废多年的坝河通漕，同时解决"微涓浅薄"的问题，郭守敬在引玉泉水济漕时，必须将原坝河故道进一步疏浚、拓宽、加深，唯有如此才能维持漕粮运输的通畅。如此，元初引玉泉水通漕，势必拓展了北京地区的水体空间。

①　蔡蕃：《元代的坝河——大都运河研究》，《水利学报》1984 年第 12 期。

三　元初"双塔漕渠"的开凿

昌平是北京北部交通要冲，位于温榆河上游，是大都北达上都十二驿站中的第一个驿站。居庸关位于昌平之北，为兵家必争之地，元代始设屯军把守。

早在睿宗时（拖雷，1228 年），蒙古人便在南、北口大量屯军。驻守军士的所需粮饷如果依靠从通州陆路运输，势必十分艰难，为此，元初开凿了"双塔漕渠"①。

至元元年（1264 年），世祖命都元帅阿海疏凿双塔漕渠，连接通州与昌平守军。②

关于双塔漕渠的行径路线，《元史·河渠志》记载："双塔河，源出昌平县孟村一亩泉，经双塔店而东，至丰善村，入榆河。"③（图 3 - 10）

"孟村一亩泉"经蔡蕃先生考证，在今辛庄附近。"丰善村"、"双塔村"今仍存。④

这里需要特别指出的是，由于"双塔漕渠"的主要功能是为戍边军士运输粮饷，连接的是大都城外的地区。因此其修筑也较为粗陋，仅将天然河道略加疏通而成。与其他通往大都城内的河道相比，所用功力要差很多。《元史·河渠志》记载："……创开双塔河，未及坚久。"⑤ 双塔漕渠通漕后没有持续太长时间便湮废了。

四　大都建成后坝河水体空间的进一步拓展

（一）金水河的开凿导致至元十六年大开坝河之举

大都宫城建成前后（1266—1278 年），为保证皇室供水清洁，世祖命人专门开凿了连接玉泉山与大内太液池的金水河（详见本章第四节）。至

---

① 《元史·兵志》记载："睿宗在潜邸，尝于居庸关之南、北口屯军、徼巡盗贼，各设千户所。"宋濂：《元史·卷九十九·志第四十七·兵二》，中华书局 1976 年版，第 2528 页。

② 《元史·世祖本纪》记载："至元元年……二月……壬子……发北京（今内蒙古宁城县）都元帅阿海所领军疏双塔漕渠。"宋濂：《元史·卷五·本纪第五·世祖二》，中华书局 1976 年版，第 96 页。

③ 宋濂：《元史·卷六十四·志第十六·河渠一》，中华书局 1976 年版，第 1592 页。

④ 蔡蕃：《北京古运河与城市供水研究》，北京出版社 1987 年版，第 50 页。

⑤ 宋濂：《元史·卷六十四·志第十六·河渠一》，中华书局 1976 年版，第 1592 页。

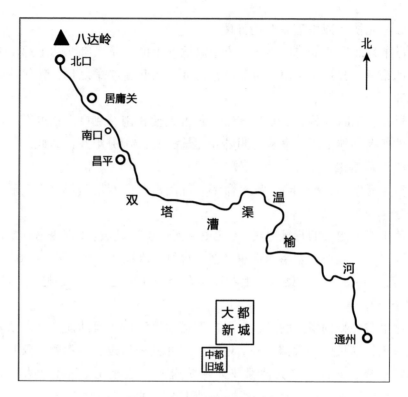

图 3 – 10　元双塔漕渠位置图
资料来源：本研究根据侯仁之《北京历史地图集》元代北京地图改绘。

此，玉泉水源首先要保证供应大内，而与金水河同源的坝河水量则大为减少，其运力被严重削弱。

元至元十六年（1279 年），蒙古人灭南宋，统一全国，漕粮的来源地由华北平原南伸至江南地区。此时，大都的城市建设也已基本结束，城市规模进一步扩大，人口激增。作为元帝国的政治中心，江南的漕粮贡赋需求量也随之大增，这就需要进一步提升当时唯一入大都城的漕河水道——坝河的运力。但恰在此时，由于金水河的开凿分流了大部分玉泉山的水源，严重影响了坝河的运力，由此导致了至元十六年开始的大开坝河之举。

元至元十六年（1279 年）六月，世祖命枢密院派遣五千军士，外加

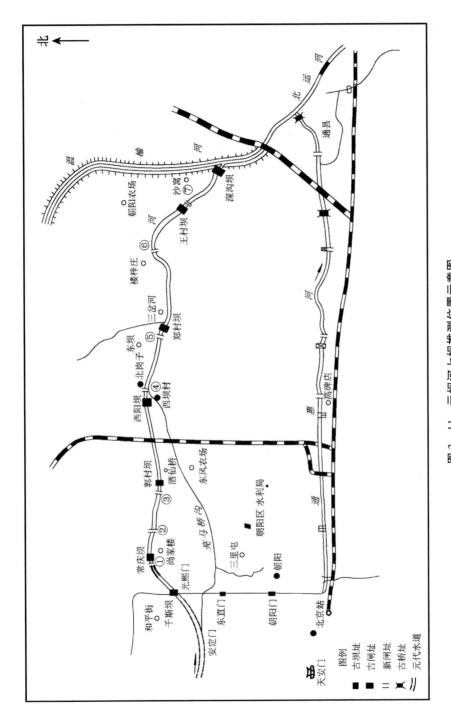

图 3 - 11　元坝河七坝推测位置示意图

资料来源：蔡蕃：《北京古运河与城市供水研究》，北京出版社 1987 年版，第 45 页。

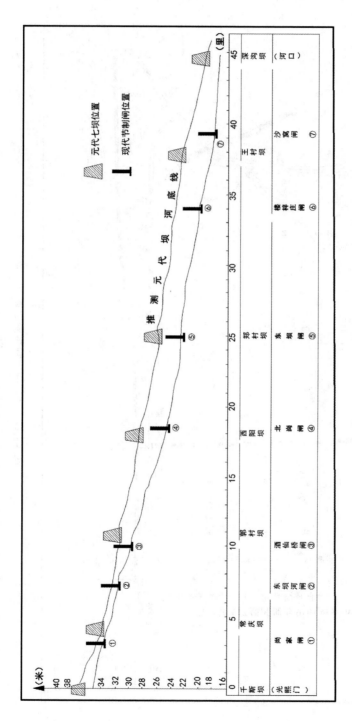

图 3－12　元坝河七坝建置意想纵断面图

资料来源：蔡蕃：《北京古运河与城市供水研究》，北京出版社 1987 年版，第 46 页。

官员雇佣的近千人劳役疏浚坝河河道，用时五十日。[①]

这次修筑坝河工程，除了疏浚河道外，更重要的是兴建了一系列节水坝工程，也就是著名的"阜通七坝"，目的是为了提升坝河的水位，增加其运力。坝河正是因在其河道上建有多处节水坝而得名。《都水监事记》载："阜通（坝河）之千斯、常庆、西阳、郭村、郑村、王村、深沟七坝。"[②]（图3－11、图3－12）

据《元史·王思诚传》记载，疏浚坝河后通漕，出运粮船190艘，运粮总量较之通漕之前增加了将近一倍。[③] 由此看出，至元十六年（1279年）这次大规模的浚治，拓展了坝河水体空间，提升了坝河的运力。

（二）坝河的通漕导致大都（新城）北部城区的衰落

坝河通漕的同时，将大都城市分成南北两部分，造成元大都城市南北交通的不便，从而导致北部城区的衰落，这也是明初北京城市南缩的一个重要原因（详见第四章第一节）。可见，城市水体空间与城市陆地空间彼此关系密切，相互影响（图3－13）。

五　元坝河的运力不足致通惠河通漕

（一）坝河运力不能满足大都城市需求

根据蔡蕃先生的研究，自至元十六年（1279年）疏浚后，坝河主要承担来自内河的漕粮，每年约30万石。[④] 据《大元海运记》，至元十九年（1282年）开始试行海运，漕运量为4.6万余石，到至元二十八年（1291年）达150万—180万石，加上内河运输的30万石，总数约在200万石左右。而此时坝河的运力最大也只有90万石，其余部分只能通过陆路运输，费时费力。《元史·郭守敬传》记载："先是（通惠河通漕前），通州至大

---

① 《元史·世祖本纪》记载："（至元）十六年……六月……辛丑，以通州水路浅，舟运甚艰，命枢密院发军五千，仍令食禄诸官雇役千人开浚，以五十日讫工。"宋濂：《元史·卷十·本纪第十·世祖七》，中华书局1976年版，第213页。

② （元）宋本：《都水监事记》，《中国古代建筑文献集要·增补篇·修订本》，通济大学出版社2016年版，第144页。

③ 《元史·王思诚传》记载："至元十六年，开坝河，设坝夫户八千三百七十有七，车户五千七十，出车三百九十辆，船户九百五十，出船一百九十艘……而运粮之数，十增八九。"宋濂：《元史·卷一百八十三·列传第七十·王思诚》，中华书局1976年版，第4211页。

④ 蔡蕃：《北京古运河与城市供水研究》，北京出版社1987年版，第155页。

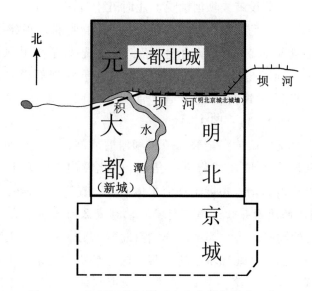

图 3-13　元坝河的通漕对大都北城的影响示意图

资料来源：本研究整理。

都，陆运官粮，岁若干万石，方秋霖雨，驴畜死者不可胜计。"[1] 由此可见，单靠坝河一条漕河无法满足大都城市需求。

（二）开白浮瓮山河引温榆河上源诸泉济漕

金水河开凿后，玉泉水大部分被分流入宫城，其余又分给了坝河。若要再新开漕运河道，需另找水源，由此导致白浮瓮山河引水渠的开凿。[2]

元代，大都城西北三十多公里处有神山（现凤凰山），山麓有泉水涌出，名为白浮泉。同时，在玉泉山西北几十里范围内也散布许多泉源，它们原是北沙河、南沙河及清河的上源。根据这一带地形特点，至元二十八年（1291 年），郭守敬向世祖提出将这些分散的泉水汇集一处，转而引入大都城作为通惠河水源的规划。世祖听后欣然接受，并委任郭守敬为都水

————————

① 宋濂：《元史·卷一百六十四·列传第五十一·郭守敬》，中华书局 1976 年版，第 3851—3852 页。

② 《元史·河渠志一》记载："白浮瓮山（河），即通惠河上源之所出也。白浮泉水在昌平县界，西折而南，经瓮山泊，自西水门入都城焉。"宋濂：《元史·卷六十四·志第十六·河渠一》，中华书局 1976 年版，第 1593—1594 页。

监，全权负责通惠河的修筑。①

根据文献记载以及相关考古报告，白浮瓮山河的行径路线为：自神山（现凤凰山）将白浮泉水西引，后南流，循山麓合一亩、榆河、玉泉等诸水，后东南汇入瓮山泊，② 与今天的京密引水渠走向基本一致（图 3 – 14）。③

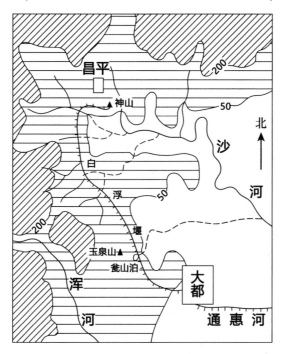

图 3 – 14　通惠河白浮瓮山河（白浮堰）段位置示意图

资料来源：侯仁之：《八百年来劳动人民改造北京地理环境的两件大事》，《步芳集》，北京出版社 1981 年版，第 26 页。

---

① 《元史·郭守敬传》记载："（至元）二十八年……守敬因陈水利十有一事。其一，大都运粮河，不用一亩泉旧原，别引北山白浮泉水，西折而南，经瓮山泊，自西水门入城，环汇于积水潭，复东折而南，出南水门，合入旧运粮河。每十里置一闸，比至通州，凡为闸七，距闸里许，上重置斗门，互为提阏，以过舟止水。帝览奏，喜曰：'当速行之。'于是复置都水监，俾守敬领之。帝命丞相以下皆亲操畚锸倡工，待守敬指授而后行事……三十年，帝还自上都，过积水潭，见舳舻敝水，大悦，名曰通惠河。"宋濂：《元史·卷一百六十四·列传第五十一·郭守敬》，中华书局 1976 年版，第 3851—3852 页。

② 《元一统志》记载："通惠河之源，自昌平县白浮村开导神山泉，西南转循山麓，与一亩泉、榆河、玉泉诸水合。自西水门入都，经积水潭为停渊，南出文明，东过通州，至高丽庄，入白河。"（元）孛兰肹等（赵万里校辑）：《元一统志上·卷一·大都路·山川》，中华书局 1966 年版，第 15 页。

③ 侯仁之：《八百年来劳动人民改造北京地理环境的两件大事》，《步芳集》，北京出版社 1981 年版，第 26 页。

（三）通惠河修筑时间

根据相关文献资料综合分析，至元二十九年（1292 年）春"首事"应是为开通惠河做准备，八月丙午"用郭守敬言"应是世祖准奏时间，八月丁巳应为通惠河确切开工时间。①

由此可知，通惠河的修筑时间应为至元二十九年（1292 年）八月丁巳至三十年（1293 年）七月。

（四）通惠河瓮山泊至白河段行径路线

据《元史·郭守敬传》、《元一统志》相关记载，以及孙秀萍先生和蔡蕃先生的相关研究成果，得出通惠河瓮山泊至白河段行径路线如下：

瓮山泊至积水潭河段是利用高粱河旧道疏浚而成，水经广源上、下闸，过会川闸（今高粱桥下），由和义门北面的西水门入大都城，向西汇入积水潭。然后出什刹海，过地安门桥，东南经东不压桥胡同，沿东安门北街南下，经南水门东南入金闸河旧道（同金代金口河旧道），至通州西水关附近入通州城，经张家湾村东，至李二寺入白河（潞河）（图 3-15）。

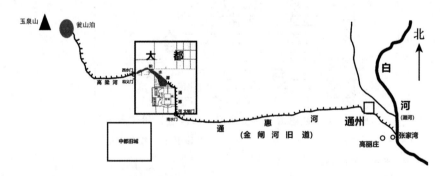

图 3-15　通惠河浮瓮山泊至白河段位置示意图

资料来源：本研究整理。

---

① 《春明梦余录》记载："首事于（至元）二十九年之春，告成于三十年之秋，赐名曰通惠。"（明）孙承泽：《春明梦余录·卷六十九》，江苏广陵古籍刻印社 1990 年版，第 502 页。《元史·世祖本纪》记载："（至元）二十九年……八月……丙午，用郭守敬言，浚通州至大都漕河十有四。"宋濂：《元史·卷十七·本纪第十七·世祖十四》，中华书局 1976 年版，第 365 页。《析津志辑佚》记载："至元二十九年八月丁巳得卜兴工，三十年七月工毕。"熊梦祥：《析津志辑佚·河闸桥梁》，北京古籍出版社 1983 年版，第 96 页。

（五）通惠河的通漕拓展了坝河水体空间

通惠河与坝河是同源分支的两条运河，[1] 通惠河通漕后，白浮瓮山河引温榆河上源诸泉汇于瓮山泊，不仅解决了通惠河水源的问题，还增加了坝河的水量，在一定程度上缓解了坝河常患浅涩、运输不畅通的问题，客观上为进一步拓展坝河水体空间、增加运力提供了必要条件（图 3 – 16）。

大德三年（1299 年），元都水监罗璧又疏浚阜通河（坝河），并拓宽河道，增加了大都的漕运量。[2] 坝河的水体空间得到进一步拓展。

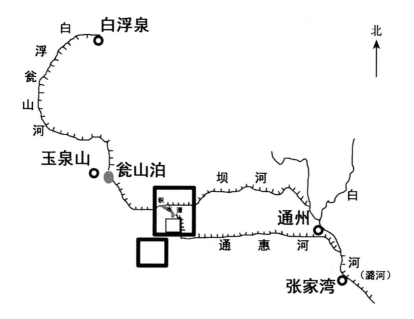

图 3 – 16　元大都地区坝河、通惠河位置示意图

资料来源：本研究整理。

（六）通惠河通漕后成为元大都城市最重要的漕河

通惠河通航后，原来由陆运承担的运量改由通惠河漕运完成。以后随

---

[1]　《永乐大典本顺天府志》记载："白浮泉，源出（昌平）县东神山，流经本县东，入双塔河，为通惠、坝河之源"解缙：《永乐大典本顺天府志·卷十四·山川》，北京联合出版公司 2017 年版，第 335 页。

[2]　《元都水监罗府君神道碑铭》记载："大德三年……又浚阜通河而广其堤，岁曾漕六十万斛。"（元）程文海：《元都水监罗府君神道碑铭（雪楼集卷二十）》。

着海运的增加，通惠河运输量迅速增长。根据蔡蕃先生的研究，至天历年间海运量曾达到360万石，加上内河运输的30万石，总数为390万石。其中，通惠河要担负约280万石的运量，占漕运总量的72%，坝河仅占28%。由此可知，通惠河通航后承担了大都大部分的漕运量，其重要性超过坝河。①

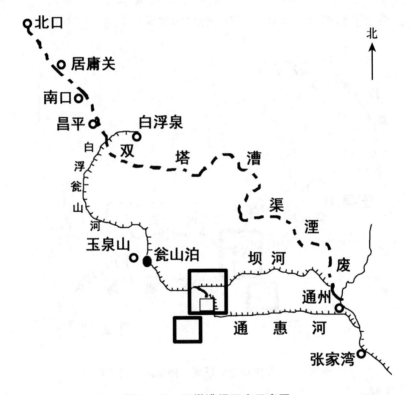

图 3 - 17   双塔漕渠湮废示意图

资料来源：本研究整理。

（七）通惠河的通漕导致双塔漕渠的湮废

白浮瓮山河导白浮泉及玉泉山西北诸泉入通惠河济漕，致双塔漕渠水源受到严重影响，原来的主要水源都流入通惠河，双塔漕渠仅剩白佛、灵

---

① 蔡蕃：《北京古运河与城市供水研究》，北京出版社1987年版，第94页。

沟、一子母三小河水入榆河，水量微小，无法行舟，这时双塔漕渠因浅涩难通了①（图 3 - 17）。

六　瓮山泊（昆明湖）水体空间的拓展

昆明湖一带，地势低洼，在辽、金时期就已有湖泊存在。《元一统志》记载："（金）庚子年十二月编修赵著碑记云：燕城西北三十里有玉泉。泉自山而出，鸣若杂佩，色如素练，鸿澄百顷，鉴形万象。及其放乎长川，浑浩流转，莫知其崖。"② 按地图位置看，《元一统志》所指"鸿澄百顷，鉴形万象"应是瓮山泊（昆明湖）。

（一）元代坝河的通漕导致瓮山泊水体空间的拓展

中统三年（1262 年）郭守敬请开玉泉水通坝河漕运，无疑需对瓮山泊（昆明湖）加以修治，扩大水面，才可能引水至积水潭，以济下游漕运，瓮山泊水体空间得到拓展。至元十六年（1279 年）大开坝河之举，除了疏浚坝河河道外，作为坝河上游调节水库的瓮山泊势必再次拓展（图 3 - 16）。

（二）通惠河的通漕导致瓮山泊（昆明湖）水体空间的进一步拓展

至元二十九年（1292 年）至三十年（1293 年）开通惠河，其上源白浮瓮山河导白浮泉及玉泉山西北诸泉入瓮山泊，此时的瓮山泊作为坝河与通惠河的同源水库，为了最大限度地补给下游漕河的用水量，其水域面积势必进一步拓展（图 3 - 16）。

七　积水潭水体空间的拓展

（一）积水潭是通惠河、坝河的调节水库和终点码头

积水潭作为受纳西北诸泉水汇入的水体空间，同时也是通惠河与坝河

---

① 《元史·河渠志》记载："至元三十年九月，漕司言：'通州运粮河全仰白、榆、浑三河之水，合流名曰潞河，舟楫之行有年矣。今岁新开闸河，分引浑、榆二河上源之水，故自李二寺至通州三十余里，河道浅涩。今春夏天旱，有止深二尺处，粮船不通……及巡视，知榆河上源筑闭，其水尽趋通惠河，止有白佛、灵沟、一子母三小河水入榆河，泉脉微，不能胜舟。"宋濂：《元史·卷六十四·志第十六·河渠一》，中华书局 1976 年版，第 1596—1597 页。

② （元）孛兰肹等（赵万里校辑）：《元一统志上·卷一·大都路·山川》，中华书局 1966 年版，第 12 页。

的上游调节水库。① 在通惠河开凿前，沿坝河就已经可以到达积水潭，积水潭就已经是坝河的终点码头。至元三十年（1293 年），世祖过积水潭，看到"舳舻蔽水"，大量的漕船停泊在积水潭的盛况，甚为喜悦，并因此命名通惠河，② 此时积水潭已成为通惠河的终点码头。

（二）金代白莲潭到元代积水潭转变

据姚汉源先生考证，金代白莲潭就是元代的积水潭，包括今天的什刹海、北海、中海部分。白莲潭在金代一部分作为离宫"太宁宫"的水体（次一级的御用水体空间），另一部分则用于一般农业灌溉（详见第二章第三节）。

元建大都城，以琼华岛及其周围白莲潭水面为中心，将宫城、兴圣宫、隆福宫环列在其东西两岸。至此，白莲潭水域被一分为二，原金代白莲潭南侧水域被划入皇城，成为太液池，并专为其开凿了导引玉泉水供大内的金水河。而北侧水域则被城墙挡在皇城外，称积水潭（图 3 - 18）。

太液池成为整个大都乃至全国最高等级的御用水体空间。而积水潭则与大都最重要的两条漕运河道紧密联系在一起，并被赋予了两个重要功能：①通惠河与坝河的调节水库；②通惠河与坝河的终点码头。

太液池位于皇城内，与其他皇家建筑一起构成了大都乃至整个元帝国的政治中心，其空间稳定性具有最高等级的物资与制度保障。而积水潭在皇城外，作为大都生命线的通惠河与坝河的漕运终点码头，自然也就成为整个大都的经济中心。其水体空间的稳定性也因其经济上的重要性，同样得到了相当程度的保障（图 3 - 18）。

《元史·河渠志》中提到"以石砌其四周"，即积水潭四周都用条石砌护。

《元史》中也多次提及对积水潭的疏浚修筑事宜。如"仁宗延祐六年二月，都水监计会前后，与元修旧石岸对接……九月五日兴工，十一日工

---

① 《元史·河渠志》记载："海子岸，上接龙王堂，以石砌其四周。海子一名积水潭，聚西北诸泉之水，流行入都城而汇于此，汪洋如海，都人因名焉。"宋濂：《元史·卷六十四·志第十六·河渠一》，中华书局 1976 年版，第 1592 页。

② 《元史·郭守敬传》记载："（至元）三十年，帝还自上都，过积水潭，见舳舻蔽水，大悦，名曰通惠河。"宋濂：《元史·卷一百六十四·列传第五十一·郭守敬》，中华书局 1976 年版，第 3852 页。

毕……泰定元年四月，工部应副工物，七月兴工，八月工毕"①。由此可见，元统治者对积水潭的维护非常重视。

（三）积水潭漕运终点码头的功能属性使钟、鼓楼一带成为大都最大的商业中心

根据高松凡的研究，大都城内各种专门的集市有三十多处，主要市场分布在三处：一处是城市中心的钟、鼓楼及积水潭北岸的斜街一带；一处是城市西南部顺承门内的羊角市（今西四一带）；另一处是城市东南部的枢密院角市②（今东四南灯市口大街）。

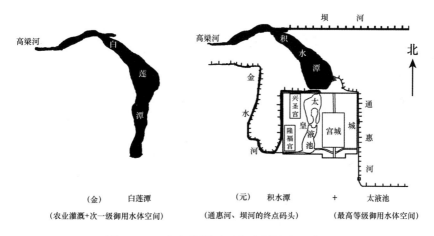

图3－18　金白莲潭到元积水潭演变示意图

资料来源：本研究整理。

积水潭作为坝河与通惠河终点码头的功能属性，使北岸的钟楼、鼓楼、斜街一带成为大都城最大的商业中心。③

另据《析津志辑佚·城池街市》记载，钟、鼓楼市场还分布有米市、面

①　宋濂：《元史·卷六十四·志第十六·河渠一》，中华书局1976年版，第1592页。
②　侯仁之：《北京城市历史地理》，北京燕山出版社2000年版，第221页。
③　《析津志辑佚·古迹》记载："钟楼，京师北省东，鼓楼北。至元中建……钟楼之制，雄敞高明，与鼓楼相望。本朝富庶殷实莫盛于此……齐政楼（鼓楼），都城之丽谯也……南，海子桥、澄清闸。西，斜街过凤池坊。北，钟楼。此楼正居都城之中，楼下三门。楼之东南转角街市，俱是针铺，西斜街临海子，率多歌台酒馆……楼之左右，俱有果木、饼面、柴炭、器用之属。"熊梦祥：《析津志辑佚·古迹》，北京古籍出版社1983年版，第108页。

市、段子市、皮帽市、帽子市、穷汉市（旧货集市）、鹅鸭市、珠子市、靴市（翰林院东）、沙刺市（卖金银、珍珠）、柴炭市、铁器市（图3-19）。①

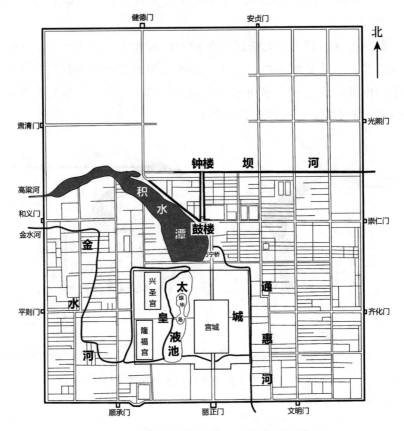

图3-19 元大都钟鼓楼商业中心位置示意图

资料来源：本研究根据《析津志辑佚》相关内容整理。

八 元末通惠河、坝河水体空间严重萎缩

元末，白浮瓮山河的湮废与通惠河、坝河水体空间的严重萎缩密切相关。

（一）元末白浮瓮山河逐渐湮废

白浮瓮山河障水南行，导引白浮泉及玉泉山西北诸泉入通惠河、坝河

———————

① 熊梦祥：《析津志辑佚·城池街市》，北京古籍出版社1983年版，第5—7页。

济漕。侯仁之先生认为，由于它自北向南，与西山平行，每当雨季，山洪下降，就有将白浮瓮山河冲决的危险。①

蔡蕃先生认为，白浮瓮山河全程与山水相交十几次，由于受当时技术所限，只能采用平交的方式。平交水道无闸门节制，一旦遇到山洪暴发，难免被冲决。②

另据蔡蕃先生研究，白浮瓮山河全长 32 公里，上源引渠过长，也容易为泥沙淤塞。

所以如果要维持大都漕河的正常运行，白浮瓮山河定期疏浚与修筑是必不可少的，而要做到如此，势必需要耗费大量的人力、物力和财力，另外也需要强有力的相关制度保障。

元末，帝国日渐衰微，特别是到元顺帝至正十一年（1351 年），在全国范围爆发了大规模红巾军农民起义。两年之后，盐贩张士诚也在泰州起事，后攻占江浙。元帝国漕运为农民军阻断，致"海运之舟不至京师者积年矣"③，国家经济遭受致命打击，已无力维持白浮瓮山河的定期疏浚与修筑。雪上加霜的是，由于疏于管理，此时白浮瓮山河私决堤堰、支引溉田问题也日益严重。④

元末农民起义致元帝国国力衰微，白浮瓮山河无法按时岁修，引水与防洪的矛盾凸显。另由于疏于管理，白浮瓮山河私决堤堰、支引溉田问题也日益严重。以上是元末白浮瓮山河逐渐湮废的主要原因。

---

① 《元史·河渠志》记载："成宗大德七年六月……九日夜半，山水暴涨，漫流堤上，冲决水口……十一年三月……白浮瓮山河堤，崩三十余里……仁宗皇庆元年正月，都水监言：'白浮瓮山堤，多低薄崩陷处，宜修治'……延祐元年四月，都水监言：'自白浮瓮山下至广源闸堤堰，多淤淀浅塞，源泉微细，不能通流，拟疏涤'……泰定四年……八月三日至六日，霖雨不止，山水泛溢，冲坏瓮山诸处笆口，浸没民田。"宋濂：《元史·卷六十四·志第十六·河渠一》，中华书局 1976 年版，第 1593—1594 页。侯仁之：《八百年来劳动人民改造北京地理环境的两件大事》，《步芳集》，北京出版社 1981 年版，第 27 页。

② 蔡蕃：《北京古运河与城市供水研究》，北京出版社 1987 年版，第 171 页。

③ 《元史·食货志》记载："及汝、颍倡乱，湖广、江右相继陷没，而方国珍、张士诚窃据浙东、西之地，虽縻以好爵，资为藩屏，而贡赋不供，剥民以自奉，于是海运之舟不至京师者积年矣。"宋濂：《元史·卷九十七·志第四十五下·食货五·海运》，中华书局 1976 年版，第 2481—2482 页。

④ 《元史·河渠志》记载："文宗天历三年三月，中书省臣言：'世祖时开挑通惠河，安置闸座，全藉上源白浮、一亩等泉之水以通漕运。今各枝及诸寺观权势，私决堤堰，浇灌稻田、水碾、园圃，致河浅妨漕事……'"宋濂：《元史·卷六十四·志第十六·河渠一·通惠河》，中华书局 1976 年版，第 1588—1590 页。

（二）白浮瓮山河的湮废致瓮山泊、积水潭水体空间严重萎缩

元末，随着白浮瓮山河的逐渐湮废，其下游的瓮山泊、积水潭也失去了白浮泉、玉泉山西北诸泉等重要水源，水体空间严重萎缩。

元末，作为通惠河与坝河上游淀泊的瓮山泊已失去白浮泉及玉泉山西北诸泉水，水体空间严重萎缩。作为瓮山泊下游淀泊的积水潭其水体空间也随之萎缩，"仅存一漫陂"[①]。

（三）白浮瓮山河的湮废是坝河、通惠河水体空间严重萎缩的重要原因

元末，白浮瓮山河逐渐湮废，坝河、通惠河只剩下瓮山泊"一漫陂"为水源。

上源的湮废，致下游河道也淤塞殆尽，坝河、通惠河水体空间严重萎缩。

据蔡蕃先生的研究，坝河、通惠河淤塞萎缩的原因除了与上游水源湮废有关外，还有两个重要原因[②]：

1. 河道坡度过大加速河道淤塞

以通惠河为例，其河道平均坡降为 1/1100（根据 1962 年测量），坡降过大，给节水带来很大困难。在坡度很陡的河道上建闸，闸前壅水段河水所携带的泥沙必然淤积，又因河道没有排沙设施，泥沙在河底很快淤积，如若清淤只有靠人工疏浚。

2. 节水与排洪的矛盾

为了节水通漕，坝河、通惠河河道宽度较窄，仅 30 余米，闸口处更窄，一般仅为 6 米左右，因此在雨季洪水经常冲决河道，岁修也就变得非常重要。

无论是定期人工疏浚还是修筑都需要大量的人力、物力和财力以及制度的保障。但随着元末国力逐渐衰微，政府已无力组织相关维护工程，漕运河道必然或淤塞，或冲决，其水体空间势必萎缩（图 3 - 20）。

---

① 《永乐大典本顺天府志》收录《析津志》记载："西湖景（瓮山泊）在（昌平）县西南五十里，青龙桥社，玉泉山东，湖广袤约一顷余。旧有桥梁、水阁、湖船、市肆、蒲芡（菱）莲芰，拟浙江（江浙）西湖之盛，故名。今（元末）仅存一漫陂而已。"解缙：《永乐大典本顺天府志·卷十四·昌平县·古迹》，北京联合出版公司 2017 年版，第 353 页。

② 蔡蕃：《北京古运河与城市供水研究》，北京出版社 1987 年版，第 171—172 页。

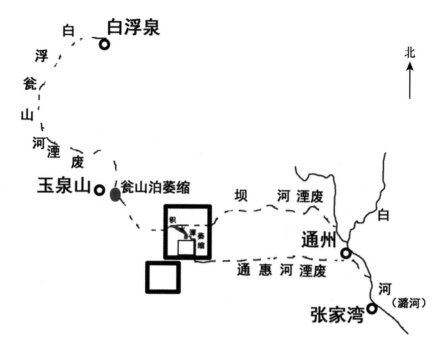

图 3 - 20 元末大都地区漕河湮废示意图

资料来源：本研究整理。

九 元末坝河、通惠河水体空间严重萎缩致金口新河开凿

（一）坝河、通惠河水体空间严重萎缩致元末开金口新河

笔者认为，元末由于上游白浮瓮山河的渐趋湮废致坝河、通惠河水体空间渐趋萎缩，使大都最重要的两条漕运通道运力骤减，势必影响大都经济。找寻新水源，恢复大都与外部漕运通道也就成为统治者必须考虑的重大问题。这应是元末再开金口新河的最主要原因。

从《析津志辑佚》记载的相关史料①可知，金口新河于元至正二年

———————

① 《析津志辑佚》记载："至正二年二月初八日……脱脱右丞相，也先帖木儿平章，帖木儿达识平章、阿鲁中丞等奏：世祖皇帝时分，太史院史郭守敬言，在前亡金时分，旧城以西，将浑河穿凿西山为金口，引水直至旧城，上有西山之利，下乘京畿漕运，直抵城有来。在后河道闭塞了。如今有皇帝洪福里，将河依旧河身开挑呵，其利极好有。西山所出烧煤、木植、大灰等物，并递来江南诸物，海运至大都呵，好生得济有。……诏旨如是，当月举行，脱脱亲自归勤，百工备举，十月毕竣。"熊梦祥：《析津志辑佚·属县·宛平县·古迹·金口》，北京古籍出版社 1983 年版，第 243—245 页。

（1342 年）二月开工建设，历时八个月完工。其作用主要有二：一是为了将西山煤炭、木材等物资运至京城；二是要将江南的漕粮运抵大都。其实质上是为了弥补坝河、通惠河湮废对大都经济的负面影响。金口新河的开凿应是客观经济发展需求所致。

（二）金口新河行径路线及取水口位置调整

《元史·河渠志》记载："至正二年正月，中书参议孛罗帖木儿、都水傅佐建言，起自通州南高丽庄，直至西山石峡铁板开水古金口一百二十余里，创开新河一道，深五丈，广十五丈，放西山金口水东流至高丽庄，合御河，接引海运至大都城内输纳。是时，脱脱为中书右丞相，以其言奏而行之。"[1]

《永乐大典本顺天府志》收录《图经志书》记载："元至正二年重兴工役，自三家店分水入金口，下至李二寺，通长一百三十里，合入白潞河。"[2]

据地形图，蔡蕃先生判断，此次开金口新河，取水口从之前的麻峪附近北移至三家店附近，与 1956 年所开永定河取水口同，表明当时已注意到永定河至此刚出山，河道较为稳定，容易取水[3]（图 3-23）。

从《析津志辑佚》记载看，金口闸以下至旧城河道，大部分利用了金口旧河道开挑而成。"合众水处做泺（泊）子"，蔡蕃先生根据地形图推测此次金口新河的开凿，利用了玉渊潭水域作为上游的调节水库，并对玉渊潭水域进行修治，扩大水面，供给下游漕运，玉渊潭水体空间势必拓展。[4]

"大都南五门"据蔡蕃先生考证应为丽正门。《析津志辑佚》记载："初开挑，自顺承门西南新河。"蔡蕃先生认为，"顺承门西南新河"即旧城至顺承门河段，是这次新开凿的。

蔡蕃先生考证，金口新河过丽正门东南后出左安门，过八里河村、十里河村接萧太后河至董村，再东至运量河口（图 3-23）。

---

① 宋濂：《元史·卷六十六·志第十七下·河渠三·金口河》，中华书局 1976 年版，第 1659—1660 页。

② 解缙：《永乐大典本顺天府志·卷十一·宛平县·古迹》，北京联合出版公司 2017 年版，第 234 页。

③ 蔡蕃：《北京古运河与城市供水研究》，北京出版社 1987 年版，第 27 页。

④ 《析津志辑佚》记载："……着将金口旧河深开挑，合众水处做泺（泊）子，准备阙水使用。挑至旧城，又做两座闸，将此水挑至大都南五门前第二桥，东南至董村、高丽庄、李二寺、运量河口。"熊梦祥：《析津志辑佚·属县·宛平县·古迹·金口》，北京古籍出版社 1983 年版，第 244 页。

（三）金口新河的湮废及其失败原因分析

在倡议开金口新河之始，中书左丞相许有壬就明确指出开金口新河的弊端。他提到，金代金口河在中都城北郊外，即使有冲决的情况对都城的危害也相对较轻，而至元代，大都新城北移，金口新河穿过新旧两城毗邻地区，对于都城的危害大增（图3－23）。加之河道比降过大且永定河水含沙量大，不设闸节制必走水浅涩，若设闸节制必致淤塞，必须经常组织专人挑洗，维护成本极高。[①]

开河之初，泥沙壅塞，水流湍急，冲决岸堤，船不可行。又金口新河穿越大都新城与旧城毗邻地区，洪水冲毁了大量民房、酒肆、茶房和坟茔，并淹死许多百姓。开金口新河耗费大量人力、物力和财力，收效甚微，且危害无穷，开河之初便不得不关闭闸门，金口新河以失败告终。[②]

从上述文献我们可知金口新河湮废的原因主要有三点：

①河道比降大致水流湍急。

②水流含沙量大。

③大都城址的变化致新河对城市危害加大。

十　金、元时期三次开金口河情况对比

历史上，分别在金初（1172—1187年）、元初（1266—1301年）、元末（1342年）三次开凿金口河，现试做对比分析。

---

① 《元史·河渠志》记载："有壬因条陈其利害，略曰：……水由二城中间窦碕……西山水势高峻，亡金时，在都城之北流入郊野，纵有冲决，为害亦轻。今则在都城西南，与昔不同。此水性本湍急，若加以夏秋霖潦涨溢，则不敢必其无虞，宗庙社稷之所在，岂容侥幸于万一。若一时成功亦不能保其永无冲决之患……又地形高下不同，若不作闸，必致走水浅涩，若作闸以节之，则泥沙混浊，必致淤塞，每年每月专人挑洗，盖无穷尽之时也……至功毕，起闸放金口水，流湍势急，泥沙壅塞，船不可行。而开挑之际，毁民庐舍坟茔，夫丁死伤甚众。又费用不赀，卒以无功。"宋濂：《元史·卷六十六·志第十七下·河渠三·金口河》，中华书局1976年版，第1659—1660页。

② 《析津志辑佚》记载："……至十月毕竣，命许右（左）丞诣金口，用夫开启所铸铜闸板二，水至所挑河道，波涨潏洶，冲崩堤岸，居民彷徨，官为失措，漫注支岸，卒不可遏，势如建瓴。河道浮土壅塞，深浅停滩不一，难于舟楫。其居民近于河者，几不可容。始以下铜闸以遏，则无补事功矣。初挑开，自顺承门西南新河，大废民居房舍、酒肆、茶房，若作榭墟墓……遂下闸。"熊梦祥：《析津志辑佚·属县·宛平县·古迹·金口》，北京古籍出版社1983年版，第244—245页。

（一）三次开河时间对比分析

首开金口河是在金初，大定十二年（1172 年），此时中都城已经建设完毕（天德三年，1151 年），并已正式迁都（金贞元元年，1153 年）。

第二次开金口河是在元初，至元三年十二月（1267 年初），此时大都还未开建。①

第三次开金口河是在元末至正二年（1342 年），此时大都早已建设完毕，② 并长期与中都旧城并存。

（二）三次开河与都城位置关系对比分析

金大定十二年（1172 年）首开金口河，河道位于中都城北郊（图 3 - 21）。

元至元三年十二月（1267 年初）第二次开金口河，河道位于元中都城（此时金中都城已改为元中都）北郊，与金代相同（图 3 - 22）。

元末至正二年（1342 年）第三次开金口河，河道位于元大都新城与中都旧城之间（图 3 - 23）。

（三）三次开河原因对比分析

金大定十二年（1172 年）首开金口河，是由于当时金中都唯一漕运河道金漕河因水源问题已湮废，致通州至中都城的漕粮运输问题凸显。为解决水源问题，世宗决定导引上游卢沟河水，解决漕河水源不足的问题，因此始开金口河。

元至元三年十二月（1267 年初）第二次开金口河，是因为当时正值大都城市大规模建设时期，为了漕运西山木石，解决大都城市建设所需物资运输问题，重开金口河。金口河成为元大都城市建设的工作河道。

元末至正二年（1342 年）第三次开金口河，是由于当时上游白浮瓮山河的渐趋湮废致坝河、通惠河运力骤减，为恢复漕运运力，满足大都城市日常经济运转所需，元末再开金口新河，一方面是为了将西山煤炭、木材等物资运至京城，另一方面是要将江南的漕粮运抵大都。

金初和元末这两次开河的原因相同之处：

都是因为之前都城相关漕河水源不足致其水体空间大幅度萎缩，运力骤减所致。

---

① 元大都开建时间为元至元四年正月（1267 年）。

② 元大都建设基本完工时间为元至元二十年（1283 年）。

金初和元末这两次开河的原因不同之处：

金初开金口河只是为了解决通州至中都城的漕运，其主要运输方向是从东向西（图 3 - 21）。而元末开金口新河，一方面是为了将西山煤炭、木材等物资运至京城，其主要运输方向是从西往东。另一方面要将江南的漕粮运抵大都，其主要运输方向是从东往西（图 3 - 23）。

（四）三次开河行径路线对比分析

金大定十二年（1172 年）首开金口河，其取水口在今麻峪村，金口以东河道沿用了车箱渠故道，在今海淀区半壁店附近与原车箱渠路线分离，向东南过今玉渊潭，再向南入中都城北护城河，金口河出中都城北护城河后，再向东至嘎哩胡同东北折，经今旧帘子胡同、人民大会堂南、历史博物馆南，沿台基厂三条、崇内同仁医院、北京火车站南，向东沿今通惠河道至通州城北入白河（图 3 - 21）。

元至元三年十二月（1267 年初）第二次开金口河，重开麻峪至中都城北护城河段（图 3 - 22），此次开河在"金口西预开减水口（溢洪道），西南还大河，令其深广，以防涨水突入之患"。

元末至正二年（1342 年）第三次开金口河，取水口从之前的麻峪附近北移至三家店附近。金口闸以下至中都旧城河道，利用了金口旧河道开挑而成，同时对玉渊潭水域进行修治，扩大水面。金口新河过丽正门东南后出左安门，过八里河村、十里河村接萧太后河至董村，再东至运粮河口（图 3 - 23）。

元末第三次开金口河，其河道行径路线变化较大，主要表现在取水口北移，以及过丽正门后较之前河道南移（图 3 - 21、图 3 - 23）。

（五）三次湮废原因对比分析

1. 金大定十二年（1172 年）第一次开金口河通漕

（1）高丽营断裂活动的加强使金口河河床比降增大，加之河道平直淀泊少，导致水流湍急。

（2）对南宋的战争准备和中都城市建设使永定河上游植被破坏严重，从而导致永定河水含沙量增大，"水性混浊"。

金口河"水性混浊"、"水流湍急"不利漕运，同时由金口河开漕引起的洪涝灾害也威胁到中都城的安全，以上因素最终导致金口河的湮废（详见第二章第四节）。

2. 元至元三年十二月（1267 年初）第二次开金口河

（1）高丽营断裂活动的加强使金口河河床比降增大，河道平直淀泊少，致水流湍急。

（2）元大都的城市建设进一步加剧了永定河上游的生态破坏（详见本章第三节），致河水含沙量较之金代更甚。如节制，"则水缓沙停，淤积成浅，不能通航"，如不节制，则"啮岸善崩"。

（3）大都城址向东北方向迁移，金口河位于大都城的西南方向，并处于新城与旧城之间（金代，金口河位于都城北郊），其水患对于大都城的威胁较之中都城更为严重。

（4）大都城市建设基本完成。元初开金口河期间，虽然郭守敬采取了"预开减水口，西南还大河"的水工技术，但水患问题并未解决。只是由于当时的主要矛盾是大都城市建设，相较之水患问题属于次要矛盾，所以在整个大都城市建设期间，元政府势必用大量的人力、物力和财力，定期疏浚维护，保证金口河水体空间的稳定，以便维持其正常运行，保障大都城市建设顺利进行，即使受到水患威胁也在所不惜。随着大都城修建基本完成，城市建设作为主要矛盾的地位在逐渐下降，水患威胁日益凸显，金口河的水患对大都城市安全的威胁逐渐上升为主要矛盾，故湮废。

3. 元末至正二年（1342 年）第三次开金口河

（1）高丽营断裂活动的加强使金口河河床比降增大，河道平直淀泊少，致水流湍急。

（2）元大都大规模的城市建设对永定河上游的生态破坏程度较之元初更加严重，致河水含沙量较之元初更甚。

（3）大都城址向东北方向迁移，其水患对于大都城的威胁较严重。

（4）此时大都已建成多年，并与中都旧城长期共存，金口新河所穿越的大都新城与旧城毗邻地区，此时已是繁华闹市。要在早已经营多年的城市建成区开河，势必引起民怨，这也应是金口新河湮废的重要原因。

从金口河三次湮废的原因对比分析，地质活动引起的金口河河床比降过大，是三次湮废的共同主因，属于人类不可对抗的自然力。

永定河含沙量大，是其湮废的另一主因。而含沙量大主要是由于永定河上游生态破坏所造成。纵观三次湮废，可以明显看出北京的城市建设等大规模的人类活动对永定河上游生态的破坏有一个逐渐累加的过程，元初甚于金，而元末更甚于元初，这使得永定河水含沙量从金至元末急剧加大，进一步加速了金口河湮废。此外，北京城址与金口河位置的改变也与金口河的湮废密切相关。以上两点属于人为原因。

由此可以看出，金口河的湮废是人为与自然因素共同作用的结果。

（六）三次开河持续时间对比分析

金初第一次开河持续时间：金大定十二年（1172年）至大定二十七年（1187年），共持续16年。

元初第二次开河持续时间：元至元三年十二月（1267年初）至大德五年（1301年），共持续34年。

元末第三次开河持续时间：元至正二年（1342年），持续0年。

三次开河持续时间相差很大，第一次持续16年，第二次持续34年，第三次开河即湮废。造成这种情况的原因较为复杂，根据相关史料研究，笔者认为主要有以下几点：

1. 功能性质、开河时间不同

第一次、第三次金口河的主要功能是粮食漕运河道，第二次的主要功能是为兴建大都新城的工作河道。从其重要性等级来看，第二次开河的等级显然最高，因此其相关维护保障等级在三次中应是最高的，其持续时间最长也就顺理成章了。另，第一次开河是在金初，也是在国力强盛之时，而第三次开河是在元末，国家处于内忧外患之中，其维护保障较之金初应差很多，这是造成第一次持续时间要长于第三次的重要原因之一。

2. 三次开河之时，金口河与都城位置关系差异

第一次开河，金口河位于金中都北郊。第二次开河，大都正在建设中，城市主要机构及人员仍在中都旧城内，故金口河对其影响相对较小。而第三次开河，此时大都已建成多年，并与中都旧城长期共存，金口新河所穿越的大都新城与旧城毗邻地区，此时已是繁华闹市，金口河对大都的安全威胁极大。

3. 北京平原地区及永定河上游生态持续破坏的累积

至迟从春秋战国开始，人类就已经在北京地区开始农业垦殖，至曹魏时期，刘靖为了守卫边疆，在北京平原地区大规模屯田，同时修筑戾陵遏与车箱渠，引永定河水，灌溉农田两千多顷。之后，樊晨重修戾陵遏，拓展了车箱渠，灌溉农田百余万亩，随后，裴延俊又使卢文伟重修戾陵遏溉

田百余万亩。北京平原大规模农业垦殖与水利工程的修筑，一方面保证了驻守军队及当地百姓的粮食供给，另一方面也深刻影响了北京地区的水文。农业垦殖不可避免地造成森林资源和土壤结构的破坏，使得河流的含沙量增加，加剧了径流在年内的变化与多年的变化。

金代，由于对南宋的战争以及中都城市建设的需要，永定河上游山区森林被大规模砍伐，永定河水含沙量增大，永定河也由"清泉河"变称为"卢沟河"。

元初，兴建大都新城，北京西山地区以及整个永定河中上游流域的森林均遭到更大规模的砍伐，"西山兀，大都出"。元大都的城市建设使永定河中上游地区森林进一步减少。永定河由金代"卢沟河"变称为"浑河"，形象地说明了永定河含沙量较之金代更甚。

元末，永定河上游地区的生态破坏危害进一步凸显，致其含沙量较之元初再度加重。

笔者认为，元末开金口河旋即湮废，与永定河上游的生态破坏密切相关，但这并非元末这一时期造成的，它应是人类在北京地区长期破坏生态累积到元末凸显出来的结果。

4. 元末开金口新河旋即失败的主因并非"妄言水利"

元代的相关史料中将元初开金口河的成功归因于郭守敬高超的水工技术,[1]而将元末开金口新河的失败归因于孛罗帖木儿、傅佐等人的"妄言水利"[2]。

元初，郭守敬重开金口河，为了防止重蹈金代开河失败的覆辙，在金口河西侧预先开凿溢洪通道，并连通西南方向的浑河（永定河），用以抵御洪水的侵袭。此方案对于抵御永定河水对都城的侵袭应起到了一定作用，但其效果有限。因为重开金口河仅六年后，金口河道即被洪水冲决，严重威胁大都及中都旧城的城市安全。魏初甚至认为，开金口河之利无法弥补其对城市的危害，并主张堵塞金口。只是因为当时正处于大都城市建

---

① 齐覆谦编写的《知太史院事郭公行状》（《国朝文类》卷第五十）中提到，郭守敬奏请开凿金口河"上可以致西山之利，下可以广京畿之漕"，"上纳其议"。之后，郭守敬又提出"当于金口西预开减水口，西南还大河，令其深广以防涨水突入之患"，"众服其能"。

② 《元史·河渠志》："至四月功毕，起闸放金口水，流湍势急，泥沙壅塞，船不可行。而开挑之际，毁民庐舍坟茔，夫丁死伤甚众。又费用不赀，卒以无功。继而御史纠劾建言者，孛罗帖木儿、傅佐俱伏诛。今附载其事于此，用为妄言水利者之戒。"

设关键时期，才不得不维持。

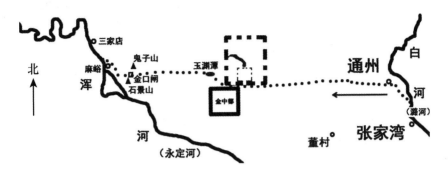

图 3-21　金代金口河位置示意图

资料来源：本研究整理。

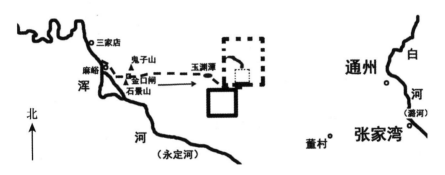

图 3-22　元初金口河位置示意图

资料来源：本研究整理。

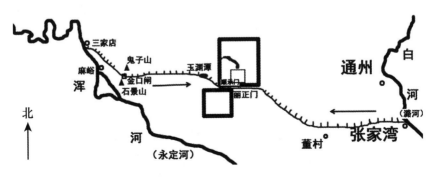

图 3-23　元末金口新河位置示意图

资料来源：本研究整理。

　　元末，开金口新河，取水口从麻峪上移至三家店，与 1956 年所开永定河引水渠口位置相同。蔡蕃先生认为，当时已注意到永定河至此刚出峡，河道相对稳定，从此地引水容易得到保证。这是永定河引水工程自三国时代起不断实践总结的结果，反映了较高的水利科技水平。

　　此外，金口新河利用了玉渊潭做调节水库，蔡蕃先生认为这项措施较之前更胜一筹。

　　由此可知，元初金口河的成功不应完全归因于郭守敬高超的水工技术，而元末金口新河的失败也并非"妄言水利"所致。

表 3 - 2　　　　　　　　　金元时期三次开金口河情况对比

开凿金口河	金	元初	元末
	第一次开凿	第二次开凿	第三次开凿
起止及持续时间	大定十二年—大定二十七年 16 年	至元三年—大德五年 35 年	至正二年 0 年
与都城位置关系	中都城北郊	元中都城北郊	元大都新旧城之间
开凿背景	正式建都中都	大都建设中（还未正式建都）	正式建都大都
开凿原因	北运南方粮食满足城市供给	漕西山木石满足大都城市建设	漕西山煤炭＋南方粮食
运输方向	东→西	西→东	西→东＋东→西
空间范围	1. 车箱渠故道＋金口河（新开）	1. 金代金口河 2. "金口西预开减水口（溢洪道），西南还大河，令其深广，以防涨水突入之患"	1. 大部分利用金口旧河道 2. 中间所做"泊子"，即调节水库，从地形上推测似利用了玉渊潭或在其附近的水域 3. 从旧城至顺承门（今西单稍南）一段河道，即所谓"顺承门西南新河"是这次新开凿的
湮废原因	1. 高丽营断裂活动 2. 地势高峻，水性混浊……不能胜舟 3. 洪涝威胁城市安全	1. 高丽营断裂活动 2. 城市大规模建设结束 3. 都城位置迁移 4. 洪涝威胁城市安全	1. 高丽营断裂活动 2. 永定河上游生态破坏加剧 3. 都城位置迁移 4. 洪涝威胁城市安全 5. 城市建成区开凿，民怨很大

　　资料来源：本研究整理。

第七节　元大都城市沟渠水体空间

一　北京城市沟渠起源与分类

按（伪）建设总署 1941 年刊行的《京师城内河道沟渠图说》所记："北京沟渠谓起源于元代"①。同书记载，沟渠从构造方面分为明沟和暗沟；从材质方面分为砖沟、石沟、板沟等；从管理方面分为官沟和民沟；按所在地分为内城沟渠、外城沟渠、紫禁城沟渠。书中特别强调，北京沟渠之所以著名，是因其广泛的暗沟布置。

二　元代北京城市沟渠的修建

在建城之初，大都城便先开凿了七所泄洪沟渠。② 由此可见，大都的城市建设已开始重视人工泄洪沟渠的建设。

据蔡蕃先生研究，"在中心阁后"的泄水渠排入坝河水道。"在普庆寺西"的泄水渠排入金水河。"漕运司东"之处的泄水渠排入坝河。"双桥儿南北"之处的泄水渠排入坝河。以上泄水渠均为南北走向。"在干桥儿东西"的泄水渠，向东排入齐化门外护城河。此泄水渠为东西走向（图3-24）。③

另据《元大都的勘察和发掘》一文记述，在今西四一带发掘出南北主干道两旁的排水明渠，宽 1 米，深 1.65 米，过街处覆盖石条④（图3-24）。

蔡蕃先生研究认为，在建城之初仅开凿七条泄水渠，随着大都建设的进展，泄水渠的数量应远不止这些。

三　北京城市广泛的暗沟分布应是北京建城后渐次修建的

《析津志辑佚》记载："初立都城，先凿泄水渠七所。"

民国二十九年（1940 年）十月十五日《晨报》记述："昔修造北京

---

① 今西春秋：《京师城内河道沟渠图说》，（伪）建设总署 1941 年，第 5 页。
② 《析津志辑佚》记载："初立都城，先凿泄水渠七所。一在中心阁后，一在普庆寺西，一在漕运司东，一在双庙儿后，一在甲局之西，一在双桥儿南北，一在干桥儿东西。"熊梦祥：《析津志辑佚·古迹·泄水渠》，北京古籍出版社 1983 年版，第 114 页。
③ 蔡蕃：《北京古运河与城市供水研究》，北京出版社 1987 年版，第 189 页。
④ 元大都考古队：《元大都的勘察和发掘》，《考古》1972 年第 1 期。

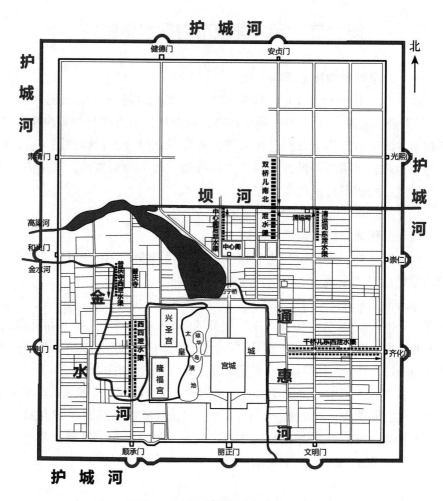

图 3－24　元大都沟渠位置示意图

资料来源：本研究根据蔡蕃先生相关研究整理。

时，于未修地上之时，先修地下，沟渠之历史实在地上建筑以前。"[1]

对于上述问题，出版于 1941 年的《京师城内河道沟渠图说》中特别强调，即使修筑北京城之前已先修筑部分暗沟，但后世所发现的大部分北

---

[1]　静华：《晨报（观光周刊）：北京沟渠图又将付影印》，民国二十九年十月十五日。

京城内分布广泛的暗沟，应是北京建城后渐次修建完成，而不是提前预埋的。①

第八节　本章总结

一　元代北京地区水体空间演变概述

金末元初的战乱纷争，中都城市地位骤降，致原金中都皇家御用水体空间和漕运水体空间严重萎缩。

忽必烈即位后，北京城市地位逐渐提升，先是采纳郭守敬建议，开坝河通漕，拓展了坝河水体空间。后又开凿双塔漕渠，为昌平守军运输粮草。

之后世祖又采纳众议，将燕京升级为中都，后又进一步提升为帝国首都，北京又一次成为全国的政治中心，之后便开始大规模建设新首都。

由于北京平原的地质运动，使永定河于辽代开始南迁，致原中都城同时面临"土泉疏恶"与洪水侵袭的威胁。为了帝都的更好运转，世祖将大都主城址向东北方向迁移。

虽然中都旧城与大都新城长期并存，但因为主城址迁移，中都旧城护城河水体空间被填平，其他水体空间进一步萎缩。

元大都大规模城市建设深刻影响了大都及周边地区的水文，同时导致了金口河的开凿，随着大都城市建设的结束，金口河湮废。

建大都城，将金白莲潭南部水域划入皇城，成为太液池，升级为最高等级的御用水体空间，其水体空间拓展。

营建太液池致金水河开凿，独引玉泉水至太液池。

金水河的开凿，太液池水体空间的拓展，导致至元十六年（1279 年）大开坝河，坝河水体空间进一步拓展。

坝河运力的不足致通惠河开凿，通惠河水体空间拓展。

由于通惠河上源白浮瓮山河的开凿，上游水量增加，使坝河水体空间

---

① "但北京之暗沟，是否当北京城建筑时已前有之，并无史料可考……北京故老之传言亦只可听之而已，即使筑城之先暗沟即已构筑，但如后代所见之广大暗沟网亦必为渐次完成者。"今西春秋：《京师城内河道沟渠图说》，（伪）建设总署 1941 年，第 4 页。

再次拓展。

通惠河上源白浮瓮山河的开凿使瓮山泊、积水潭水体空间得到拓展。

积水潭作为通惠河与坝河终点码头的职能，一方面保证了积水潭水体空间的稳定性，另一方面使钟鼓楼一带成为大都最重要的商业中心。

通惠河上源白浮瓮山河的开凿致双塔漕渠湮废。

元大都首都的城市地位，致下马飞放泊、燕家泊、碾庄七里泊等北京周边皇家猎场水体空间的拓展。

建大都城使新城护城河水体空间拓展。

建大都城之初，便预先开凿了七所泄洪渠，随着大都建设的进展，又开凿了大量的泄水渠。大都城市沟渠水体空间拓展。

元末，帝国日渐衰微，白浮瓮山河湮废，使瓮山泊、积水潭水体空间萎缩，从而导致坝河、通惠河水体空间的萎缩。

元末坝河、通惠河水体空间的萎缩，致金口新河开凿。由于地质运动、永定河上游生态破坏、大都城址的迁移等因素，金口河开河旋即湮废（图 3-25）。

二　元代北京地区水体空间等级化差异分析

（一）元代北京地区水体空间等级分类

元朝统一中原，北京再次成为全国的政治中心，其政治地位较之金中都进一步提升。通过本章研究，根据其重要性等级，笔者认为至少存在十二个等级的水体空间，从高至低依次为：太液池、金水河、金口河、大都城护城河水体空间、下马飞放泊等皇家苑囿水体空间、积水潭、瓮山泊、通惠河、坝河、金口新河、大都城市沟渠水体空间、双塔漕渠。

1. 最高等级的皇家御用水体空间——太液池

元建大都城，将原金白莲潭南侧水域划入皇城，成为太液池，位于都城的政治核心，为帝王独享，是最高等级的水体空间，拥有最高等级的人力、物力、财力以及制度层面的保障，具有最高等级的空间稳定性。

2. 为太液池供水的次一级皇家御用水体空间——金水河

元代定都大都后，为保障太液池的水质、水量，方便帝王享用，开凿了连接玉泉山与大内的输水通道——金水河。金水河独引玉泉水至皇城太液池，供皇室专用，是元代皇家生活用水的最主要来源。

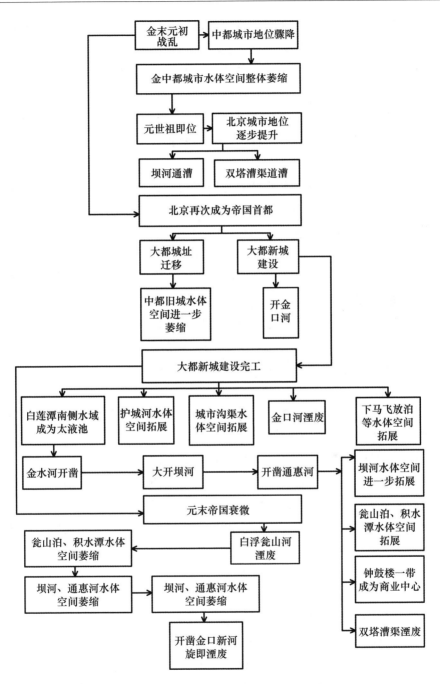

图 3 – 25　元代北京地区水体空间演变过程

资料来源：本研究整理。

工程技术层面：为了抬高水位，维持金水河水自流，保持水质的清洁，金水河水道采用了迂回设计。在与其他河道相交时，采用了"跨河跳槽"技术。此外，金水河工程还运用了将步行桥与流水渡槽结合在一起的工程。

制度保障层面：为保证金水河的水质，元政府禁止百姓在金水河内洗手、洗澡、洗衣、倾倒土石、牲畜饮水，禁止在金水河两岸建房屋，禁止在金水河上游利用水力启动石磨，禁止在玉泉山伐木、捕鱼。

金水河是为太液池供水的皇家专用水道，为帝王独享，是仅次于太液池的次一级皇家御用水体空间，拥有高等级的人力、物力、财力以及制度层面的保障，拥有高等级的空间稳定性。

3. 大都城市建设工作河道——金口河

元至元三年十二月（1267年初）大都城建设之时，为了将西山的木石材料运抵大都，用于城市建设，专门为此重开了金口河。重开金口河引发了较为严重的城市水患，但相较大都城市建设而言，仍是次要矛盾。元政府用大量的人力、物力和财力，定期疏浚维护，保证了金口河水体空间的稳定，维持其正常运行，保障了大都城市建设。

4. 大都城护城河水体空间

其主要功能是中都城市军事防御，保护帝王及城市居民的安全，具有较高的空间稳定性。

5. 大都城外皇家苑囿水体空间——下马飞放泊等

元代大都附近北城店飞放泊、黄埝店飞放泊、下马飞放泊等，主要功能是满足帝王春猎活动。作为次一级的皇家御用水体空间，其日常的疏浚维护也能得到足够的物资保障，从而在很大程度上保障了其水体空间的稳定性。

6. 漕运水体空间节点——积水潭

积水潭具有三重功能属性：

（1）作为受纳上游诸水汇入的水体空间。

（2）通惠河与坝河的上游调节水库。

（3）大都最重要的漕河通惠河、坝河的终点码头。

三重功能属性决定了其空间重要性。积水潭四周都用条石砌护，并能够得到及时疏浚，空间稳定性得到保障。

7. 漕运水体空间节点——瓮山泊（昆明湖）

元代，瓮山泊仅作为积水潭上游调节水库，其空间重要性相较积水潭次之。

8. 大都城市最重要的漕运水体空间——通惠河

漕河是为维持大都庞大的官僚机构与军队运转的运输通道，而通惠河承担了大都大部分的漕运量，是大都最重要的漕运水体空间。从相关史料看，通惠河的岁修及相关投入要大于坝河，具有比坝河更高的等级属性，其空间稳定性较之坝河也更高。

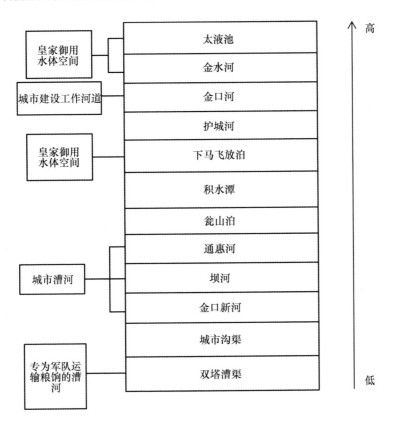

图 3 - 26　元代北京地区水体空间等级差异示意图

资料来源：本研究整理。

9. 大都城市次一级漕运水体空间——坝河

坝河的漕运量较之通惠河要小得多，其对大都的重要性自然也较之通惠河小，其水体空间稳定性较差，波动较为剧烈。

10. 大都城市漕运水体空间——金口新河

元末，金口新河开凿的目的是为解决由于通惠河、坝河湮废而使大都断漕的问题。虽同为大都漕河，由于金口新河开通即湮废，并没有实现通漕目的，故在诸漕运水体空间中的等级明显比通惠河、坝河低。

11. 大都城市沟渠水体空间

泄洪沟渠作为完全人工的水体空间，在建大都之初，先开凿了七所，随着大都建设的进展，又开凿了更多的泄水渠，这说明大都的城市建设已开始重视人工泄洪沟渠的建设。

12. 为保卫大都边境运输粮饷的漕运水体空间——双塔漕渠

双塔漕渠的主要功能是为戍边军士运输粮饷，连接的是大都城外的地区，其修筑也较为粗陋，仅将天然河道略加疏通而成。与其他通往大都城内的河道相比，所用功力要差很多，位于大都水体空间等级体系的末端。

（二）元代北京地区各级水体空间关系分析

元建大都城，将白莲潭南侧水域划入皇城，升级为太液池，成为大都乃至整个元帝国最高等级的水体空间。太液池的修筑，导致了专为其输水的次一级御用水体空间金水河的开凿。由于金水河将大部分玉泉水分流至大内，使大都漕运水量锐减，致大开坝河与通惠河通漕。通惠河、坝河的通漕拓展了瓮山泊、积水潭的水体空间容量，同时使积水潭成为两条漕河的终点码头。通惠河通漕，其上游白浮瓮山河将白浮泉及西山诸泉截流，致双塔漕河湮废。元末坝河、通惠河的湮废，致金口新河的开凿。

从以上大都城市水体空间的演变关系过程来看，各等级水体空间之间具有显著的关联性特征，且当各级的水体空间产生矛盾时，上一级的水体空间会决定下一级的发展。等级越高，空间稳定性越强，反之则越弱，皇家御用水体空间的稳定性要高于城市漕河水体空间，而城市漕运水体空间的稳定性则要高于专为北京城市远郊军队供应粮饷的漕河水体空间，水体空间整体上反映出明显的皇权至上原则（图3-27）。

（三）元大都皇城、皇城之外的新城以及旧南城防洪安全等级差异

元大都皇城，人口密度最小，单位面积占有的水体空间最大。

皇城之外的新城，人口密度远大于皇城（详见本章第六节），但小于南城，单位面积占有的水体空间远小于皇城。

大都南城，人口密度最大（详见本章第二节），单位面积占有的水体空间远小于皇城之外的新城。

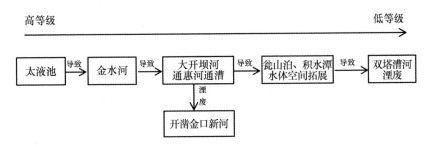

图 3 - 27　元代北京地区水体空间关系示意图

资料来源：本研究整理。

单位面积占有的水体空间越大，其蓄水容量也就越大，而单位面积的蓄水容量与城市防洪安全密切相关。因此从城市防洪安全等级来看，元大都人口密度最低的皇城拥有最高的防洪安全等级，皇城之外的新城次之，而人口密度最高的南城的防洪安全等级最低。从中可知，元大都不同区域的防洪安全具有明显的等级化差异（图 3 - 28）。

三　元大都城市水体空间与陆地空间彼此影响表现

（一）陆地空间对水体空间的影响

1. 元大都新城的兴建使中都旧城水体空间进一步萎缩

随着元统治者将都城迁往大都新址，原中都旧城日渐凋敝，原中都旧城的护城河被填平，中都旧城内其他水体空间也或消失，或萎缩。大都建成后，中都旧城水体空间进一步萎缩（详见本章第二节）。

2. 大都新城的城市建设促使元初金口河的开凿及湮废

为了解决元大都新城建设所需木材、石料等物资的运输问题，郭守敬主持重开金口河，金口河成为元大都建设运输建材的工作河道（图 3 - 22）。大都城市建设结束后，金口河城市水患问题凸显（详见本章第三节），金口河湮废。

这里需要特别指出的是，正是由于大都城市建设导致了永定河上游大规模的生态破坏，使金口河的含沙量较之以前进一步增加，这是导致金口

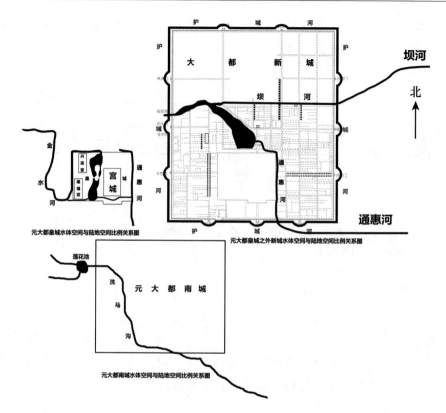

图 3 - 28　元大都皇城、皇城之外新城以及南城防洪安全等级差异图
资料来源：本研究整理。

河城市水患问题凸显的重要原因（详见本章第三节），也正因此最终导致金口河的湮废。

也就是说，大都新城的城市建设既是元初重开金口河的原因，也是金口河湮废的重要原因（图3－29）。

3. 大都皇城的兴建将白莲潭南侧水域升级为太液池

大都新城将原金代白莲潭南侧水域划入皇城，升级为太液池，成为最高等级的水体空间，拥有最高等级的人力、物力、财力以及制度层面的保障，具有最高等级的空间稳定性。元皇城之外的白莲潭水域为积水潭，成为大都漕河的终点码头（详见本章第四节）。

4. 元大都宫城的修建促使金水河的开凿

元大都修筑宫城，为方便帝王享用高品质的西山泉水，开凿了连接玉

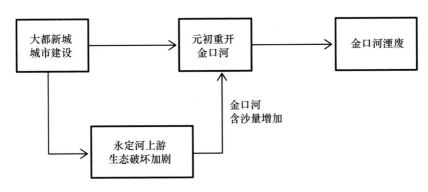

图 3 – 29　大都新城建设与重开金口河的逻辑关系图

资料来源：本研究整理。

泉山与大内的输水通道——金水河。金水河独引玉泉水至皇城太液池，供皇室专用，是元代皇家生活用水的最主要来源（详见本章第四节）。

5. 元大都城市建设促使城市沟渠水体空间的修筑

在建城之初，已开始重视人工泄洪沟渠的建设，首先开凿了七所泄洪沟渠，随着大都建设的进展，又陆续开凿了更多泄水沟渠，大都的城市建设促使城市沟渠水体空间的开凿与拓展（详见本章第七节）。

（二）水体空间对陆地空间的影响

1. 永定河的南迁迫使大都新城向东北方向迁移（详见本章第四节）

由于北京平原的地质构造运动，使永定河于辽代开始南迁，致原中都城面临"土泉疏恶"的境况，同时由于北京平原地区构造运动，至辽代中都一带地势相较之前更为低洼，中都城受永定河洪水侵袭压力大增。鉴于上述原因，为了帝都的更好运转，世祖将大都主城址向东北方向迁移至永定河冲积扇脊背上的最优位置，同时也是水量较莲花河水系更为丰沛的高梁河水系上来（图 3 – 30）。

2. 积水潭的功能属性促进了大都钟、鼓楼一带的商业发展

元代，积水潭作为大都最重要的两条漕河（坝河、通惠河）的终点码头，使得北岸的钟、鼓楼、斜街一带成为大都城最重要的商业中心（详见本章第六节）。

（三）元末开金口新河严重威胁大都城市安全

为弥补坝河、通惠河湮废对大都经济的负面影响，将江南的漕粮和西

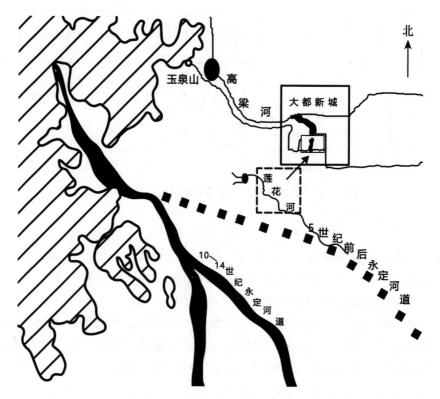

图 3 - 30　永定河南迁致大都新城向东北方向迁移示意图

资料来源：本研究整理。

山煤炭、木材等物资快速运抵京城，元至正二年（1342 年）开金口新河（详见本章第六节）。

由于此时大都新城已经建成，南城仍居住大量的人口，金口新河恰好穿过新旧两城毗邻的城市建成区。开金口新河之初，泥沙壅塞，水流湍急，冲决岸堤，洪水冲毁了大量民房、酒肆、茶房和坟茔，并淹死许多百姓。金口新河的开凿严重威胁到大都城市的安全，开河之初便不得不关闭闸门，金口新河以失败告终（图 3 -31）。

四　元代北京城市水体空间景观营造

元建大都城，以琼华岛及其周围白莲潭水面为中心，将宫城、兴圣

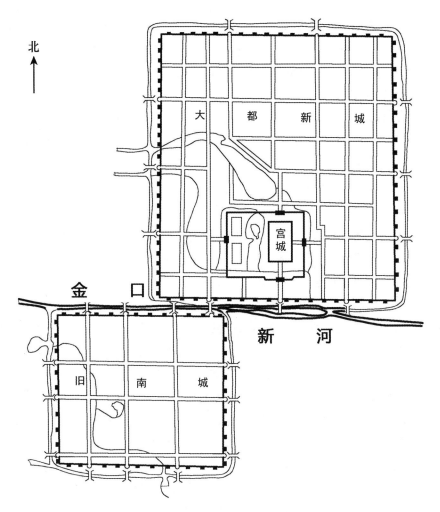

图 3 - 31　元末金口新河与大都新旧两城位置关系示意图

资料来源：本研究整理。

宫、隆福宫环列在其东西两岸，原金代白莲潭南侧水域被划入皇城，升级为太液池（图 3 - 3）。太液池是禁苑，是大都城最重要的一处皇家园林。[①]太液池周边模拟一池三山格局，万岁山（金代琼华岛）面积最大，元代重

[①] 《元宫词》中写到："合香殿倚翠峰头，太液波澄署雨收，两岸垂杨千百尺，荷花深处戏龙舟。海子东头暗绿槐，碧波新涨浩无涯。瑞连花落巡游少，白首宫人扫殿阶。"

修山顶广寒殿，成为帝王观赏龙舟的场所，东、西与金露、玉虹两座圆亭相连，山前的白玉桥正对圆坻上的仪天殿，犀山台在仪天殿前的孤岛中。这种将水体、园林建筑有机地组织到城市之中的营造方式，不仅丰富了大都城的景色，改善了城市的环境，而且对解决都城的各种用水需要也发挥了重要的作用。

临锦堂是元代幕府从事刘公子的私家园林，位于积水潭南岸以西，皇城之北。临锦堂"引金沟之水，渠而沼之"，四周"竹树""嘉花珍果""灵峰"行布棋列，是大都城私家园林的典型代表。

积水潭不规则的形状导致了斜街的出现，丰富了城市空间格局。漕河终点码头的空间职能使积水潭周边形成大都城最重要的商业区和公共活动空间。元代积水潭作为通惠河与坝河漕运的终点码头，是面对公众开放的，积水潭旁的万春园是文人雅士集会的场所，丰富了积水潭一带的人文气息。[①]

元代瓮山泊水体空间的拓展，使其周边成为大都重要的风景区，元代将位于玉泉山的金代大承天护圣寺扩建，并更名为西湖寺，通过石桥架设双阁伸入湖中，成为西山景观体系中的重要组成部分。玉泉山向西建有昭化寺、大昭孝寺（今卧佛寺）、碧云庵等寺庙，并整修了金代大永安寺。西山是元代帝王经常游赏之处，秋季赏西山红叶在元代就已成为风尚。

元代高梁河作为瓮山泊与积水潭的连接水道，是元帝游赏西北郊野的水路交通线，高梁河沿线的桥闸本身也具有公共景观的特征，其中白石桥闸北建有元代最大的皇家寺院——大护国仁王寺，桥南则建有西镇国寺。此外还建有玉渊亭等景观建筑。《析津志辑佚》记载："前有长溪，镜天一碧，十顷有余。夏则薰风南来，清凉可爱，俗呼为百官厅。"可见高梁河附近自然环境之优美。元代高梁河沿岸还是普通市民重要的游赏之地。

高梁河下游的通惠河两岸则分布有双清亭、水木清华亭等士大夫园林。这些园林于内可游园休憩，于外可借景通惠河观看繁忙的漕运盛况。元代漕运水系的发展，除满足大都城市的粮食需求外，还衍生出众多滨水商业景观。元大都漕运水体空间景观的营造，将河道的自然与人文气息相结合，促进了士大夫园林的发展。

---

① 对于万春园，古文记载如下："海子岸有万春园。进士登第恩荣宴后，会同年于此"，"临水 亭台似曲江"。

元大都城市水体空间的演变最终形成了两进（金水河、高梁河）、两出（坝河、通惠河）、两核（瓮山泊、积水潭）的水体空间景观格局。城内以积水潭水域为核心，通惠河漕运走廊串联起自然山水、寺庙、集市、私园、公共桥闸等景观要素。西北方向的瓮山泊—高梁河水系形成了大都城市主要的生态廊道，为明清皇家园林建设奠定了生态基础。元代功能各异的河湖水系承载着多样化的文化内涵，为明清造园活动的兴起和景观体系的完善奠定了基础。

第 四 章

明代北京城市水体空间演变过程研究

第一节 明初北京城市地位的骤降与
城市水体空间的萎缩

明洪武元年（1368 年），朱元璋建立大明，定都南京。同年，徐达率明军占领大都，更名为北平府，出于迷信的风水观念，明军将元大内尽行拆毁。北京由首都降为普通的府级行政区，城市地位骤降。

一 明初北京城市地位的骤降致元大都太液池水体空间萎缩

明初北京城市地位骤降至一般府级行政区，元最高等级的御用水体空间太液池也随之降为一般城市水体，维持其空间稳定的相关保障消失，其水体空间萎缩（图 4 - 1）。

二 明初北京城市地位的骤降致元漕运水体空间萎缩

明初，朱元璋建都南京，已无漕北的需要，元大都漕河水体空间的漕运功能消失。与此同时，大都新城南缩加剧了坝河、通惠河水体空间的萎缩。

（一）大都新城南缩与坝河水体空间功能变化

元代坝河将大都城市分隔成南北两部分，南北城交通不便，致大都北城一直较冷落（详见第三章第六节），故缩减北城对北平府整体影响不大。同时缩减北城后可利用现成的坝河作为北护城河利于军事防御。

基于以上两点原因，使明军在洪武元年（1368 年）攻占大都后，将大都北城墙南缩5里，至坝河以南位置①（图4-1）。

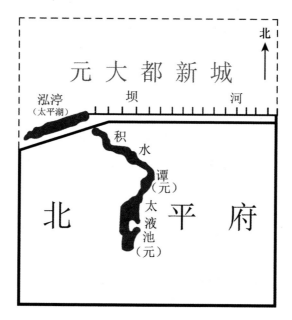

图4-1 洪武元年徐达南缩大都新筑北平府示意图
资料来源：本研究整理。

大都新城的南缩，使坝河水体空间的性质由运输漕粮的漕河变为具有军事防御功能的护城河，水体空间的功能性质发生了改变。

（二）坝河、通惠河水体空间进一步萎缩

由于元末白浮瓮山河就已湮废，坝河、通惠河水体空间已经开始萎缩。明初三十余年建都南京，坝河、通惠河漕河功能消失，无法定期疏浚修筑。坝河、通惠河水体空间进一步萎缩。

元末明初通惠河文明门内已经断航。黄文仲《大都赋》记载："文明为舳舻之津（渡口），丽正为衣冠之海"，说明元末明初漕船已多停泊在文明门外了。

---

① 《洪武北平图经志书》记载："克复（元大都）以后以城围太广，乃减其东西（应为南北）迤北半。"（《日下旧闻考》卷三十八引）《明太祖实录》记载，洪武元年八月"丁丑，大将军徐达命指挥华云龙经理故元都，新筑城垣，北取径直，东西长一千八百九十丈"。

（三）大都新城南缩与瓮山泊、积水潭水体空间的进一步萎缩

攻占大都后，徐达便"新筑城垣"，南缩大都北城至坝河以南。由于北城墙的西部一段与积水潭北部水面交汇，为了便于修筑城墙，徐达选择将积水潭从最狭窄处断开。至此，元代积水潭被截为两段，偏西北的一段狭长水域，则被隔在城外称"泓渟"。东南方向的宽阔湖面被圈在城内，为后来的"什刹海"（图4－1）。

元末白浮瓮山河断流，至明初大都漕河功能消失，漕河上游水库瓮山泊水体空间萎缩。位于下游的积水潭由大都漕河的终点码头下降为一般性的城市公共水域，其疏浚维护也无法得到保障，积水潭开始大量淤积，水体空间进一步萎缩。

第二节　京杭大运河的恢复与改建北京城

一　明北京城市地位逐步回升与大运河的重新通航

明建文四年（1402年），燕王朱棣攻占南京。明永乐元年（1403年），朱棣在南京称帝，随即将北平更名为北京，成为明帝国的陪都。明永乐七年（1409年），朱棣重回北京，并下令将所有的奏书及重要档案运至北京，北京实际上成了帝国的行政中心，与此同时，朱棣开始密切监督北京城市的营建工程。

明永乐九年（1411年），大运河北段重新开通，明永乐十三年（1415年），南段也彻底修复，大运河全面恢复漕运功能。长江中下游的人员与物资又可以高效地运抵北京东郊（图4－2）。

明永乐十八年（1420年），正式迁都北京。至此，北京又一次成为帝国的政治中心，且是历史上第一次由汉族人统治帝国的都城。

二　明初改建北京城

（一）明初营建北京城

明北京城的营建，始于明永乐四年（1406年）。永乐四年，开始准备重建北京城墙，永乐五年（1407年）开始准备修建新的宫城。永乐十四年（1416年）起，开始兴建宫殿群及郊坛。永乐十五年（1417年），北京开始大规模城市建设。至永乐十八年（1420年），北京城市建设基本结

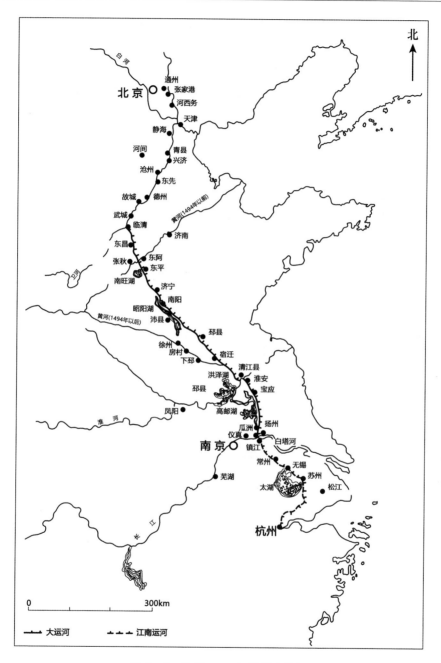

图 4-2　公元 1415 年重开大运河

资料来源：牟复礼、崔瑞德：《剑桥中国史·第七卷·第一部分》，剑桥大学出版社 1998 年版，第 2513 页。

束，此后虽屡有一些修建，并无根本变动，最重要的也只是加筑外城（1553 年）而已。

明北京城是在元大都城市基础上改建而成的。明初改建大都城，首先于洪武元年（1368 年）缩减大都城北部，利用坝河故道为护城河，另建新北墙。永乐十七年（1419 年）将北平府南墙向南扩展了约 0.5 公里（图 4－3）。①

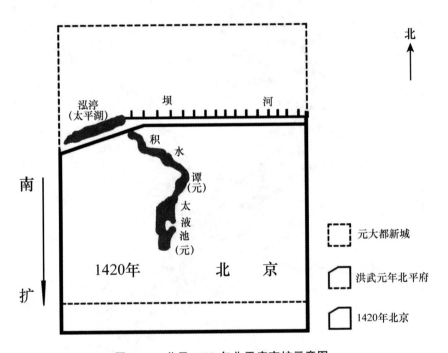

图 4－3　公元 1420 年北平府南扩示意图

资料来源：本研究整理。

（二）明初营建紫禁城

明永乐五年（1407 年）开始营建紫禁城，十八年十一月戊辰（1420 年 12 月 8 日）紫禁城建成，十九年（1421 年）元旦正式使用。

明紫禁城是在元大都宫城废墟上重建而成，较元大都宫城旧址稍向南

---

① 《明成祖实录》："永乐十七年十一月甲子，拓北京南城，计二千七百余丈。"（燕京大学图书馆藏抄本第二十八册）

移，东西两面侧城墙位置不变①（图4-4）。

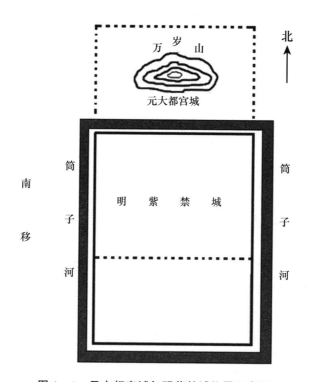

图4-4　元大都宫城与明紫禁城位置示意图

资料来源：本研究整理。

三　明永乐年间北京城的营建与工作河道通惠河水体空间的拓展

由于元末白浮瓮山河就已湮废，坝河、通惠河水体空间已经开始萎缩。明初三十余年建都南京，洪武初年仍沿元代海运旧例饷北平（1368年已改大都为北平），②直沽至北平仍行元代漕运路线，但通州至北平段运河已湮废不通，坝河、通惠河漕河功能消失，水体空间进一步萎缩。朱棣称帝后，准备迁都北京，都城北京的城市建设促使通惠河水体空间拓展。

明永乐五年（1407年）五月，正式迁都北京前，行部奏请疏浚白浮

---

① 于倬云：《紫禁城始建经略与明代建筑考》，《紫禁城营缮纪》，紫禁城出版社1992年版，第26页。

② 《明史·食货志》卷一七九。

瓮山河渠道，引水济通惠河。① 当时引水的目的，据《明宪宗实录》的相关记载②可知，并不是为了恢复通惠河遭运，而是为了利用通惠河运输建筑木材。当时北京正在进行着大规模的城市建设，所需大木料多采自长江上游，经大运河，运抵京东。

明永乐十年（1412 年）四月，又疏浚积水潭至张家湾通惠河道。③

疏浚白浮瓮山河，恢复通惠河航运，使从南方运抵京东的大木料较为便捷地抵达北京城内。永乐年间通惠河由元代的城市漕运河道转变为北京城市建设的工作河道，通惠河的通航客观上拓展了通惠河水体空间。

四　改建北京城与永定河上游地区生态环境的进一步破坏

明代北京大规模城市建设使北京周边尤其是永定河上游一带生态破坏进一步恶化。

《涌幢小品》记载："昔成祖重修三殿，有巨木出于卢沟。"④ 这表明，明永乐年间修建北京城的宫殿时，曾使用了从永定河漂运而来的巨大木材。永定河上游北京西山乃至更远一带的森林资源破坏严重。

明嘉靖十四年（1535 年），明政府为了满足北京一系列庞大的建筑工程需要，委派工曹官"往督西山诸处石运"以备建筑石材。石材的用量一定非常大，这势必以毁掉大片地表植被为代价，区域生态系统遭到破坏。

嘉靖十五年（1536）立《敕建永济桥记》碑说："乃今乙未岁，肇立九庙，创史戚，恭建慈庆、慈宁二宫，修饰诸陵，缵续垂休，巍乎成功，昭播宇内，粤惟经始，庶务咸熙，乃以工曹官往督西山诸处石运。"⑤

---

① 《明成祖实录》记载："永乐……五年五月，北京行部言：自昌平县东南白浮村至西湖景东流水河口一百里，宜增置十二闸，请以民丁二十万，官给费用修置。命以运粮军士浚之。"于敏中：《日下旧闻考·卷八十四·国朝苑囿》，北京古籍出版社 1985 年版，第 1411 页。

② 《明宪宗实录》记载："古有通惠河故道，石闸尚存。永乐间曾于此河搬运大木。"于敏中：《日下旧闻考·卷八十九·郊坰东二》，北京古籍出版社 1985 年版，第 1500 页。

③ 《明太宗实录》卷一二七："永乐十年夏四月庚申，浚北京通流等四闸河道共一万七百三十七丈。"蔡蕃先生认为按明营造尺，总计合 34.358 公里。另据《漕运通志》卷八，成化十一年："大通桥至通州东水关止共三十六里五十八步"，"通州东水关至张家湾新开河口止计共十二里二百二十六步"。合计 28.2 公里，与此次所修差 6.1 公里，适等于大通桥至积水潭澄清闸距离。可见这次疏浚是从积水潭开始的。

④ 朱国祯：《涌幢小品》卷四"神木"条，中华书局 1959 年版。

⑤ 沈榜：《宛署杂记》卷二十《志遗一》。

嘉靖四十一年（1562 年）维修卢沟河堤防，第二年四月竣工，"崇基密楗，累石重甃"，表明工程建设中使用了大量的石材和木料。从节省成本方面考虑，从盛产石材的西山就近取材是最佳选择，采石的过程不可避免地会破坏西山森林植被，破坏其生态系统。

嘉靖四十六年（1567 年）立《敕修卢沟河堤记》碑称："（修卢沟河）经始于嘉靖壬戌秋九月，报成于癸亥夏四月，凡为堤延袤一千二百丈，高一丈有奇，广倍之，崇基密楗，累石重甃，鳞鳞比比，翼如屹如，较昔所修筑坚固什百矣。"①

五　永定河上游地区生态环境的破坏是明代永定河通漕努力失败的重要原因

明成化间（1465—1487 年），有人建议疏通天津至宣府、大同的永定河水道，为近畿守卫兵士输送粮饷。主事考察后认为，一有游沙不可疏浚，二因水势高下相悬，又多天险，人力难施，最后否定了这一提议。②

嘉靖三十三年（1554 年）五月，宋仪望（巡抚山西御史）奏请疏浚桑干河，通宣府、大同粮饷，后因兵部反对而作罢。③

嘉靖三十九年（1600 年）九月，大同巡抚李文进上疏永定河道通漕计划，世宗准奏开工，但这次的永定河通漕工程仍未成功。④

需要特别指出的是，自元以后，再无导引永定河水济北京漕运成功案例。笔者认为，造成这种情况的原因，除了自然地质运动所导致永定河道比降增加影响其漕运外（详见第一章第四节），由于永定河上游生态破坏所造成的河水含沙量进一步增大，也是造成永定河元代以后再无通漕成功案例的重要原因。

第三节　明代北京皇家御用水体空间的拓展

一　明代皇权的强化为帝都北京皇家御用水体空间拓展创造了条件

自秦始皇统一中国后，历代国家的政体是君主制和官僚制的结合体，

---

① 沈榜：《宛署杂记》卷二十《志遗一》。
② 朱国祯：《涌幢小品》，中华书局 1959 年版。
③ 《明世宗实录》嘉靖三十三年五月戊午条。
④ 《明世宗实录》嘉靖三十九年九月壬辰条。

其中君主处于主导地位。这种体制表现为地方集权于中央，中央集权于皇帝。但是在皇帝之下又设宰相为百官之首，协助皇帝处理政务。宰相往往可以和皇帝一起议政，皇帝决策后，宰相拥有监督百官的执行权，于是宰相就成为皇帝之下官僚体系中的最高行政职位。皇帝不可能一人独治天下，需要辅政大臣，但又要限制辅政大臣的权力，使皇权不至于旁落。[1]

明洪武十三年（1380 年），朱元璋废除了有着一千多年传统的宰相制，采用了中国历史上最专制的统治，大权、大政集中于皇帝一人之手，皇帝直接控制国家所有行政事务。后又不得不建立秘书（大学士）组成的部门，以处理政府部门源源不断递给皇帝的奏章，并起草皇帝答复的圣旨。这种部门很快就制度化，被称为内阁，它是皇帝与政府之间的中转枢纽，这一制度一直延续到 1911 年清朝灭亡。[2]

明代皇权的强化为帝都北京皇家御用水体空间的拓展创造了条件。

二　明永乐年间开凿紫禁城护城河及内金水河

永乐年间营建宫城紫禁城，开凿了紫禁城护城河（筒子河）。明代开凿的紫禁城护城河（又名筒子河）宽 52 米，深 6 米，河总长约 3800 米。河底用三合土夯实，再满铺长方形石块做河床。河帮用条石砌筑，背馅用大城砖垒砌，然后浇灌灰浆。河岸两侧加筑矮墙。整个护城河的容水量约为 118 万立方米。[3]

紫禁城护城河既是保护皇宫的一道防线，又是紫禁城内排泄雨水的主要受纳空间，宫城修建所用大量河水也都取自护城河水，紫禁城内花园鱼池用水也是取自护城河。[4]

紫禁城建成之初，并未开凿内金水河。紫禁城全部竣工[5]仅四个月后，奉天（清太和）、华盖（清中和）、谨身（清保和）三殿便毁于火灾，一年后，[6]

---

[1]　王天有：《明代国家机构研究》，故宫出版社 2014 年版，第 27—29 页。

[2]　朱剑飞：《中国空间策略：帝都北京》，生活·读书·新知三联书店 2017 年版，第 103 页。

[3]　吴庆洲：《中国古代城市防洪研究》，中国建筑工业出版社 1995 年版，第 160 页。

[4]　郑连章：《紫禁城池》，紫禁城出版社 1986 年版，第 36—37 页。

[5]　紫禁城全部竣工于明永乐十八年（1420 年）十二月，仅四个月后，即永乐十九年（1421 年）四月，奉天（清太和）、华盖（清中和）、谨身（清保和）三殿便毁于火灾。

[6]　永乐二十年（1422 年）闰十二月。

乾清宫也毁于火灾。为防火排水，又修建内金水河，水从西北筒子河角楼东水关入城，沿西侧紫禁城墙向南，经武英殿、太和门、文华殿西，再北折向东过古今通集库，向南出紫禁城宫墙入东南筒子河，全长2185米（图4-5）。

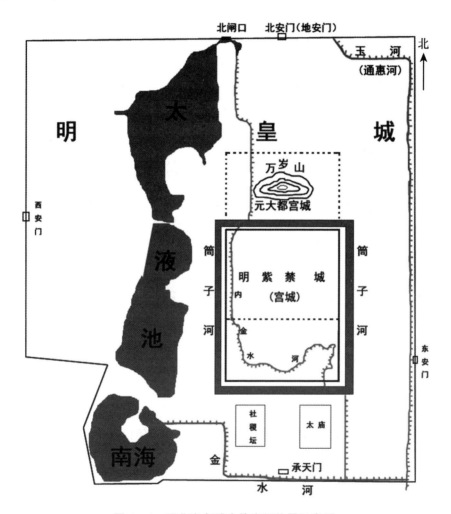

图4-5　明北京皇城水体空间位置示意图

资料来源：本研究整理。

刘若愚在《酌中志》中提到："是河（内金水河）也，非为鱼泳在藻，以资游赏，亦非故为曲折，以耗物料，恐意外回禄之变，此水实可赖。天启四年六科廊灾，六年武英殿西油漆作灾，皆得此水之力……回想祖宗设立，良有深意，惟在后人之遵守如何耳……又如天启年一号殿喊莺宫被焚者二次，如只靠井中汲水，能救几何耶？疏通此河脉，诚急务也。"①

　　这说明内金水河设计成弯曲的形状，主要目的是尽可能多地流经各主要宫殿，以利于及时救火。

　　紫禁城内金水河除了防火的作用外，同时也是城内排水沟渠的汇总。刘若愚《明官史》记载："凡内廷暗沟出水，皆汇此河。"雨水通过紫禁城内纵横交错的大小排水沟渠最终注入内金水河，再通过内金水河注入筒子河②（图4-5、图4-6）。

三　重新将元大都太液池划入皇城

　　明初定都南京，北京降为府级行政区，元大都太液池随之降为一般城市水体，维持其空间稳定的相关保障消失。迁都北京后，元大都太液池重新划入皇城，其水体空间的等级重新升级为最高等级的御用水体空间（图4-5）。

四　开凿下马闸海子（南海），太液池水体空间进一步拓展

　　明永乐十二年（1414年）九月，太宗下令"开挖下马闸海子"，也就是南海，将太液池水体空间进一步拓展。至此，太液池形成中、南、北三海相连格局③（图4-5）。根据田国英先生研究，明代下马闸海子水域面积约为173亩。④

五　通惠河部分河段被圈入皇城改称玉河（御河）

　　明宣德七年（1432年）六月，"以东安门外缘河居人逼近皇墙，喧嚣之声，彻于大内，命行在工部改筑皇墙于（通惠）河东"⑤，于是原来在

---

　　①　《酌中志》17/2b—13a。
　　②　于倬云：《紫禁城宫殿》，生活·读书·新知三联书店2006年版，第288页。
　　③　《明太宗实录》卷一五五。
　　④　田国英：《北京六海园林水系的过去现在与未来》，清华大学城市规划教研组1982年版，第52页。
　　⑤　《明宪宗实录》卷二百十九，成化十七年九月丙戌。

旧通惠河岸西侧的元朝以来的旧皇城东墙，向东移了近 200 米，将原来绕经元大都皇城外东北及正东的通惠河圈入皇城，改称玉河。漕船至此不能入城，明代从通州到北京的运粮船只能停泊在东便门外大通桥下。

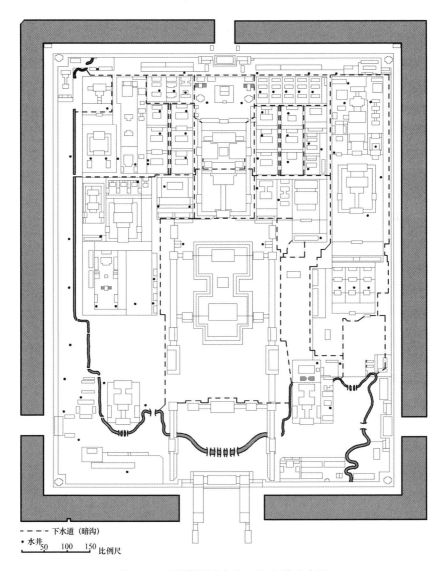

图 4-6　明紫禁城水井、下水道分布图

资料来源：于倬云：《紫禁城宫殿》，生活·读书·新知三联书店 2006 年版，第 324 页。

明皇城扩建，将原来绕经元大都皇城外东北及正东的通惠河圈入皇城，改称玉河（御河），从此漕船再无入城可能（图4-5）。

六 玉河（御河）成为明北京城区北部与中部的排水主干渠

明北京城玉河（御河）虽已无法通漕，但仍是北京城北积水潭、皇城太液池、金水河以及宫城筒子河的排水尾闾，是北京皇城中最重要的排水干渠①（图4-16）。

七 元通惠河部分河段湮废与明泡子河

至明代，元代通惠河文明门外部分河段漕运功能消失，一部分被填埋，另一部分萎缩成为"泡子河"，成为内城东南的一条排水干渠，泡子河从崇文门东水关出城入前三门护城河（图4-16）。

八 开凿明金水河

下马闸海子（南海）完工后，又开凿了连接南海、筒子河南泄水渠、玉河的连接水道——金水河。

明金水河具体开凿时间史料并无明确记载，《万历重编内阁书目》、《明太宗实录》相关史料②表明，在明永乐十五年（1417年）以前，明金水河就已开通，并以下马闸海子（南海）为水源。③

金水河将皇城内的主要水体连成一体，流经承天门（天安门）外，凸显"金城环抱"之势，符合风水的布局原则（图4-5）。

九 元金水河的湮废与宣武街西河（大明濠）的出现

明初，元金水河道湮塞，随着北京城市建设的推进大部分被填埋，部分下游河道一直南流入南濠，明代称之为"宣武街西河"、西沟，清代称

---

① 蔡蕃：《北京古运河与城市供水研究》，北京出版社1987年版，第190页。

② 《日下旧闻考》卷三十三引《万历重编内阁书目》："永乐十五年，鼎建北京宫殿，有瑞霭浮空，金水桥河冰，凝结浮图诸像。"《明太宗实录》台湾校勘本卷一百九十四；江苏国学图书馆本卷一百九永乐十五年十一月："壬子金水河及太液池冰凝……"

③ 侯仁之：《北京都市发展过程中的水源问题》，《北京城的生命印记》，生活·读书·新知三联书店2009年版，第75页。

大明濠。元金水河至明代逐渐由皇家御用供水渠道变成"西城一带各暗沟之总汇"①，成为北京城市重要的排水干渠，明代将河道改为宽 3 米的沟渠，② 其水体空间容量较之元代萎缩严重（图 4 - 9）。

十　挖掘护城河与下马闸海子（南海）的泥土堆筑了万岁山（景山）

紫禁城南移之后，为了压胜前朝的"风水"，在元大都宫城延春阁的故址上用挖掘紫禁城筒子河与下马闸海子（南海）的泥土，人工堆筑起一座土山，命名为万岁山，俗称"煤山"（清初改称景山）③（图 4 - 5）。

十一　南苑水体空间的大规模拓展

（一）北京平原新构造块断运动与永定河南迁

永定河在自然发育过程中，由于受到地质断层活动的影响，经常发生河流改道的情况。居庸关—通县（现通州区）断裂的差异升降运动，使该断裂东南段的西南盘上升，地面向西南方向掀斜，加之水系平面变化大多循着一定方向进行，力求向凹陷区的下沉中心迁移，从而迫使永定河发生自东北向西南的大迁移④（图 4 - 7），北京平原的水系变迁是新构造块断运动的反映。

永定河在各时期的变化很大，至明代，移到今新城雄县一线夺取了白沟河道，摆动后残留的余脉就构成了一条条地下水溢出带，加之河流南移后在地表形成的诸多洼地，南苑地区便逐渐演变成为自然湿地。南苑所包含的河流湖泊就是残存的洼地及平地涌泉衍化而来⑤（图 4 - 7）。

（二）明南苑水体空间的拓展

朱棣定都北京后，于永乐十二年（1414 年）对元下马飞放泊（南苑）

---

① "大明濠系明沟，位内城之西部。北起横桥，中经马市桥、太平桥、马枫桥等处，南至象坊桥，出水关以达护城河。全渠曲折，长约一万六千七百余尺，为西城一带各暗沟之总汇。"京都市政公所：《京都市政汇览》，京华印书局民国八年版，第 616 页。

② 蔡蕃：《北京古运河与城市供水研究》，北京出版社 1987 年版，第 191 页。

③ 侯仁之：《北京城的起源与变迁》，中国书店 2001 年版，第 110 页。

④ 张青松等：《水系变迁与新构造运动——以北京平原地区为例》，《地理集刊（第 10 号）》，科学出版社 1976 年版，第 77 页。

⑤ 孙承烈等：《潇水及其变迁》，《环境变迁研究（第一辑）》，海洋出版社 1984 年版，第 53 页。

再行兴建，成为一座巨大的皇家园林。其面积扩大了数十倍，是北京城面积的三倍①（图4-7）。

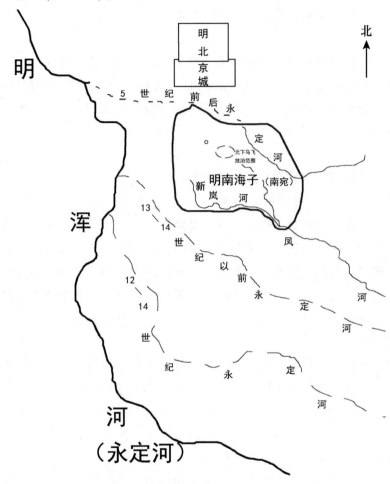

图4-7　明代永定河南迁与南海子拓展图

资料来源：本研究根据张青松《北京地区水系变迁图》及侯仁之《北京历史地图集》明代北京地图改绘。

---

① 《明一统志》记载："南海子在京城南二十里，旧为下马飞放泊，内有晾鹰台。永乐十二年曾广其地，周围凡一万八千六百六十丈。中有海子三，以禁城北有海子，故别名南海子。"明《可斋杂记》记载："海子距城二十里，方一百六十里，辟四门，缭以周垣。中有水泉三处，獐鹿雉兔不可数计，籍海户千余守视。"（明）彭时：《可斋杂记》，《四库全书存目丛书·子部第239册》，齐鲁书社1995年版，第342页。刘文鹏：《北京南海子历史文化研究辑刊》，北京燕山出版社2020年版，第4页。

《明一统志》："（南海子）四时不竭，汪洋若海。"

明杨荣《大一统赋》："至若上林（南海子）衍沃，灵圃逶迤。潴以碧海，湛以深池。"

明李时勉《北都赋》："泽潴川汇，若大湖瀛海，渺弥而相属。"

"中有水泉三处"，表明南苑内有三处较大的水泊。"汪洋若海""潴以碧海，湛以深池""泽潴川汇，若大湖瀛海"表明南苑水体空间的广阔。可见明代南苑水体空间较之元代有较大拓展（图 4 - 7）。

十二　天坛、山川坛（先农坛）的修筑与郊坛后河的开凿

明永乐十八年（1420 年）在北京内城南修建皇家最高等级的礼制建筑天坛、山川坛（先农坛）。[①] 为排泄山川坛（先农坛）以西，原向东南的水流，开凿排水渠道郊坛后河。起自前门饭店大坑附近，东绕天坛北墙，再向东南，与三里河合流，经左安门一带洼地出城。郊坛后河开凿后成为北京外城最重要的排水干渠[②]（图 4 - 16）。

第四节　明代北京城护城河水体空间的拓展

一　明北京护城河水体空间拓展与部分元大都护城河的湮废

明洪武元年（1368 年），明军攻占大都后，将大都北城墙南缩 5 里，至坝河以南位置，坝河水体空间的性质由运输漕粮的漕河变为具有军事防卫功能的护城河。至此，元大都护城河北侧逐渐湮废（图 4 - 8）。

明永乐十七年（1419 年）北京城市南扩，开凿北京城南濠，即前三门护城河，同时将元大都南护城河填埋。

明嘉靖三十二年（1553 年），为抵御蒙古骑兵的侵扰，筑外城垣，[③]同时挖外城护城河（图 4 - 8）。

---

① "永乐十八年十二月，初营建北京，凡庙社祀坛场、宫殿、门阙规制悉如南京，而高敞壮丽过之，……，自永乐十五年六月兴工至是成。"（《明实录》）

② 蔡蕃：《北京古运河与城市供水研究》，北京出版社 1987 年版，第 194 页。

③ 原计划在内城外围一周修筑外城垣，后因财力不济，仅修筑了南面的外城垣。（《明实录》）

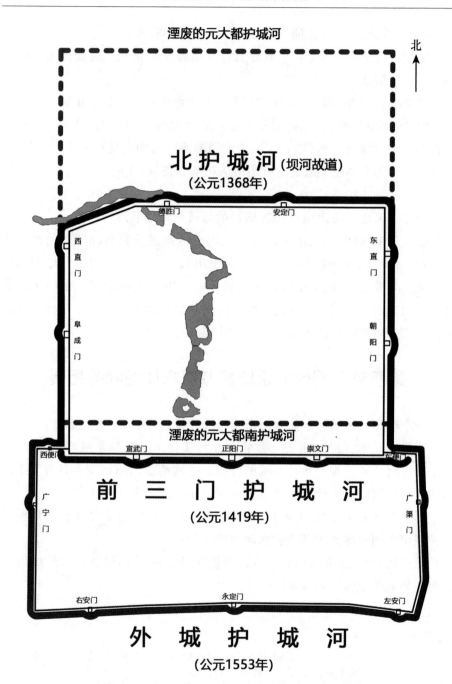

图4-8　明北京护城河及元大都湮废护城河位置图

资料来源：本研究整理。

二　明开凿南濠（前三门护城河）与通惠河部分水体空间的湮废

明永乐十七年（1419 年）北京城市南扩，开凿北京城南濠，通惠河元大都城内段南延至明北京南濠（前三门护城河）。加之由于通惠河城内大部分已被划入皇城，漕船只能停泊在城外大通桥，再无入城可能，元大都时期丽正门东至明北京城东一段通惠河道湮废（图 4 - 9）。

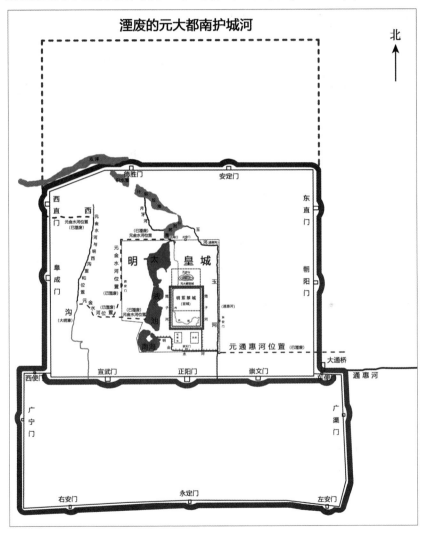

图 4 - 9　元、明北京金水河、通惠河位置对比图

资料来源：本研究整理。

三 南濠（前三门护城河）成为北京内外城沟渠泄水的总汇

《京都市政汇览》中记载："京师前三门护城河，自西便门起至东便门止，绵长十余里，为内外城沟渠泄水之汇总。"① （图 4 – 16）

四 明北京城护城河的疏浚维护

明成化七年（1471 年）疏浚了城濠，嘉靖四十二年（1563 年）又大浚内城护城河一万二千余丈。

明天启元年（1621 年）将京城内外护城河大规模统一治理，分段施工，派去专员负责把关。这次施工奠定了北京城河规模，至今变化不大。这次内城共疏浚 7495.6 丈，外城疏浚 5150 丈。②

第五节　明北京漕运水体空间的演变

一 建都北京与京城漕运问题的凸显

（一）朱棣建都北京与北京城市人口激增

明初，历经多年战乱后，北京城市人口锐减。朱棣建都北京后，北京政治中心的城市职能使国家政治机构、官吏、军队、工匠户口大量集中，城市人口激增。

明朝政府在皇城四门（东安门、西安门、承天门、北安门）之外，钟鼓楼、东四牌楼、西四牌楼以及大城各城门附近，修建了几千间民房和店房，规定一部分"召民居住"，一部分"召商居货"，叫做"廊房"。永乐年间拓展南城墙时，又将南郊一部分居民圈入城中。永乐二年（1404 年），朱棣从山西的九个府迁移了一万户人家到北京，明永乐四年（1406 年），又从南方迁来 12 万户家庭。③

根据相关研究，明洪武二年（1369 年）北京城市人口约为 9.5 万人；至洪武八年（1375 年）增加到 14.3 万人；永乐年间定都北京后，北京城

---

① 京都市政公所：《京都市政汇览》，京华印书局民国八年版，第 614 页。
② 《明实录》。
③ 侯仁之：《北京城的起源与变迁》，中国书店 2001 年版，第 101 页。

市居民约为 70 万人；正统十三年（1448 年）则增至 96 万人。①

正统年间（1436—1449 年），北京城市人口以驻军及其家属占主要成分。土木之变至弘治中（1449—1500 年），北京商业都会已经形成。至嘉靖万历时期（1522—1620 年），外城人口激增，"殆倍城中"②。

（二）北京城市人口的激增与漕运问题的显现

随着朱棣正式建都北京，北京再一次成为帝国的政治中心，人口的激增使得漕运问题再次发生。

从北京城市人口规模看，元、明北京城市人口规模相当。元代北京城的漕运量最高达到 360 万石（详见第三章第六节），明代漕运量据鲍彦邦先生研究，永乐时期为二三百万石，至宣德时期达到最高点 674 万石，正统、景泰、天顺三朝保持在 400 万—450 万石之间，成化八年开始规定每年运漕粮为 400 万石③。

由此可知明代北京的漕运量不低于元代，加之高昂的陆运成本，迫切需要通州至京城通漕。

（三）通惠河的湮废致使通州至京师的漕运问题凸显

元代通过海运及内河运抵通州的漕粮主要通过通惠河与坝河运输至城内（详见第三章第六节），其中通惠河又占主导。至明代，由于明皇陵的修筑致白浮瓮山河彻底湮废，使北京通惠河、坝河两大漕河水源枯竭，日久湮塞，不能行舟，水体空间严重萎缩。

嘉靖七年（1528 年）最终修复通惠河之前，漕运总兵都督杨茂奏言"每岁漕运自张家湾舍舟陆运……"④ 从通州运河码头至京城四十余里，仅通过车马陆运，成本极高，"每遇霖雨泥淖，车轮陷没，牛驴踣毙，脚价踊贵"⑤。

二　明代漕粮改折限制了北京漕运水体空间的拓展

漕粮改折简称漕折，是将漕粮折征他物的办法，主要是折银完纳。明

① 韩光辉：《北京历史人口地理》，北京大学出版社 1996 年版，第 105—110 页。
② （明）孙承泽：《春明梦余录·卷三·城池》，江苏广陵古籍刻印社 1990 年版，第 18 页。
③ 鲍彦邦：《明代漕运研究》，暨南大学出版社 1995 年版，第 14 页。
④ 于敏中：《日下旧闻考·卷八十九·郊垧东二》，北京古籍出版社 1985 年版，第 1500 页。
⑤ 《皇明经世文编》卷之七十一。

初，曾规定漕粮"全征本色（即粮食、布匹等实物）"，一般情况下不允许改折。随着商品经济的发展和漕运制度日趋废弛，明廷开始施行漕粮改折政策。[①]

明英宗正统元年（1436 年）开始实行部分漕粮改折，岁纳银百万两，自此入京漕粮日减。明成化八年（1472 年），兑改折银 17.77 万石；[②] 成化二十三年（1487 年），兑改折银 60 万石；[③] 明弘治八年（1495 年），兑改折银 80 万石；[④] 弘治九年（1496 年），兑改折银 105 余万石；[⑤] 明正德十四年（1519 年），兑改折银 143 余万石；[⑥] 嘉靖十一年（1532 年）漕运米 400 万石定额中，改折竟达 210 万石，[⑦] 占了漕运总量的一半以上，实际运抵北京的粮食只有 190 万石。至万历三十年（1602 年），漕粮抵京只有 138 万余石。仓场侍郎赵世卿曾感叹："仓无积储，太仓入不敷出，计二年后六军、百姓将待新漕举炊"，"倘输纳愆期，不复有京师矣"[⑧]。

虽然明代京城的漕运总量要高于元代（详见第三章第六节），但扣除漕粮改折部分，实际入京的漕粮并未增加多少，加之通州至京城的陆路运输始终也没有停止过，相形之下，明代北京地区漕河的地位远低于元代。坝河至明代已废弃不用，通漕的通惠河对于朝廷的意义较之元代减弱许多，由于朝廷对通惠河的重视程度降低，势必影响其水体空间的疏浚维护，明代通惠河水体空间的容量较之元代萎缩较大。[⑨]

由此可见，明代漕粮改折的政策限制了北京漕运水体空间的拓展。

三　永乐七年明皇陵的修筑导致通惠河再次湮废

准备迁都之时，明永乐七年（1409 年）五月朱棣便开始于白浮村二十余里处北修筑长陵。由于白浮泉正位于长陵以南，白浮瓮山河引水西行

---

① 鲍彦邦：《明代漕运研究》，暨南大学出版社 1995 年版，第 19 页。
② 《明史·卷七九·食货志·漕运》。
③ 《漕乘·卷一》。
④ 《漕乘·卷一》。
⑤ 《漕乘·卷一》。
⑥ 《漕乘·卷一》。
⑦ 《漕乘·卷一》。
⑧ 《漕乘·卷一》。
⑨ 于德源：《北京漕运和漕仓》，同心出版社 2004 年版，第 213—214 页。

逆流，正经过明皇陵以南平原，于帝陵风水不宜，故不再导引。① 通惠河上源白浮、百脉泉断流，白浮瓮山河彻底湮废，通惠河上源仅剩玉泉水唯一水源（图4-10），通惠河再次湮废。

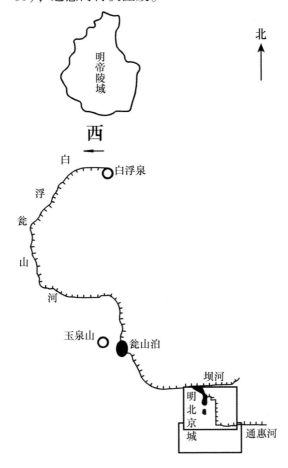

图4-10　白浮瓮山河与明帝陵位置关系图

资料来源：本研究整理。

---

① 明《宪宗实录》记载："成化七年冬十月，户部尚书杨鼎、工部侍郎乔毅上浚通惠河旧道事宜……上以命（杨）鼎（乔）毅，遂同参将袁佑等亲诣昌平县元人引水去处及宛平大兴通州地方三里河道，将行船故迹逐一踏勘……回奏云：……除元人旧引昌平东南山白浮泉水往西逆流，经祖宗山陵，恐于地理不宜，及一亩泉水经过白羊山沟，雨水冲截，俱难导引……今会勘得玉泉、龙泉及月儿（即虎眼泉）、柳沙等泉诸水，其源皆出于西北一带山麓，堪以导引汇于西湖。"于敏中：《日下旧闻考·卷八十九·郊坰东二》，北京古籍出版社1985年版，第1500—1502页。

四 明皇陵的修筑促使温榆河通漕

(一) 明皇陵的修筑为温榆河的通漕提供了水源保障

元初为供应驻守居庸关军士所需粮饷，开凿联系通州经温榆河连接昌平守军的双塔漕渠，通惠河通漕后，因开白浮瓮山河导白浮泉及玉泉山西北诸泉入通惠河济漕，致双塔漕渠水源受到严重影响，原来的主要水源都流入通惠河，双塔漕渠仅剩三小河水（白佛、灵沟、一子母）入榆河，水量微小，无法行舟，致使双塔漕渠湮废（详见第三章第六节）。

明皇陵的修筑导致白浮瓮山河的湮废，通惠河亦随之湮废。通惠河的湮废使温榆河可以分配更多的水源，客观上为温榆河的通漕提供了水源保障。

(二) 明皇陵的修筑促使了温榆河通漕

永乐七年（1409 年）五月，朱棣开始在昌平修建长陵，需要外运大量建材和粮食，陵墓陆续建成后，派军队驻守，需要供应守陵军夫粮饷，同时居庸关守卫军士也需要粮饷供给。[①] 基于上述两点，明代通州经温榆河至昌平的漕运水道重新疏浚通漕。

明隆庆六年（1572 年）以前漕河只能抵巩华城，隆庆七年（1573 年）开浚温榆河后，漕河抵巩华城后，向北沿东沙河过昌平州东，穿过整个明皇陵区域，而元代漕河沿温榆河抵巩华城后，则是继续向西沿双塔漕渠（北沙河）北上至居庸关（图 4 - 11）。

隆庆六年（1572 年）十月，"户部奏请开浚榆河，自巩华城（今沙河镇）达于通州渡口，运粮四万石，给长陵等八卫官军月粮。从之"[②]。

这是一次较大规模的治理，周梦旸所著《水部备考》一书记载较详："十月蓟辽总督刘应节，巡抚杨兆，议于巩华城外安济桥至通州渡口疏通一河，长可一百四十里。内水深成槽，见可行舟者一百余里，散漫淤浅，稍串开通者三十余里，以运诸陵官军饷。发军卒三千人治之，不数月河成。"[③]

---

① 《（万历）顺天府志》卷二："居庸仓在（昌平）州城东门内。"
② 《明神宗实录》隆庆六年十月己卯条。"八卫官军"当指已建成八个陵的守军。
③ 《水部备考》原书已佚，现转引自《（光绪）昌平州志》卷六。

　　这次施工自隆庆六年（1572 年）十月动工，第二年（1573 年）工毕。疏通了"陵泉诸水"，包括巩华城至昌平陵域的河道。竣工后，可"岁漕江北粳米二十万石以赡昌平"①，从此军士可免去陆路车运之艰辛。由通州运来的漕粮，先交巩华城奠靖仓，后再转交驻军或居庸军仓。

　　明代，商船也可沿温榆河抵巩华城外（安济桥），因水量关系，当时商船只是季节性通航②（图 4–11）。

图 4–11　明代通州至昌平漕河位置图

资料来源：本研究整理。

---

　　① 《明神宗实录》万历三十八年十一月丙午条，巡抚直隶御史毕懋康之议。此粮数应包括月粮以外其他耗用。
　　② 蒋一葵在《长安客话》中记载"沙河东注与潞河合。每雨集水泛，商船往往从潞河直抵安济桥下贸易，土人（百姓）便之"。由此可知，因水量关系，当时商船只是季节性通航。

五 明成化年间通惠河通漕

(一) 明成化年间杨茂等人通惠河通漕建议

成化六年（1470年），漕运总兵都督杨茂提出重浚通惠河的建议。杨茂因"每岁漕运自张家湾舍舟陆运"耗费巨大，又因"通州至京城四十余里，古有通惠河故道"，提出"以此渡之，船亦可行"，建议重浚通惠河通漕。[①]

成化七年（1471年），宪宗命户部尚书杨鼎、工部侍郎乔毅同参将袁佑等人实地勘查通惠河旧河道，确定通惠河通漕事宜。勘查后，他们认为一方面"元时水（通惠河）在宫墙外，船得进入城内海子湾泊，今水从皇城中金水河流出，难循故道行船，须用便宜改图"。通惠河经北京城市一段也已被圈入皇城之中，粮船不能进城，需调整通惠河路线。另一方面认为"元人旧引昌平东南山白浮泉水往西逆流，经祖宗山陵，恐于地理不宜，及一亩泉水经过白羊山沟，雨水冲截，俱难导引"，建议专用"玉泉、龙泉及月儿、柳沙"等玉泉山诸泉之水，为大通河（通惠河）上源，并利用北京城濠通漕，事报可行，于是动工。然而正当拨官军9万余名准备动工时，却值发生灾异，迷信的宪宗于是命停各项工程，改为疏浚护城河。[②]

(二) 成化年间疏浚通惠河勉强通漕

《明宪宗实录》记载，明通惠河通漕工程实际动工于成化十一年（1475年）八月辛巳，宪宗"命浚旧通惠河，敕平江伯陈锐、右副都御史李裕、户部左侍郎翁世资、工部左侍郎王诏督率漕卒疏浚"[③]，自下游开始疏浚通惠河旧河道，"修闸造船"。

成化十二年（1476年）六月丁亥"浚通惠河成"，"自都城东，大通桥至张家湾浑河口六十里……计浚泉三、增闸四，凡十月而毕，漕舟稍

---

① 《明宪宗实录》记载："（成化六年）漕运总兵官都督杨茂奏：每岁漕运自张家湾舍舟陆运，看得通州至京城四十余里，古有通惠河故道，石闸尚存，永乐间曾于此河搬运大木，以此渡之，船亦可行。"于敏中：《日下旧闻考·卷八十九·郊坰东二》，北京古籍出版社1985年版，第1500页。

② 于德源：《北京漕运和漕仓》，同心出版社2004年版，第206页。

③ 《（明）宪宗实录》。

通……不逾二载，而浅涩如旧，舟不复通"①。

这次通惠河通漕工程，始于北京城外大通桥，至通州张家湾浑河口，全长六十里，历时十个月完工，共疏浚泉水三处，增加了四处水闸。工程完成后，通惠河仅能勉强通漕。不到两年，通惠河便又淤塞如初，漕船不能通行。

关于此次通漕很快失败的原因，《明宪宗实录》指出："是河（通惠河）之源，在元时引昌平县之三泉，俱不深广。今三泉俱有故难引，独引西湖一泉，又仅分其半（按，另半入太液池），河制窄狭，漕舟首尾相衔，至者仅数十艘而已。无停泊之处，河又沙，水易淤，雨则涨溢，旱则浅涸，不逾二载，而浅涩如旧，舟不复通。"

总结《明宪宗实录》相关内容将成化年间通惠河通漕失败的原因归纳为三点：

1. 水源减少导致通惠河水量锐减

元代通惠河上源包括白浮泉、一亩泉、榆河及玉泉等诸水（详见第三章第六节），至明永乐七年始修筑长陵后，由于白浮泉逆流经过明皇陵以南平原，"于地理不宜"，故不再导引，白浮瓮山河湮废，通惠河上源仅剩玉泉水唯一水源。即使玉泉水这一唯一水源，入城后其中一半流入皇城太液池。② 明通惠河水源的大幅度减少应是通惠河通漕失败的最主要原因。

2. "河制窄狭，无停泊之处"

元代，漕船通过通惠河可直抵城内积水潭，积水潭"聚西北诸泉之水，流行入都城而汇于此，汪洋如海"③，具备广阔的漕船停泊空间。

明宣德年间，皇城东移，将通惠河圈入皇城，漕船至此不能入城，只能停泊在东便门外大通桥下（图4－9），水面狭窄，致船无停泊之处，极大地限制了漕粮的运输。

3. 通惠河坡降过大致"河又沙，水易淤，雨则涨溢，旱则浅涸"

通惠河坡降过大，给节水带来很大困难。据《明史》记载："大通桥至通州（四十里）石坝地势高四丈，流沙易淤。"根据1962年测量通惠河大通桥至通州段平均坡降为1/1100，在这样陡的河道上通航闸坝工程是关

---

① 《（明）宪宗实录》。
② 文中记载："是河（通惠河）之源，在元时引昌平县之三泉，俱不深广。今三泉俱有故难引，独引西湖一泉，又仅分其半（按，另半入太液池）。"
③ 宋濂：《元史·卷六十四·志第十六·河渠一》，中华书局1976年版，第1592页。

键问题。在坡度很陡的河道上建闸，闸前壅水段河水所携泥沙必然淤积（尤其是雨季），因无排沙设施，自然加快河底沉积。要清淤当时只有靠人工疏浚，而疏浚工作稍有疏忽，航道就易阻塞。[1]

六　明正德年间通惠河的通漕努力

明正德元年（1506 年），巡按直隶监察御史杨仪奏议，漕粮自张家湾陆运入京，车费甚巨，请开通惠河以通漕，同年十二月己巳，明武宗命户部郎中郝海、工部员外郎华昭会同漕运参将梁玺修浚通惠河（大通桥至张家湾段），[2]工程于正德二年（1507 年）九月丙午完毕。

这次治理吸取了成化年间失败的教训，新开了月河，在堤岸上筑了"减水坝"多处。但是因"地形水势高下悬绝，蓄水甚难"，疏浚以后的通惠河依然不能通行漕船。[3]

明正德七八年间（1512—1513 年），又曾疏浚通惠河试图通漕，也没有成功。[4]

七　明嘉靖年间通惠河通漕成功

明嘉靖六年（1527 年）十月，巡仓御史吴仲奏请世宗，重新修浚通惠河。世宗采纳了吴仲的建议，命户部侍郎王轼、工部侍郎何诏同吴仲一起落实此事。经王轼等会勘后，制定了"水陆并进"的方案：在通州城北"旧废土坝处"新筑石坝一座。运船由北运河直抵通州石坝，然后搬运至通惠河，直达普济闸，省去张家湾至通州城"四闸两（水）关，转搬之难"。[5]

---

① 蔡蕃：《北京古运河与城市供水研究》，北京出版社 1987 年版，第 171 页。

② "（正德元年十二月己巳）命户部郎中郝海、工部员外郎毕昭会同漕运参将梁玺修理会通河（通惠河）。仍戒其毋得怠缓，河起大通桥，讫于张家湾，有闸数座。然地形高下悬绝，蓄水甚难，卒不能通行舟楫。时中官用事者，已豫造剥船布囊乘时射利后，运舟至湾，则以囊强与之，而索其钱尝卒苦之。"《明武宗实录》卷二十 0584.

③ "（正德二年九月丙午）户部郎中郝海、工部员外郎毕昭等，奏修复大通桥至通州河道及闸十二，坝四十一，凡用银四万五百七十两有奇。议者谓漕粟自张家湾入京倩车甚费，故欲开河通船，以免陆运之艰。然地形水势高下悬绝，河虽开而无所济也"《明武宗实录》卷三十 2805 - 2806.

④ 于敏中：《日下旧闻考·卷八十九·郊坰东二》，北京古籍出版社 1985 年版，第 1505 页。

⑤ 于敏中：《日下旧闻考·卷八十九·郊坰东二》，北京古籍出版社 1985 年版，第 1504 页。《明世宗实录》卷三十 1803 - 1806.

明嘉靖七年（1528 年）二月兴工，五月工毕，这次通惠河修浚工程获得成功，为利在五六十年以上[1]（图 4 - 12）。

蔡蕃先生研究[2]认为，此次修浚工程成功的主要原因有两个：

1. 施行"搬运制"，有效克服水源不足问题，同时又设了减水闸坝和月河，妥善处理了蓄排关系。

此次工程"自石坝至大通桥，计搬运五处，每处用剥船 60 只，每只载米 150 余石，则日运约一万石"。

"至大通桥码头登岸，再用人力小车或驴骡运至京城东仓（朝阳门以南）。如恐大通桥处窄狭，亦可于庆丰闸起岸。"

2. 另一方面实行"水陆并进"方针，兼顾车户势力影响，防止了过去"每至垂成，辄复中止"的情况发生。"晴日路干，可水陆并进。听车辆载运，令径赴京城西仓（朝阳门北至东直门）。"

漕粮一部分由石坝起岸转至通惠河，另一部分由土坝起岸，车运至京通各漕仓，保持着"水陆并运"的局面。

嘉靖三十七年（1558 年）水部郎中汪一中所书《通惠河志》序[3]记载："（吴仲）寻元人故迹，以凿以疏，导神山、马眼二泉，决榆、沙二河之脉，会一亩诸泉而为七里泊（元瓮山泊，今昆明湖），东贯都城，由大通桥下直至通州高丽庄与白河通，凡一百六十四里，为闸十有四。"[4]

由此可知，吴仲修浚通惠河，应是重开了永乐年间因修皇陵而湮废的白浮瓮山河。自神山（现凤凰山）重新将白浮泉水西引，后南流，循山麓合一亩、榆河、玉泉等诸水，后东南汇入七里泊（元瓮山泊，今昆明湖），再导入通惠河下游，至此，通惠河水势大盛。此时除漕船不能入城而改泊大通桥下外，其他基本恢复了元通惠河旧貌（详见第三章第六节）。因此，笔者认为通惠河上游水源的增加应是此次通惠河通漕成功的最主要原因。

---

① 万历十四年（1586 年）申时行说，嘉靖始复开之（通惠河）"至今为利"。《明神宗实录》万历十四年三月庚子条。自《行水金鉴》卷一二四引。

② 蔡蕃：《北京古运河与城市供水研究》，北京出版社 1987 年版，第 114 页。

③ 《通惠河志》为吴仲所撰。

④ 吴仲：《通惠河志·序》，中国书店 1992 年版。

八　明隆庆年间浚治通惠河与通惠河北支的通漕

明隆庆二年（1568 年）对通惠河进行过一次较大规模的治理，保持了漕运顺利进行。隆庆四年（1570 年）御史杨家相修复朝阳门外旧河，使运船直至东仓，这便是通惠河的北支①（图 4 - 12）。

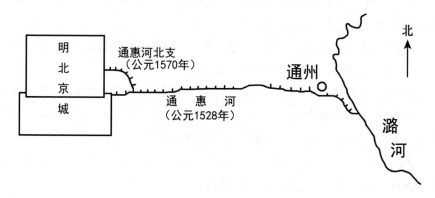

图 4 - 12　明代通惠河通漕状况图

资料来源：本研究整理。

九　明天启、崇祯年间通惠河水体空间的萎缩

明末朝政腐败，国库空虚，无法维持通惠河的定期疏浚，通惠河水体空间逐渐萎缩，北支断航，通惠河主河道汛期也经常泛溢。

明万历三十五年（1607 年）闰六月"霪雨一月，平地水涌，通惠河堤闸莫辨"②，万历四十年（1612 年）六月通惠河冲决泛溢，③ 天启元年（1621 年），巡按直隶御史张新诏建言修浚通惠河北支，使其恢复漕运功能，结果不了了之，说明天启年间通惠河北支已湮废，不能通漕。

崇祯十二年（1639 年），太监曹化淳提出在京城外开河通漕，耗时两年，疏浚广渠门至大通桥 3862 丈河段，东直门外关帝庙一带河道 270 丈，斗虎营至关帝庙大石桥河段 3151 丈。兵部侍郎吴甡因"劳费无益，且伤

---

① 蔡蕃先生认为，河道约在今鸭子嘴村向北至朝阳门外东大桥水道。以后时断时续利用，直至清末仍存。蔡蕃：《北京古运河与城市供水研究》，北京出版社 1987 年版，第 116 页。

② 《通州高志》。

③ 《明神宗实录》，自《行水金鉴》卷一二九第 1874 页引。

地脉"为由，上疏阻止，使整个工程只进行了一部分（还有 13500 丈河道未疏浚），通漕未成功。①

十　明代通惠河长期淤塞不能通漕的原因分析

元代开通惠河，成为北京城市最重要的漕运河道。但是由于水源等原因经常淤塞，需每年"岁修"才能维持其通航（元明之际由于疏于治理，通惠河上源湮废，致下游河道断航）。明初屡次疏浚通惠河，屡次失败，最后经嘉靖时期的治理才得以维持其通漕，下面就此问题尝试分析。

（一）明皇陵的修筑

明永乐七年朱棣修筑长陵，出于皇陵风水考虑，将通惠河上源白浮、百脉泉断流，白浮瓮山河湮废，通惠河上源仅剩玉泉水唯一水源，导致下游通惠河水源严重不足，这应是明代通惠河长年淤塞不能通漕的最主要原因。

（二）明代漕粮改折政策的实施

随着商品经济的发展和漕运制度日趋废弛，明廷开始施行漕粮改折政策，通惠河对于朝廷的意义较之元代减弱许多，相应的，朝廷对于通惠河的"岁修"等相关的维护投入较之元代也减少许多，这势必会在很大程度上影响通惠河的疏浚，笔者认为这也是明代通惠河长年淤塞不能通漕的重要原因。

（三）陆路运输的发展

明代在通惠河恢复漕运之前，漕船分别抵张家湾和通州，然后陆运来京，明朝政府对张家湾和通州到京城的道路的修筑非常重视。正统十年（1445 年）在修了张家湾到北京的道路之后，又命"筑治通州抵京师一带道路"②，明英宗天顺元年（1457 年），又"修理朝阳门至通州一带桥、道"③，成化十一年（1475 年）明朝政府命工部员外张敏"督工修砌京城至张家湾粮运道路"④。

嘉靖年间通惠河通漕成功后，通州至京城的漕运依然维持着"水路并

---

①　孙承泽：《春明梦余录》，自《行水金鉴》卷一三一第 1903 页引。

②　《明英宗实录》卷一百三十二，正统十年八月戊申。

③　《明英宗实录》卷二百八十，天顺元年七月癸亥。

④　《明宪宗实录》卷一百三十九，成化十一年三月辛未。

进"的局面，陆路运输依然占据相当比例。明代通州至京城陆路运输的发展在一定程度上削弱了通惠河的重要程度。

（四）白浮瓮山河自身的设计缺陷

通惠河上源白浮瓮山河长达60多里，上源引渠过长，容易为泥沙淤塞。同时，白浮瓮山河与山水相交十几次，受当时技术所限，只能采取平交方式。而平交水道无闸门节制，一遇山洪，水口处交叉工程难免被冲决，上源引水与防洪的矛盾无法很好解决。蔡蕃先生认为，明初废弃了白浮上源的导引工程与此原因也有很大关系，这无疑增加了下游水道水源不足的矛盾。白浮瓮山河自身的设计缺陷是通惠河长年淤塞的重要原因。

（五）上游支引和私决堤堰灌田

上游支引和私决堤堰灌田，也影响了下游通惠河水源。元代就因"各枝及诸寺观权势"，"私决堤堰，浇灌稻田、水碾、园圃"，致"河浅妨漕事"[1]。

《明太宗实录》记载，永乐二十二年（1424年）罢"西湖（昆明湖）至海子（积水潭）巡视官"。"巡视官"的职责正是巡视河堤，防止百姓私掘灌田。

同时，明代西郊园林开始兴建，用水增加，矛盾日渐加深。

明万历时期，皇帝的外祖父，武清侯李伟，在海淀镇以北的低地上，半跨北海淀湖，修建"清华园"（李园），方圆十里，其中"水居其半"，"渠可运舟，跨以双桥"，足见其水域的广阔。[2]

同时期，书画家米万钟在清华园的下游开辟"勺园"（米园）。《春明梦余录》记载："园仅百亩，一望尽水"，也占有相当的水域。[3]

《治晋斋集》记载："丹棱沜边万泉出，贵家往往分清流。李园米园最

---

[1] 《元史·河渠志》记载："文宗天历三年三月，中书省臣言：'世祖时开挑通惠河，安置闸座，全借上源白浮、一亩等泉之水以通漕运。今各枝及诸寺观权势，私决堤堰，浇灌稻田、水碾、园圃，致河浅妨漕事……'"宋濂：《元史·卷六十四·志第十六·河渠一·通惠河》，中华书局1976年版，第1588—1590页。

[2] 《燕都游览志》记载："武清侯别业额曰清华园，广十里，园中牡丹多异种，以绿蝴蝶为最，开时足称花海。西北水中起高楼五楹，楼上复起一台，俯瞰玉泉诸山。"《泽农吟稿》中也记载："惟武清侯海淀别业，引西山之泉汇为巨溃，缭垣约十里，水居其半。叠石为山，岩洞幽窅。渠可运舟，跨以双桥。堤旁俱植花果，牡丹以千计，芍药以万计。京国第一名园也。"

[3] "园仅百亩，一望尽水，长堤大桥，幽亭曲榭，路穷则舟，舟穷则廊，高柳掩之，一望弥际。"孙承泽：《春明梦余录》卷六五。

森爽，其余琐琐营林邱。"① 可见，明代在海淀构筑园林的远不止李、米两家，通惠河上游被官宦用于私家园林支引情况十分严重。

（六）通惠河道坡降过大

《明武宗实录》中指出，正德元年（1506 年）疏浚通惠河通漕失败的原因是"地形高下悬绝，蓄水甚难，卒不能通行舟辑"②。

通惠河坡降过大，给节水带来很大困难，通惠河河道平均坡降为1/1100，在这样陡的河道上通航难度很大。

（七）闸坝规划问题

根据蔡蕃先生的研究，近代一般运河耗水量：船闸占75％，闸门漏水占20％，水面蒸发与渗漏等其他原因占5％左右。郭守敬所设24闸规划时上下闸相距一里，施工后大多远远超过这个距离，有的达三四里之远，这样难以起到"互为提阏，以过舟止水"的作用，大大增加了启闸耗水量。元代有白浮等泉补给还可维持，明代大部分时间白浮等泉水断流，通惠河水源大减，这种船闸无法运行。明代通惠河船闸改成与减水闸起同等作用的建筑，蔡蕃先生认为是技术上的倒退。

在坡度很陡的河道上建闸，闸前壅水段河水所携泥沙必然淤积（尤其是雨季），因无排沙设施，自然加快河底沉积。要清淤当时只有靠人工疏浚，而疏浚工作稍有疏忽，航道就要阻塞。③

十一　明代积水潭水体空间的收缩

（一）元代至明代积水潭水体空间的演变

元建大都城，将白莲潭水域一分为二，南侧水域，被划入皇城，成为太液池，并专为其开凿了导引玉泉水供大内的金水河。而北侧水域则被城墙挡在皇城外，称积水潭（详见第三章第六节），两片水域不再连通。

明洪武元年（1368 年），朱元璋建立大明，定都南京，同年，徐达率

---

① 《治晋斋集》卷六。
② "（正德元年十二月己巳）命户部郎中郝海、工部员外郎毕昭会同漕运参将梁玺修理会通河（通惠河）。仍戒其毋得悬缓，河起大通桥，迄于张家湾，然地形高下悬绝，蓄水甚难，卒不能通行舟楫。时中官用事者，已豫造剥船布囊乘时射利后，运舟至湾，则以囊强与之，而索其钱运卒苦之。"《明武宗实录》卷二十 0584
③ 蔡蕃：《北京古运河与城市供水研究》，北京出版社1987 年版，第171—172 页。

明军占领大都，更名为北平府，北京由首都降为普通的府级行政区，徐达缩减大都城北部至坝河以南，将积水潭分割成两部分，西北部被隔于城外（图4-1），称为泓渟。由于不再是国家的政治中心，无运输漕粮需要，明政府对元代漕运码头积水潭的重视程度下降。

永乐七年（1409年）朱棣准备迁都北京，开始修筑长陵，积水潭上源白浮、百脉泉断流，白浮瓮山河湮废，积水潭上源水量大为减少，造成明代积水潭水面较之元代大为缩小。

永乐建都北京（1420年）后，元金水河湮废，积水潭与太液池再次连通，积水潭水域成为皇城水系的上游水库（太液池、内金水河、紫禁城护城河、玉河）。由于将部分通惠河划入皇城，漕船无法驶入积水潭，只能顺通惠河抵达城外大通桥。积水潭因"运河海子截而为二，城内积土日高，虽有舟楫桥梁，不可渡矣"，可见积水潭水体空间萎缩严重。

德胜门建成后，为修通德胜门内大街而修建德胜桥，将积水潭水面拦腰截断，随后银锭桥建成。德胜桥西的水面称为积水潭，银锭桥东、西的水面都称为什刹海（什刹后海和什刹前海）（图4-13）。

明代将元代虽距离很近但并不通流的积水潭与太液池连通起来，并在其连通处建西不压桥（又名西步粮桥）（图4-13）。

明代中叶，从德胜桥东开挑了一条河道，沿后海南侧向东，至李广桥折向南，又沿今前海西街向东，连接于前海西北角处。此河当时被称为月牙河。开挑此河道，主要是为了保证皇城内太液池水位的稳定和水量的供应[1]（图4-13）。

（二）明代积水潭、什刹海出现栽种稻田与城市建设侵占现象

明代积水潭水体空间的收缩，使这一地区部分浅水区域变为湿地或平地。明代开始，部分湿地被辟为稻田。另一部分平地区域被建成街巷或民居。

《燕都游览志》记载："三圣庵（今后海鸦儿胡同龙华寺西）后筑观稻亭，北为内宫监地，南人于此艺水田，夏日桔橰之声，不减江南。"同文还提到，"积水潭水从德胜桥东下，桥东偏有公田若干顷，中贵引水为池，以灌禾黍。绿杨髫雯，一望无际"。

---

① 赵林：《什刹海》，北京出版社2005年版，第12—14页。

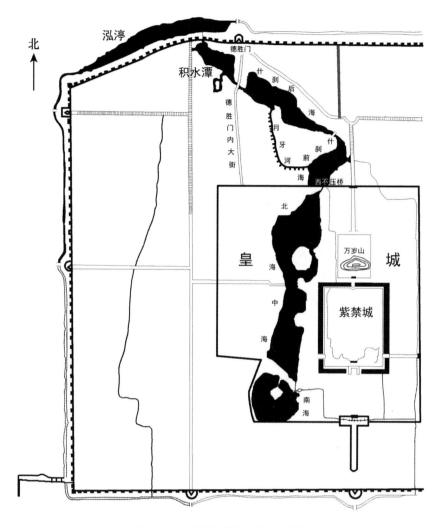

图 4 - 13　明北京积水潭水域图

资料来源：本研究整理。

（三）较之元代明北京积水潭、什刹海水域面积减少了三分之二强

根据田国英先生的研究，元代积水潭水域面积约为 1800 亩，到明清时减少了 1281 亩，只有 519 亩了，减少了三分之二强。①

---

① 田国英：《北京六海园林水系的过去现在与未来》，清华大学城市规划教研组 1982 年版，第 52 页。

（四）积水潭终点码头的功能性质在很大程度上决定了其空间的稳定性

元代漕船可以顺着通惠河入城，积水潭是通惠河最大的终点码头。《元史》记载"舳舻蔽水"，反映出积水潭码头的泊船众多，其水域面积广大。元代积水潭是作为大都生命线的通惠河与坝河的漕运终点码头，同时也是整个大都的经济中心。其水体空间的稳定性也因其经济上的重要性，得到了相当程度的保障（详见第三章第六节）。

明代漕船只能顺通惠河抵达城外大通桥，在这里将漕粮起车陆运入城，漕船无法驶入积水潭，积水潭漕运终点码头功能消失，其对北京的重要程度较之元代下降，对其日常维护程度势必相应降低，加之上游水源的减少，积水潭水体空间严重萎缩。

（五）明代通惠河终点码头改为大通桥一带水域

明代漕船不能入城，只能停泊在城外大通桥一带水域。至此，这一水域便成为通惠河的终点码头（图 4 - 14）。但由于大通桥一带水域狭窄，无法停泊太多的漕船，直到嘉靖年间在此开辟了"泊船潭"与月河，才在一定程度上解决了这个问题，但仍无法与积水潭相比。

十二　北京城市商业中心随通惠河终点码头南移

元代，由于积水潭作为坝河与通惠河终点码头，使得北岸的钟楼、鼓楼、斜街一带成为大都城最大的商业中心（图 3 - 19）。至明代，积水潭漕运终点码头的功能消失，这一区域虽仍是北京的商业集中地，但已不复昔日盛况。[①]

明北京城的商业中心南移至前门朝前市。"朝前市者，大明门之左右，日日市，古居贾是也"，是内城最繁华之处，其南延部分直抵前门外大街两侧，形成明北京全城性商业中心。[②]

从位置看，"朝前市"位于内外城的结合部居中位置，且邻近漕河终点码头（城市物流集中地）大通桥。由此可见"朝前市"商业中心的地位

---

① 侯仁之：《北京城市历史地理》，北京燕山出版社 2000 年版，第 231 页。
② 《长安客话》云："大明门前棋盘天街，乃向离之象也。府部对列街之左右，天下士民工商各以牒至，云集于斯，肩摩毂击，竟日喧嚣，此也见国门丰豫之景。"

与紧邻大通桥（明北京城漕运终点码头）密切相关（图4-14）。

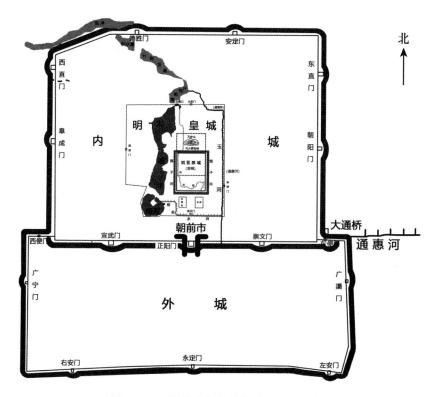

图4-14 明北京朝前市与大通桥位置图
资料来源：本研究整理。

十三 明代瓮山泊水体空间的萎缩

昆明湖一带，在辽、金时期就已有湖泊存在，元中统年间，引玉泉水通坝河漕运，对瓮山泊（昆明湖）加以修治，扩大水面，瓮山泊水体空间得到拓展。元至元年间再次大开坝河之举，瓮山泊水体空间再次拓展。后通惠河通漕，其上源白浮瓮山河导白浮泉及玉泉山西北诸泉入瓮山泊，此时的瓮山泊作为坝河与通惠河的同源水库，为了最大限度地补给下游漕河的用水量，其水域面积势必进一步拓展。元末，白浮瓮山河湮废，瓮山泊失去白浮泉及玉泉山西北诸泉水，水体空间严重萎缩。

明永乐五年（1407年），为配合北京城市建设，疏浚白浮瓮山河渠道，引水济通惠河，瓮山泊水体空间拓展，至明永乐七年（1409年）始修筑长陵后，白浮瓮山河再次湮废，下游水库瓮山泊再次萎缩，嘉靖年间吴仲修浚通惠河，白浮瓮山河复通，瓮山泊再次拓展，但仅维持五六十年。纵观整个明代，瓮山泊水体空间较之元代收缩很大，笔者认为主要有两方面的原因：①明皇陵的修筑导致白浮瓮山河长年断流是瓮山泊水体空间收缩的最主要原因；②漕粮改折政策的实施以及陆路运输的发展导致明代漕河（主要是通惠河）较之元代对北京的重要程度下降，也应是瓮山泊水体空间萎缩的重要原因。

十四　蓟辽总督移驻密云致潮白河通漕

明嘉靖二十九年（1550 年）为有效抵御北方少数民族的侵扰，设蓟辽总督，嘉靖三十三年（1554 年）"以密云咫尺陵京，连接黄花、渤海，去石塘岭、古北口、墙子岭不满百里"，蓟辽总督移驻密云，"防秋之日改驻昌平"①。

嘉靖三十四年（1555 年）二月蓟辽总督杨博，为方便供给驻守密云的军士粮饷，疏浚白河通漕，此次工程使白河故道与潮白水于密云西南河漕村连为一体。② 至此，漕船可由通州直抵牛栏山，以上河段再用小船剥运，这是潮白河通漕的最早记载（图 4－15）。

嘉靖四十二年（1563 年）刘焘任蓟辽总督，第二年九月"发卒疏通潮河川水达于通州，转粟抵（密）镇，大为便利，且省僦运费什七"③。岁漕粮十余万石，但仍需剥运。

隆庆六年（1572 年）七月，蓟辽总督刘应节疏通潮白二河，剥船可直通密云，"岁漕山东、河南粟米二十万石以赡密镇"④（图 4－15）。

万历年间，潮白河漕运已具规模。万历初年采纳同知卫重鉴的建议："自通州径运密镇，无倒卸起剥之烦，插和偷盗之弊。"废除了剥运。以后"主事曹维新议添扁浅船二百一十只，新旧共船四百只，运粮十五万石，

---

① 吴廷燮：《明督抚年表（上）》，中华书局 1982 年版。

② 《明世宗实录》嘉靖三十四年二月丙子条。引自《行水金鉴》卷一一六，第 1697 页。

③ 《明实录》。另，吴道南《吴文恪公集》也有记述，见《行水金鉴》卷一〇四，第 1528 页引。

④ 《行水金鉴》卷一二九，1872 页引《神宗实录》万历三十八年十一月毕懋康议，说是万历元年建议，实为隆庆五年建议。六年通密镇，次年（万历元年）通昌平，毕把完工与建议时间混为一谈。另据《明史》卷二二〇《刘应节传》第 5787 页。《行水金鉴》引文中"刘斯洁"即刘应节。又参见《明实录》隆庆六年七月丁亥条。又见《行水金鉴》卷一一九，第 1733 页引。

（自牛栏山至密云）仅三个月可运完"①。

天启六年（1626年），努尔哈赤兵犯宁锦，蓟辽总督驻所从密云移驻至山海关一线，密云战略价值被削弱，粮饷需求减少，潮白河漕运也随之衰落，其水体空间随之萎缩。②

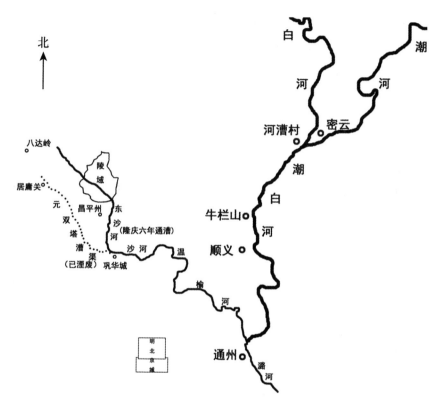

图4-15　明代北京潮白河、温榆河通漕位置图

资料来源：本研究整理。

第六节　明代北京城市沟渠水体空间

明代北京城市沟渠包括排水干渠和支渠两类，前者主要是由前朝残存

①　《明神宗实录》万历七年八月乙酉条，引自《行水金鉴》卷一二三，第1784页。

②　姚念慈：《定鼎中原之路：从皇太极入关到玄烨亲政》，生活·读书·新知三联书店2018年版，第65页。

河道、城市洼地以及新开的减水河三部分组成，后者一般位于干道两旁，多为明沟。

《明史·河渠志》记载，正统四年（1439 年）"设正阳门外减水河，并疏城内沟渠"。可知明北京沟渠系统应在正统四年之前就已修建完成，最有可能是在永乐年间修筑北京城时期完成。[1]

一　明北京内城主要排水沟渠

明代北京城内城的排水沟渠主要包括[2]：

（一）大明濠

元金水河残留河道，它是北京内城西部一带的暗沟总汇。大明濠从宣武门西入前三门护城河出城（图 4 - 16）。

（二）玉河（御河）

元通惠河演变至明代，北京内城河段。它是内城北部以及皇城和宫城的排水主干渠，玉河水从正阳门东入前三门护城河出城（图 4 - 16），是北京城中最重要的排水干渠。

（三）泡子河

元通惠河演变至明代，残存的元文明门外通惠旧河道。它是北京内城东南部一带的排水主干渠（图 4 - 16），泡子河水从崇文门东出城入前三门护城河，再由此排出城外。

（四）东沟

原双塔寺（始建于金，元重建）的排水河道。至明代，残留河道被称为东沟，成为北京内城南部一带的主要排水渠道。其北端分两支，一支经今六部口，另一支经今东栓胡同，两支在绒线胡同口合流，向南入前三门护城河出城（图 4 - 16）。

（五）安定门、东直门、朝阳门等水关处排水沟

明代在安定门东、东直门、朝阳门南北均修筑出水关，北京内城东北部一带雨洪通过这些水关排至护城河，然后再通过护城河排出城外。它们是北京内城东北部一带的主要排水渠道（图 4 - 16）。

---

[1] 今西春秋：《京师城内河道沟渠图说》，（伪）建设总署，1941 年，第 6 页。

[2] 蔡蕃：《北京古运河与城市供水研究》，北京出版社 1987 年版，第 190—193 页。

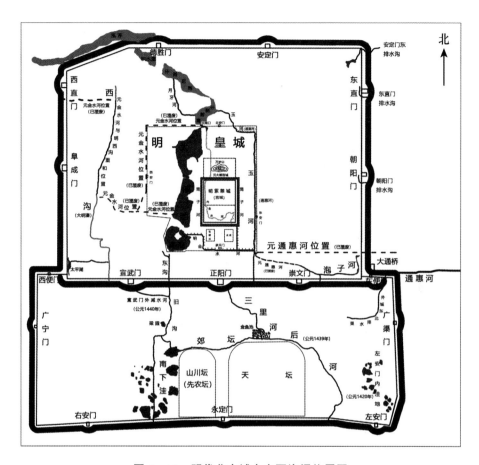

图 4 - 16　明代北京城市主要沟渠位置图

资料来源：本研究整理。

（六）太平湖

太平湖位于内城西南角，方圆十顷。蔡蕃先生认为它是今闹市口街以西，阜成门南顺成街及成仿街以南地区独立的受水沟渠（图 4 - 16）。

关于太平湖，文献中多有记载。《顺天府记》中提到，"城隅积潦潴为湖，由角楼北水关入护城河"，说的就是地势低洼，雨水聚积而成的太平湖。

成书于 1907 年的《天咫偶闻》中记载："太平湖在内城西南隅角楼下，太平街的西头，湖水面积有十顷大，岸边树木茂密，来到此地，使人有如步入南方的园林。"

瑞典学者喜仁龙（Osvald Sirén）在 20 世纪 20 年代出版的《北京的城墙与城门》一书中称，当时"太平湖"看起来更像是个"大池塘，而非一个湖，但仍可容纳肥鸭戏水"①。说明清末民初之时，太平湖水域已严重萎缩。

二　明北京外城主要排水沟渠

（一）正阳门外减水河

正统四年（1439 年），为排泄内城前三门护城河积水，"设正阳门外减水河"，即三里河，作为南濠的减水河。三里河自正阳门桥东向东南流，与郊坛后河合流于金鱼池一带，再东南，于左安门西出城（图 4 – 16）。

（二）宣武门外减水河

正统五年（1440 年），由于"宣武街西河决漫流，与街东河会合，二水泛溢，淹没民居"，于宣武门桥西开凿减水河，用以排泄汇集至前三门护城河的"城中诸水"②。这条减水河约从宣武门西，护城河南岸起，过宣外大街，沿凉水河故道，东至琉璃厂附近入旧沟，一直向南直抵先农坛以西的大片洼地"南下洼"（图 4 – 16）。

（三）郊坛后河

明永乐十八年（1420 年）开凿，东与三里河合流，经左安门一带洼地出城，郊坛后河开凿后成为北京外城最重要的排水干渠（图 4 –16）。

（四）外城东北部排水渠

明北京外城东北区域的雨洪都是通过外城东北部的明沟经东便门水关出城入通惠河（图 4 – 16）。

正阳门外减水河、宣武门外减水河、郊坛后河这三条沟渠都直接或间接起着排泄前三门护城河余涨的作用，实际上也是内城排水系统的一部分。③

三　明北京护城河排水干渠的作用

明北京内外城护城河的北、东、南三面都起着排水干渠的作用，其中

---

① ［瑞典］喜仁龙：《北京的城墙与城门》，邓可译，北京联合出版公司 2017 年版，第 75 页。
② "计议于城外宣武桥西量作减水河，以泄城中诸水。"（清）于敏中：《日下旧闻考·卷五十九·城市·外城西城一》，北京古籍出版社 1985 年版，第 950—951 页。转《明英宗实录》卷六十八。
③ 侯仁之：《北京城的生命印记》，生活·读书·新知三联书店 2009 年版，第 206 页。

内城南护城河即前三门护城河最为重要。它不仅是内城南流诸水的总汇，也是外城北部区域的排水主干渠。

四　明北京城次级排水沟渠概况

明北京内外城主要城市干道"俱有长沟"①，一般位于干道两旁，多为明沟。

五　明北京城排水沟渠管理概况

根据《明会典》成化二年（1466 年）令，要求锦衣卫会同五城兵马司军士，定时巡视京城街道沟渠，巡街御史负责督察。② 从成化二年令及后续相关政令可知，明代北京沟渠应为官沟。

成化六年（1470 年）令，皇城周围及东西长安街一带沟渠，包括京城内外大小街道的沟渠，不许掘坑，不许侵占。③

成化十年（1474 年）开始，在京城各水关处盖火铺，用以存放疏通沟渠的相关器具，每个火铺安排两名军士看守。雨季时，令看守打捞淤塞物，疏通水关。并命令地方兵士每年二月对京城各厂所涉及的大小沟渠进行疏浚。需要特别指出的是，每年二月疏浚沟渠一事直到清末一直奉行。④

成化十五年（1479 年）增加工部虞衡司员外郎一员，专职巡视京师街道沟渠。⑤ 明弘治十三年（1500 年）将践掘、淤塞沟渠定罪，枷号一个月发落。⑥

万历八年（1580 年），皇帝批奏，用砖石栏砌加固皇城一带的京师街道沟渠，以防止被车辆碾践。⑦

紫禁城内的沟渠，由内府惜薪司主管，且每年春暖之时开放长庚及苍

---

① 《明神宗实录》卷100，第3—4页，万历八年五月庚寅。
② "成化二年令，京城街道沟渠，锦衣卫官校，并五城兵马，时常巡视，如有怠慢，许巡街御史参奏拿问，若御史不言，一体治罪。"《明会典》卷二〇〇。
③ "（成化）六年令，皇城周围及东西长安街，并城内外大小街道沟渠，不许官民人等作践掘坑及侵占淤塞，如街道低洼桥梁损坏，即督地方火甲人等，并力填修。"《明会典》卷二〇〇。
④ "成化十年奏准，京城水关去处，每座盖火铺一，设立通水器具，于该衙门拨军军二名看守，遇雨过，即令打捞疏通，其各厂大小沟渠水塘河槽，每年二月令地方兵马通行疏浚，看厂官员不许阻挡。"《明会典》卷二〇〇。
⑤ "成化十五年，增加工部虞衡司员外郎一员，专为巡视京师街道沟渠者"《明会典》卷二〇〇。
⑥ 《明会典》卷二〇〇。
⑦ "万历八年题准，京师街道沟渠，近朝去处，间用砖石栏砌，以防车辇作践。"《明会典》卷二〇〇。

震等门，施行淘沟作业。内城紫禁城之外区域（中东西南北五城）的沟渠疏浚维护，主要由五城兵马司负责。嘉靖三十二年（1553 年）修筑外城，外城沟渠也由五城兵马司负责。[①]

第七节　本章总结

一　明代北京地区水体空间演变概述

明初，朱元璋定都南京，北京由元帝国首都降为普通的府级行政区北平府，城市地位骤降，元大都御用水体空间太液池随之降为一般城市水体，水体空间萎缩。因建都南京，无转漕北京的必要，坝河、通惠河水体空间萎缩。

由于白浮瓮山河断流，加之明初大都漕河功能消失，漕河上游水库瓮山泊水体空间萎缩。其下游的积水潭由大都漕河（通惠河、坝河）的终点码头下降为一般性的城市公共水域，因疏浚维护无法保障，水体空间进一步萎缩。

元大都太液池由于北京城市地位下降而荒废，萎缩。

明洪武元年（1368 年），大都北城墙南缩至坝河以南，坝河水体空间的性质由漕河转变为具有军事防卫功能的护城河，水体空间的功能性质发生改变。大都北城墙南缩，积水潭被截为两段，隔在城外的水域称"泓淳"。圈在城内的水域为后来的"什刹海"。

明永乐四年（1406 年）至十八年（1420 年），营建明北京城。为使长江中下游的人员、物资高效地运抵北京，永乐九年（1411 年），大运河北段重新开通，十三年（1415 年），南段修复，大运河全面恢复漕运功能。

永乐五年（1407 年），为运输南方木材进京建设，疏浚白浮瓮山河渠道，引水济通惠河通漕，通惠河水体空间拓展。

永乐十七年（1419 年）将北平府南墙向南扩展了约 0.5 公里。永乐十八年（1420 年），正式迁都北京，北京再次成为帝国的政治中心。

北京大规模城市建设使北京周边尤其是永定河上游一带生态破坏进一步恶化，造成河水含沙量进一步增大，使永定河再无济漕北京可能。

---

① 今西春秋：《京师城内河道沟渠图说》，（伪）建设总署，1941 年，第 9 页。

（一）皇家御用水体空间

明代废除宰相制，皇权进一步加强。北京作为明帝国的政治中心，皇家御用水体空间得到进一步的强化与拓展。

1. 皇城内皇家御用水体空间的拓展

永乐年间，开凿紫禁城护城河（筒子河），后开凿内金水河，并重新将元大都太液池划入皇城。

永乐十二年（1414年），开挖下马闸海子（南海），太液池水体空间进一步拓展，形成中、南、北三海相连格局。

此后，用挖掘紫禁城筒子河与下马闸海子（南海）的泥土，在元大都延春阁的故址上堆筑万岁山。

开挖下马闸海子后，又开凿了连接南海和玉河（元通惠河）的明金水河。元金水河道就此湮塞，随着北京城市建设的推进，大部分被填埋，剩余河道一直南流入南濠，称西沟（清代称大明濠）。金水河由元代皇家御用供水渠道变成了北京西城一带各暗沟之总汇，水体空间萎缩严重。

宣德七年（1432年），改筑皇墙，通惠河部分河段被圈入皇城，改称玉河（御河），漕船因此再不能入城，明代从通州至北京的运粮船只能停泊在东便门外大通桥下。玉河（御河）由漕河转变为北京皇城中最重要的排水干渠。同样的原因，原元代通惠河文明门外部分河段漕运功能消失，一部分被填埋，另一部分萎缩成为"泡子河"，成为内城东南的一条排水干渠。

2. 郊外皇家御用水体空间的拓展

定都北京后，世祖还大兴土木修筑南郊皇家园林。明永乐十二年（1414年）对元下马飞放泊（南苑）再行兴建，使其成为一座巨大的皇家园林，面积扩大数十倍。南苑内有三处较大的水泊，"汪洋若海"，南苑水体空间大规模拓展。

3. 皇家礼制建筑相关御用水体空间的拓展

明永乐十八年（1420年），修建天坛、山川坛（先农坛）。为排泄山川坛（先农坛）以西，原向东南的水流，开凿排水渠道郊坛后河。后成为北京外城最重要的排水干渠。

（二）护城河水体空间

明洪武元年（1368年），大都北城墙南缩至坝河以南，坝河水体空间的性质由运输漕粮的漕河变为具有军事防卫功能的北京城北护城河。至此，元大都护城河北侧逐渐湮废。

永乐十七年（1419年）北京城市南扩，开凿北京城南濠（前三门护城河），成为内外城沟渠泄水之汇总。开凿南濠的同时将元大都南护城河填埋，元大都时期丽正门东至明北京城东一段通惠河道也随之湮废。

嘉靖三十二年（1553年），为抵御蒙古骑兵的侵扰，筑外城垣，同时开凿外城护城河。

（三）漕运水体空间

永乐七年（1409年），朱棣开始修筑长陵，由于白浮瓮山河引水于帝陵风水不宜，不再导引。通惠河上源白浮、百脉泉断流，白浮瓮山河湮废，通惠河上源仅剩玉泉水唯一水源，通惠河因此湮废。

修建长陵，需要外运大量建材和粮食，陵墓陆续建成后，派军队驻守，需要供应守陵军夫粮饷，同时居庸关守卫军士也需要粮饷供给。基于上述两点，明代通州经温榆河至昌平的漕运水道重新疏浚通漕。

朱棣建都北京后，北京城市人口激增，漕运问题凸显。随着商品经济的发展，明廷开始施行漕粮改折政策，加之陆运交通的发展，明代北京地区漕河地位远低于元代。坝河至明代已废弃不用，通惠河对于朝廷的意义较之元代减弱许多。

明成化十二年（1476年）疏浚通惠河通漕，不到两年，因水源问题通惠河便又淤塞如初，漕船不能通行。

正德二年（1507年）、正德七、八年（1512—1513年），又两次尝试通漕通惠河，均失败。

嘉靖七年（1528年）吴仲重开白浮瓮山河，通惠河水势大盛，通漕成功，为利五六十年。

隆庆四年（1570年），通惠河北支通漕。

明末朝政腐败，国库空虚，无法维持通惠河的定期疏浚，通惠河水体空间逐渐萎缩，北支断航，通惠河主河道汛期也经常泛溢，无法正常通漕。

朱棣修筑长陵，积水潭上源白浮、百脉泉断流，白浮瓮山河湮废，瓮山泊严重萎缩，积水潭上源水量大为减少，同时由于皇城拓展导致通惠河无法入城，元代积水潭作为通惠河终点码头的功能消失，其对北京的重要程度较之元代下降，对其日常维护程度相应降低。以上两点导致明代积水潭水体空间较之元代大为收缩。随着通惠河终点码头南移至大通桥一带，北京城市的商业中心也从钟、鼓楼、鼓楼斜街一带南移至正阳门一带的"朝前市"。

明嘉靖三十三年（1554 年），为有效抵御北方少数民族的侵扰，蓟辽总督移驻密云。嘉靖三十四年（1555 年），为方便供给驻守密云的军士粮饷，疏浚白河通漕，隆庆六年（1572 年），蓟辽总督刘应节疏通潮白二河，剥船可直通密云。天启六年（1626 年），努尔哈赤兵犯宁锦，蓟辽总督驻所从密云移驻至山海关一线，密云战略价值被削弱，粮饷需求减少，潮白河漕运也随之衰落，其水体空间随之萎缩。

（四）城市沟渠

明代北京城内城的排水沟渠主要包括：大明濠、玉河（御河）、泡子河、东沟，安定门、东直门、朝阳门等水关处排水沟，太平湖。

明代北京城外城的排水沟渠主要包括：正阳门外减水河、宣武门外减水河、郊坛后河、外城东北部排水渠。

正阳门外减水河、宣武门外减水河、郊坛后河这三条沟渠都直接或间接起着排泄前三门护城河余涨的作用，实际上也是内城排水系统的一部分。

明北京内外城护城河的北、东、南三面都起着排水干渠的作用，其中内城南护城河即前三门护城河最为重要。它不仅是内城南流诸水的总汇，也是外城北部区域的排水主干渠。

明北京内外城主要城市干道"俱有长沟"，一般位于干道两旁，多为明沟（图 4－17）。

二　明代北京地区水体空间等级化差异分析

通过本章研究，根据其重要程度，笔者认为至少存在 13 个等级的水体空间。从高至低依次为：紫禁城护城河、内金水河、太液池、明金水河、玉河（御河）、南苑水域、明北京城市护城河、通惠河、北京城市沟渠、积水潭、瓮山泊、温榆河、潮白河。

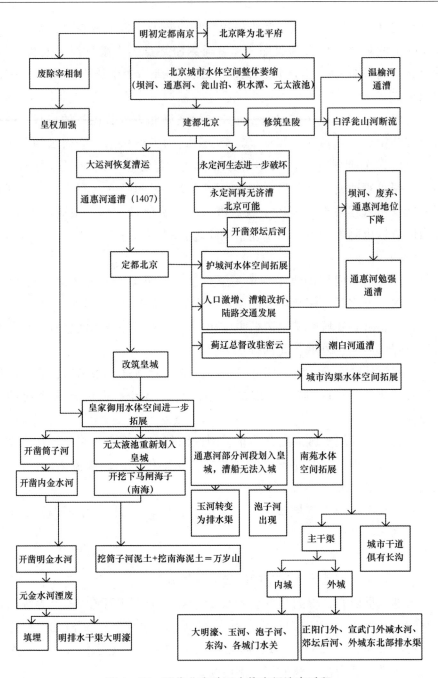

图 4 - 17　明代北京地区水体空间演变过程

资料来源：本研究整理。

（一）最高等级的皇家御用水体空间——紫禁城护城河、内金水河

紫禁城护城河环绕紫禁城四周，是守卫宫城的第一道防线，同时也是整个宫城消纳雨洪的"水库"。内金水河是紫禁城内防火水源，同时也是城内排水沟渠的汇总。紫禁城护城河、内金水河是宫城安全的重要保障，是最高等级的水体空间，拥有最高等级的人力、物力、财力以及制度层面的保障，具有最高等级的空间稳定性（图4-16）。

（二）专供帝王游赏的水体空间——太液池

朱棣迁都北京后，元大都太液池重新划入皇城，成为明皇城太液池，后开凿下马闸海子，明北京太液池水域拓展，为帝王独享。是仅次于紫禁城护城河、内金水河的次一级皇家御用水体空间，拥有高等级的人力、物力、财力以及制度层面的保障，具有高等级的空间稳定性（图4-16）。

（三）皇城内主要水体的连接水道——明金水河

太液池南扩后，开凿了连接南海、筒子河南泄水渠、玉河的连接水道——金水河，金水河将皇城内的主要水体连成一体，流经承天门（天安门）外，凸显"金城环抱"之势，符合风水的布局原则。

金水河作为皇城内最重要的连接水渠，同时也是皇城风水布局的重要组成，明政府必然定期疏浚维护，保证其水体空间的稳定，维持其正常运行（图4-16）。

（四）皇城排水主干渠——玉河（御河）

明宣德七年（1432年），将原来绕经元大都皇城外东北及正东的通惠河，圈入皇城，改称玉河，漕船至此不能入城，只能停泊在东便门外大通桥下，玉河也由元代的漕河转变为北京内城北部与中部的排水主干渠。玉河是北京城北积水潭、皇城太液池、金水河以及宫城筒子河的排水尾闾，是北京城中最重要的排水干渠，关系到皇城的安危，明政府必然定期疏浚维护，保证了其水体空间的稳定性（图4-16）。

（五）明北京最大的皇家园林水体空间——南苑水域

永乐年间朱棣扩建元下马飞放泊（南苑），内有三处较大的水泊，南苑面积较元代扩大数十倍，成为一座巨大的皇家园林（图4-7）。作为次一级的皇家御用水体空间，其日常的疏浚维护也能得到足够的物资保障，从而在很大程度上保障了其水体空间的稳定性。

（六）守卫北京城市外围的水体空间——护城河

明北京护城河包括内城护城河和外城护城河两部分。一方面是守卫京城的重要屏障，另一方面也是消纳城市雨洪的重要空间，其中内城南护城河（前三门护城河）为内外城沟渠泄水之汇总，尤为重要。

北京内外城护城河一般都能得到及时的疏浚维护保障，从而在很大程度上保障了其水体空间的稳定性。

（七）唯一的城市漕运水道——通惠河

随着北京城市人口激增，漕运问题凸显，明代坝河湮废，通惠河成为北京城市唯一的漕运水道。明永乐年间开始修筑长陵，白浮瓮山河湮废，通惠河上源仅剩玉泉水唯一水源，明代虽多次努力，但因水源问题通惠河通漕一直不顺畅，直到嘉靖年间，由于解决了上游水源问题，通惠河才得以正常通漕。

明代施行的漕粮改折政策，加之陆路运输的发展，分流了一部分漕粮的运输，相形之下，明代通惠河对于朝廷的意义较之元代减弱，导致其日常的疏浚维护较之元代也逊色许多，从而影响了其水体空间的稳定性。

（八）北京城市行洪通道——城市沟渠

北京城市沟渠包括排水干渠和支渠两类，前者主要是由前朝残存河道、城市洼地以及新开的减水河三部分组成，后者一般位于干道两旁，多为明沟。

明代北京城内城的排水沟渠主要包括：大明濠、玉河、泡子河、东沟、安定门、东直门、朝阳门等水关处排水沟、太平湖。其中大明濠、玉河、泡子河、东沟为前朝残存河道，安定门、东直门、朝阳门等水关处排水沟为新开减水河，太平湖为城市洼地。

明代北京城外城的排水沟渠主要包括：正阳门外减水河、宣武门外减水河、郊坛后河、外城东北部排水渠，均为新开减水河。

在诸多沟渠中，位于皇城内的沟渠如玉河，等级较高，具有较高的维护等级和空间稳定性。位于内城的沟渠相较于外城具有更高的维护等级，其空间稳定性也要高于外城。

（九）皇城水系的上游调节水库——积水潭

元建大都城，将白莲潭水域一分为二，南侧水域被划入皇城，成为太液池，并专为其开凿了导引玉泉水供大内的金水河。而北侧水域则被城墙挡在皇城外，称积水潭（详见第三章第六节），成为漕运河道通惠河与坝河的终点码头。两片水域不再连通。元代作为漕河的终点码头，积水潭需要较为宽广的水域，又因其空间的稳定性对大都经济的重要性，得到了相当程度的物资保障。

　　明代，积水潭漕运终点码头功能消失，元金水河湮废，积水潭与太液池再次连通，积水潭水域成为皇城水系（太液池、内金水河、紫禁城护城河、玉河）的上游水库。作为皇城水系的调节水库虽仍很重要，但与漕河码头相比，自然不需要那么广大的水域，加之上游水源的减少，通惠河的重要性较之元代有所降低，积水潭水体空间等级较之元代下降明显。

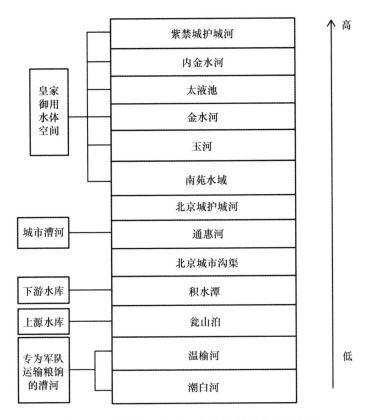

图4-18　明代北京地区水体空间等级差异示意图

资料来源：本研究整理。

（十）北京城市水体空间总调节水库——瓮山泊

明永乐始修皇陵后，白浮瓮山河再次湮废，瓮山泊水源长年不足，与元代相比萎缩严重，这也是明代通惠河始终通漕不畅的最主要原因，其水体空间等级较之元代下降明显。

（十一）为驻守皇陵及居庸关军士运输粮饷的漕河——温榆河

永乐七年（1409年），朱棣开始在昌平修建长陵，需要外运大量建材和粮食。陵墓陆续建成后，派军队驻守，需要供应守陵军夫粮饷，同时，居庸关守卫军士也需要粮饷供给。基于上述两点，明代通州经温榆河至昌平的漕运水道重新疏浚通漕。

与元双塔漕渠仅是为昌平守军供应粮饷的目的不同的是，明温榆河更重要的目的是为驻守皇陵的守军供应粮饷。而皇陵是除紫禁城外最高等级的皇家建筑，所以明温榆河的水体空间等级显然要高于元双塔漕渠，日常疏浚维护较有保障，空间稳定性较高。

（十二）为驻守密云军士运输粮饷的漕河——潮白河

嘉靖年间为有效抵御北方少数民族的侵扰，蓟辽总督移驻密云，为方便供给驻守密云的军士粮饷，疏浚潮白河通漕。温榆河通漕目的，仅是为密云守军运输粮饷。天启年间，随着蓟辽总督驻所从密云移驻至山海关一线，密云战略价值被削弱，粮饷需求减少，潮白河漕运也随之衰落，其水体空间随之萎缩。从空间等级来看，潮白河显然是要低于温榆河的。

三　明代北京地区水体空间演变特征

皇家御用水体空间的大幅度拓展与其他水体空间的整体萎缩是明代北京地区水体空间演变的基本特征。

（一）明代北京地区皇家御用水体空间的大幅度拓展

明代废除宰相制，皇权加强，北京地区皇家御用水体空间得到进一步的强化与拓展。永乐年间，开凿了紫禁城护城河（筒子河），后又在紫禁城内开凿内金水河（图4-19），而元大都宫城是既无护城河，更没有内金水河。

永乐十二年（1414年）开挖南海，太液池水体空间进一步拓展，后又开凿了连接南海和通惠河的明金水河，同年扩建南苑，开挖三处大水泊，南苑水体空间大规模拓展（图4-20、图4-21）。

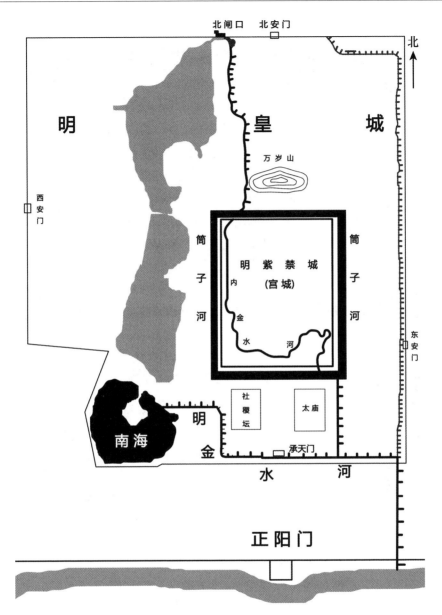

图 4-19　明代北京皇城内新增御用水体空间位置图

资料来源：本研究整理。

明永乐十八年（1420 年），修建天坛、山川坛（先农坛），开凿排水渠道郊坛后河（图 4-20）。

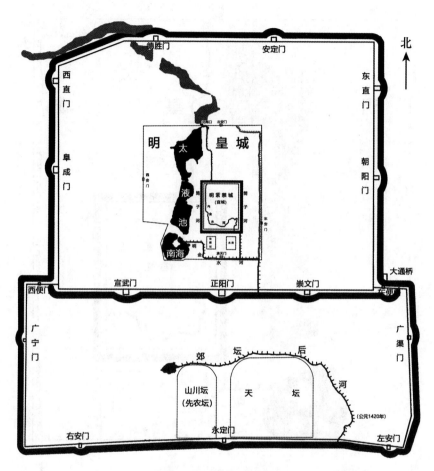

图4-20　明代北京内外城新增御用水体空间位置图
资料来源：本研究整理。

（二）明代北京其他水体空间的整体性萎缩

洪武元年（1368年），大都北城墙南缩至坝河以南，坝河由漕河转变为具有军事防卫功能的护城河，水体空间严重萎缩（图4-22、图4-23）。

明代永定河上游一带生态破坏进一步恶化，造成河水含沙量进一步增大，加之地质运动的作用，使永定河水无法济漕北京，金元时期的金口河再无通漕可能。

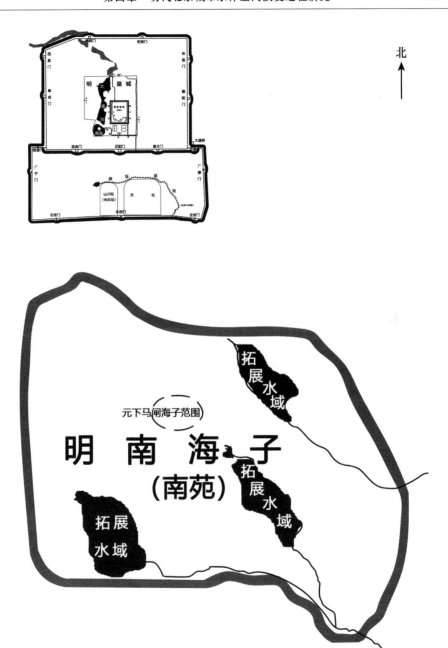

图 4-21 明代北京地区新增御用水体空间位置图

资料来源：本研究整理。

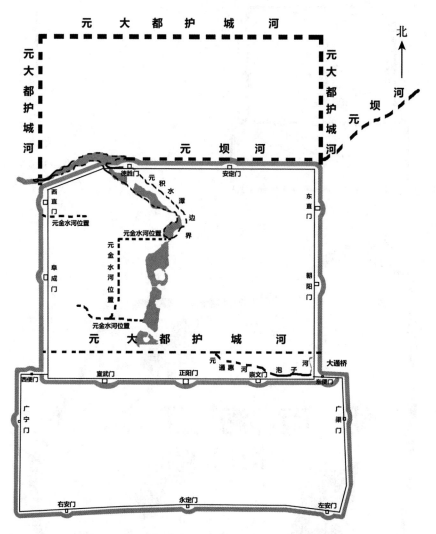

图 4 – 22　明代北京城区湮废水体空间位置示意图
资料来源：本研究整理。

永乐初年，朱棣开始修筑长陵，白浮瓮山河湮废，通惠河上源仅剩玉泉水唯一水源，由此导致明代大部分时间通惠河通漕不畅（图 4 – 23）。

元金水河到明代，大部分被填埋，剩余河道一直南流入前三门护城河，成为明北京西沟（清代称大明濠）的一部分，为北京西城一带各暗沟之总汇，水体空间萎缩严重（图 4 – 22）。

　　宣德七年（1432年），改筑皇墙，通惠河部分河段被圈入皇城，改称玉河（御河），漕船因此再不能入城，玉河（御河）由漕河转变为北京皇城中的排水干渠。同样的原因，原元代通惠河文明门外部分河段漕运功能消失，一部分被填埋，另一部分萎缩成为"泡子河"，成为内城东南的一条排水干渠（图4-22）。

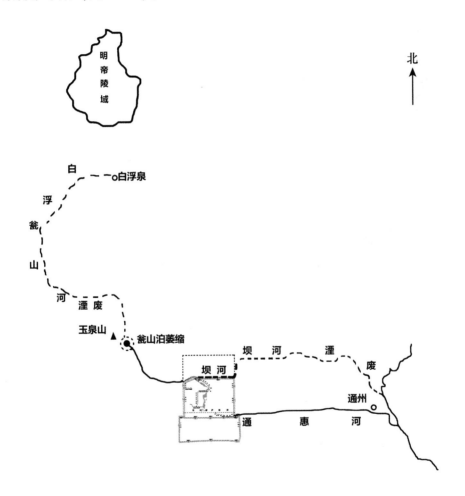

图4-23　明代北京地区湮废水体空间位置示意图

资料来源：本研究整理。

　　永乐十七年（1419年）北京城市南扩，开凿北京城南濠，同时将元大都南护城河填埋，元大都时期丽正门东至明北京城东一段通惠河道也随之湮废（图4-22）。

朱棣修筑长陵，白浮瓮山河湮废，瓮山泊严重萎缩，积水潭上源水量大为减少，同时由于皇城拓展导致通惠河无法入城，元代积水潭作为通惠河终点码头的功能消失，其对北京的重要程度较之元代下降，对其的日常维护降低，明代积水潭水体空间较之元代大为收缩（图4-22）。

（三）明北京城出现了专为排解雨洪而开凿的减水河

正统四年（1439年），为排泄内城前三门护城河积水，开凿正阳门外减水河（三里河），作为内城南濠的减水河（图4-16）。

正统五年（1440年），由于"宣武街西河决漫流，与街东河会合，二水泛溢，淹没民居"，宣武门外开凿减水河，用以排泄汇集至前三门护城河的"城中诸水"。

开凿诸多减水河，这种情况在元大都时期是没有相关记载的。笔者认为，这在一定程度上说明明代北京城市的排洪压力较之元代要大许多。造成这一现象的原因，与北京城市皇家御用水体空间之外的其他水体空间整体性萎缩有一定关系。因为其他水体空间的整体性萎缩势必导致北京城市滞蓄水体的空间不足，进而会加剧汛期北京城市的行洪压力。

四 明代北京地区各级水体空间之间关系分析

（一）大运河、通惠河、白浮瓮山河之间关系

明永乐年间营建新都北京，为使长江中下游的人员、物资高效地运抵北京，大运河全面恢复漕运功能。大运河恢复漕运功能客观上促进了永乐五年（1407年）通惠河的再次通漕，当时通惠河通漕的目的主要是为了将通过大运河运抵通州的南方木材方便地运抵京城用于城市建设。为解决通惠河通漕的水源问题，再次疏浚了白浮瓮山河渠道，白浮瓮山河恢复（图4-24）。

图4-24 明代大运河、通惠河、白浮瓮山河关系示意图

资料来源：本研究整理。

（二）白浮瓮山河、瓮山泊、通惠河、温榆河之间关系

永乐七年修筑长陵，白浮瓮山河湮废，下游瓮山泊严重萎缩，通惠河上源仅剩玉泉水唯一水源，通惠河因此湮废，通惠河的湮废客观上促进了温榆河的重新通漕（图4-25）。

这是因为修建长陵，需要外运大量建材和粮食，陵墓陆续建成后，派军队驻守，需要供应守陵军夫粮饷，同时，居庸关守卫军士也需要粮饷供给。又因为温榆河与白浮瓮山河同源，通惠河的湮废客观上使温榆河可以分配更多的水源，有利于通漕。上述原因促使明代通州经温榆河至昌平的漕运水道重新疏浚通漕。

图4-25　明代北京白浮瓮山河、瓮山泊、通惠河、温榆河关系示意图

资料来源：本研究整理。

（三）紫禁城护城河与内金水河关系

永乐年间，开凿紫禁城护城河（筒子河），后为满足紫禁城内消防及排涝需要，开凿内金水河，将护城河内的水导入大内（图4-26）。

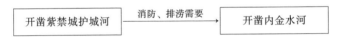

图4-26　明代北京紫禁城与内金水河关系示意图

资料来源：本研究整理。

（四）下马闸海子与金水河关系

永乐十二年（1414年），开挖下马闸海子，后开凿连接下马闸海子与玉河的金水河（明）（图4-27）。

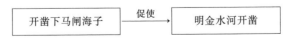

图4-27　明代北京下马闸海子与金水河关系示意图

资料来源：本研究整理。

（五）明代北京城内皇家御用水体空间的拓展与元金水河湮废、通惠河、积水潭水体空间变化之间关系

明北京城内皇家御用水体空间的拓展促使原来元大都城内的皇家御用水体空间萎缩，元金水河故道大部分被填埋，剩余河道一直南流入南濠，称西沟（清代称大明濠），由元代皇家御用供水渠道变成了北京西城一带各暗沟之总汇，水体空间萎缩严重。

宣德七年（1432年），通惠河部分河段被圈入皇城称玉河（御河），漕船因此再不能入城，玉河由漕河变为北京皇城中的排水干渠，通惠河皇城河段水体空间随之萎缩。同样的原因，原元代通惠河文明门外部分河段漕运功能消失，一部分被填埋，另一部分萎缩成为"泡子河"，成为内城东南的一条排水干渠。由于漕船不能入城，也就不可能再入积水潭水域，明代积水潭作为通惠河终点码头的功能消失，积水潭水体空间较之元代大为收缩（图4-28）。

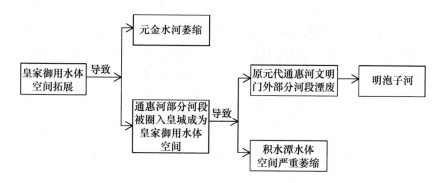

图4-28 明代北京城内皇家御用水体空间拓展与元金水河萎缩、
通惠河、积水潭水体空间变化之间关系示意图

资料来源：本研究整理。

（六）坝河与大都北护城河及前三门护城河与元大都南护城河关系

洪武元年（1368年），大都北城墙南缩至坝河以南，坝河水体空间的性质由运输漕粮的漕河变为具有军事防卫功能的北京城北护城河。至此，元大都护城河北侧逐渐湮废。

永乐十七年（1419年）北京城市南扩，开凿北京城南濠（前三门护城河），成为内外城沟渠泄水之汇总。北京城市南扩的同时将元大都南护

城河填埋（图4-29）。

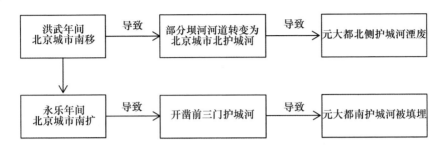

图4-29　坎河与大都北护城河及前三门护城河与元大都南护城河关系示意图
资料来源：本研究整理。

（七）北京城市皇城之外水体空间萎缩与诸多减水河之间关系

明代北京内城皇城之外的水体空间的整体性萎缩客观上导致内城排水不畅，促使外城开凿了多条减水河泄洪，如正阳门外减水河、宣武门外减水河等，用以排解汇入内城南濠的余涨（图4-30）。

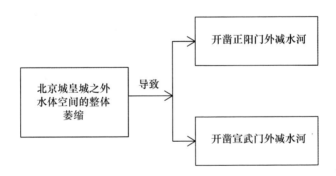

图4-30　明代北京城市皇城之外水体空间萎缩与各减水河关系示意图
资料来源：本研究整理。

五　明代北京城市水患较为频繁的成因

（一）明代北京城市水患较为频繁

元代，大都城市水患成灾的记录仅见五次。其中三次水患仅威胁到城墙，另外两次水灾是因大都城建设开金口河所致（详见第三章第二节）。

从表4-1可知，自永乐十八年（1420年）定都北京至明亡，北京城市共发生水患 18 次，其中特别提及前三门一带的水患共有 4 次（洪熙元年、正统五年、万历三十二年、万历三十五年）。可见，明北京城市水患问题相较元代严重得多，而前三门一带水患尤为严重。

表 4 - 1　　　　明代相关文献记载北京城市洪涝灾害汇总表

序号	时间	具体水患情况	文献来源
1	洪熙元年（1425）	"闰七月，京城大雨，坏正阳、齐化（朝阳门）、顺成（宣武门）等门城垣"	《明史·五行志》
2	正统四年（1439）	"五月……京师大水，坏官舍民居三千三百九十区。"	《明史·五行志》
3	正统五年（1440）	"天雨连绵，宣武街西河决，漫流与街东河会合，二水泛溢，淹没民居。"	《明英宗实录》
4	景泰五年（1454）	"七月，京师旧雨，九门城垣多坏。"	《明史·五行志》
5	成化六年（1470）	"自六月以来，淫雨浃旬，潦水骤溢，京城内外，军民之家冲倒房舍，损伤人命不知其算，男女老幼，饥饿无聊，栖迟无所，啼号之声，接于闾巷。"	《明宪宗实录》
6	成化九年（1473）	"涝，城内水满，民皆避居于长安门等处，后水至长安门，复移居端门前，至棋盘街。"	《四库全书》
7	弘治二年（1489）	"六月……京城及通州等地大雨，洪水横流，淹没房屋，人畜多溺死。"	《明孝宗实录》
8	嘉靖十六年（1537）	"京师雨，自夏及秋不绝，房屋倾倒，军民多压死。"	《明史·五行志》
9	嘉靖二十五年（1546）	"八月，京师大雨，坏九门城垣。"	《明史·五行志》
10	嘉靖三十三年（1554）	"六月，京师大雨，平地水数尺。"	《明史·五行志》
11	隆庆元年（1567）	"夏，京师大水"。	《明史·五行志》
12	万历十五年（1587）	"六月，京师暴雨成灾，溺压死者不可数计。"	《北京历史纪年》
13	万历三十年（1602）	"六月，京师大雨，坏民居。"	《北京历史纪年》
14	万历三十二年（1604）	"七月……淫雨连绵，两月不休，正阳、崇文二门之间中陷者七十余丈，京师之内，颓垣败壁，家哭人号，无复气象。"	《明神宗实录》

序号	时间	具体水患情况	文献来源
15	万历三十五年（1607）	"七月庚子，京师大雨，沟洫皆壅闭，昼夜如倾，坏庐舍，溺人民。东华门内城垣及德胜门城垣皆圮。"	《明史·五行志》
		"闰六月二十四等日，大雨如注，至七月初五六等日尤甚，昼夜不止，京邸高敞之地，水入二三尺，各衙门内皆成巨浸，九衢平陆成江，洼者深至丈余。内外城垣倾塌二百余丈，甚至大内紫禁城亦坍坏四十余丈。……雨霁三日，正阳、宣武二门外，犹然波涛汹涌，舆马不得前，城堭不可渡。"	《涌幢小品》
16	万历四十一年（1613）	"七月京师大水。"	《明史·五行志》
17	天启六年（1626）	"闰六月辛丑朔，京师大雨水，坏房舍溺人。"	《国榷》
		"闰六月丁巳……霪雨为灾，五城地方塌倒民房七千三百三间，损伤男妇二五名口。"	《天启实录》
		"暴雨如倾，东西河溃共七十余丈，淹没军民、房屋、头畜、大炮、驼鼓水漂无影……都城及桥梁坍塌。"	《镜山庵集》
		"六月水，高八尺，七月水，高一丈。城门不及流，御河冲桥上，满城如听万家哭，墙崩屋圮随飘荡。"	《大水谣》（《镜山庵集》卷二十四）
18	崇祯五年（1632）	"六月，京师大雨水。"	《明史》

资料来源：本研究整理。

（二）明代北京城市排水组织分析

1. 西城

明北京西城北侧雨洪排入北护城河，南侧通过明沟暗渠汇总至西沟（大明濠），再从宣武门西入前三门护城河出城。西南角闹市口街以西，阜成门南顺成街及成仿街以南地区的雨洪则汇入太平湖（图4-31）。

2. 北城

明北京北城雨洪主要汇总至积水潭、什刹后海、月牙河、什刹前海（图4-31）。

3. 中城

明北京中城北侧主要汇入西沟，中城南侧西面的雨洪汇至东沟，再从宣武门东入前三门护城河出城，中城南侧东面的雨洪汇至玉河，再从正阳门东入前三门护城河出城（图4-31）。

4. 东城

明北京东城北侧雨洪向东北汇至安定门东排水沟，入东北护城河。东城东侧雨洪通过东直门排水沟、朝阳门排水沟排入东护城河。东城南侧雨洪汇至泡子河，再从崇文门东入前三门护城河出城（图4-31）。

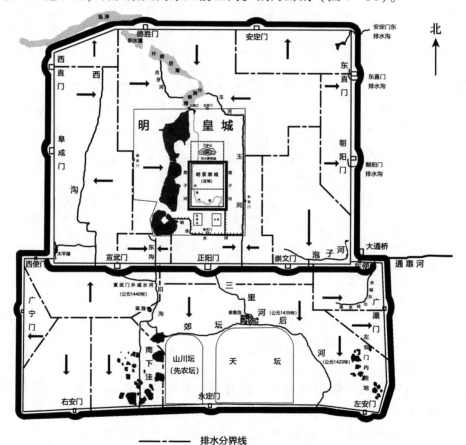

—— 排水分界线

图4-31 明代北京城市排水组织示意图

资料来源：本研究整理。

5. 皇城（宫城以外）

宫城之外的皇城西侧主要汇入太液池，东侧主要汇入玉河（图4－32）。

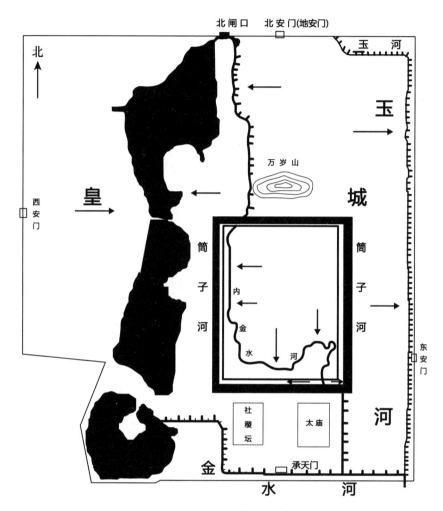

图4－32 明代北京皇城排水组织示意图

资料来源：本研究整理。

6. 宫城（紫禁城）

紫禁城内雨洪通过明沟汇入各级暗沟，然后汇入干沟，再汇入内金水河，于紫禁城东南通过涵洞入筒子河（图4－32）。

7. 南城（外城）

南城北侧前三门一带，雨洪向北汇入前三门护城河。外城北侧东部区域，向东通过外城东北排水渠出城入通惠河。

南城中部向南汇入郊坛后河，经左安门西入外城南护城河出城。

南城西部向西入外城西护城河。

南城西南部右安门以西的区域向南入外城南护城河，右安门以东区域汇入南下洼。

南城东部向东入外城东护城河，东南部向南入外城南护城河。

南城东南部向南汇入左安门内洼地（图4-31）。

从北京城市排水组织整体来看，内城的雨洪，大部分都汇入了前三门护城河，南城的前三门地区雨洪也大都排入南濠，前三门护城河是北京内外城沟渠泄水之汇总，是北京城市行洪压力最大的水体空间。

为排泄内城前三门护城河积水，明代在正阳门外、宣武门外开凿减水河，与之前开凿的郊坛后河配合，直接或间接将内城积水导入南城，再由南城排出城外。由此可知，南城不仅承担了自身的雨洪量，还承担了内城的大部分雨洪量，是北京城水患压力最大的区域。位于南城的正阳门外减水河、宣武门外减水河、郊坛后河这三条沟渠起着排泄前三门护城河余涨的作用，实际上也是内城排水系统的一部分（图4-31）。

（三）明北京城市水患较为频繁的成因分析

1. 皇城之外的北京城市水体空间的萎缩

（1）坝河水体空间的严重萎缩

元代坝河是北京城市最重要的漕河之一，日常通漕频繁，其水体空间较为宽阔，至明代坝河萎缩成北京北城濠的一部分，已无法通漕，其他部分虽尚存故道，但其水体空间较之元代萎缩严重。坝河除了具有漕运功能外，汛期兼具滞蓄、排泄雨洪的重要功能，明代坝河的严重萎缩势必会在很大程度上影响北京城市北部雨洪的滞蓄、排出，同时会加剧其他区域的雨洪压力（图4-33）。

（2）积水潭水体空间的严重萎缩

元代积水潭作为坝河、通惠河终点码头，水域面积广阔，积水潭除了漕河的码头功能之外，在汛期也是滞蓄城市雨洪的重要空间。至明代积水潭水体空间较之元代大为收缩。明代积水潭水体空间的严重萎缩，势必加

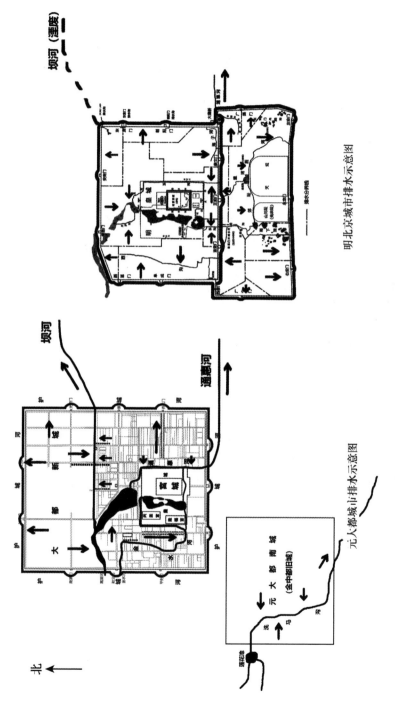

图 4－33 元、明北京城市排水组织对比示意图

资料来源：本研究整理。

剧汛期北京城市的雨洪压力（图 4 – 33）。

（3）通惠河部分河段被划入皇城

元代通惠河大都城内河段在皇城之外，一直通漕。除了漕运功能外，通惠河同时也是北京城市重要的排水干渠。明宣德年间，通惠河部分河段被圈入皇城，改称玉河（御河），漕船因此再不能入城，玉河（御河）由漕河转变为北京皇城中的排水干渠，从此不再受纳皇城之外的雨洪。通惠河部分河段被划入皇城，客观上使汛期的北京城减少了一条重要的排水干渠（图 4 – 32）。

（4）通惠河、元金水河部分城内河段的萎缩

明代，原元代通惠河文明门外部分河段漕运功能消失，一部分被填埋，另一部分萎缩成为泡子河，成为内城东南的一条排水干渠（图 4 – 31）。

元金水河到明代，大部分被填埋，剩余河道一直南流入前三门护城河，成为明北京西沟的一部分，为北京西城一带各暗沟之总汇，水体空间萎缩严重（图 4 – 31）。通惠河、元金水河部分城内河段的萎缩，削弱了明北京内城的排洪能力。

综上所述，较之元代，明代北京城皇城之外的城市水体空间萎缩严重，这在很大程度上加重了明北京城市的防洪压力。

2. 皇城水体空间的拓展并没有缓解北京城市整体的洪涝压力

明代皇城内的水体空间大为拓展，但因其排水组织是一个相对独立的系统，仅是受纳皇城区域内的雨洪，几乎没有接纳外围的雨洪，并且还会将一部分排出皇城外，在一定程度上还加重了外围的防洪压力（图 4 – 32）。

3. 明代北京城市的南扩加剧了北京城市洪涝的威胁

北京城区位于永定河冲积扇的脊部，第四纪以来接受了厚层堆积物。地表面形态，城区西北部较高，海拔高度 51 米左右，城区东南部稍低，海拔高度 37 米左右，高低相差 14 米，地面坡度平均为 1.2‰—1.3‰，地表水从西北流向东南。

明代北京城市扩建南城，南城地势低洼，人口稠密，汛期除了要受纳本区域的雨洪外，还要接受来自内城的大量雨洪，这就使得南城，尤其是前三门一带城外成为明北京城市雨洪压力最大的区域。

六　明代北京城市防洪安全等级差异分析

（一）明北京城市人口密度分布及其等级特征

1. 明北京城市人口密度分布

根据韩光辉的研究，明代（天启元年，公元1621年）北京城市分为东、西、南（外城）、北、中五城外加皇城。其中，东城面积约7.45平方公里，人口约为180400人，密度约为24214人/平方公里。西城面积约为7.44平方公里，人口约为188200人，密度约为25295人/平方公里。南城（外城）面积约为25.41平方公里，人口约为216500人，密度约为8523人/平方公里。北城面积约为6.89平方公里，人口约为43650人，密度约为6335人/平方公里。中城面积约为7.24平方公里，人口约为127200人，密度约为17569人/平方公里。皇城面积约为7.60平方公里，人口约为14000人，密度约为1842人/平方公里（图4-34）[①]。

从以上数据可知，西城人口分布密度最高，东城第二，中城第三，南城（外城）第四，北城第五，而皇城人口分布密度小。

值得注意的是，由于外城南部区域少有人口居住，实际居住区仅为10平方公里左右，南城建城区人口分布密度实际上可达21000人/平方公里以上。其中前三门外人口密度，甚至达到30000—40000人/平方公里，为整个北京城人口密度最高的区域（图4-34）。

2. 明北京城市人口分布的等级特征

明北京城依据居住等级从内至外分别为宫城、皇城、内城、外城，等级清晰严明，第一重宫城为皇帝居所，第二重皇城为朝廷所在地，到第三重内城是官僚、贵族、地主和商人的居住区域，第四重外城则是一般平民的居住区。

（二）明代北京城市防洪安全等级差异

1. 明北京皇城具有最高的防洪安全等级

皇帝的居所宫城（紫禁城）和朝廷所在地皇城（宫城之外的皇城区域），是整个明帝国的政治核心，人口密度最小（1842人/km²），单位面积占有的水体空间最大，并且其排水组织是一个相对独立的系统，它仅受

---

① 韩光辉：《北京历史人口地理》，北京大学出版社1996年版，第107页。

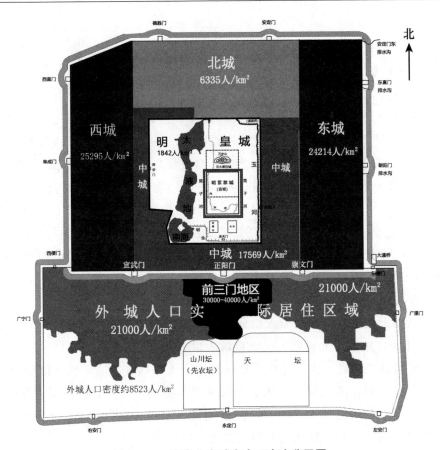

图 4 - 34　明代北京城市人口密度分区图

资料来源：本研究整理。

纳皇城区域内的雨洪，几乎没有接纳外围的雨洪，是整个北京城市洪涝安全等级最高的区域。

2. 明北京内城防洪安全等级较高

明北京内城主要是官僚、贵族、地主和商人的居住区域，社会等级较高，其人口密度远大于皇城，单位面积占有的水体空间远小于皇城。但就明代北京城市排水组织看，内城的雨洪基本都是来自本区域，其防洪安全等级虽不及皇城，但相较外城来说安全许多。

3. 明北京外城防洪安全等级最低

明北京外城主要是一般平民的居住区，地势低洼。外城虽有 25.41 平

方公里的面积，但实际居住区仅为 10 平方公里左右，南城建城区人口分
布密度实际上可达 21000 人/平方公里以上。其中密度最高的前三门地区，
达到 30000—40000 人/平方公里，为整个北京城人口密度最高的区域。就
北京城市排水组织看，内城的雨洪大部分汇入前三门护城河，并通过正阳
门外减水河、宣武门外减水河、郊坛后河这三条沟渠导入外城排出城外，
因此这些水体空间实际上也是内城排水系统的一部分。

　　所以汛期外城不仅要消纳、排解本区域的雨洪，还要承接大部分内城
的雨洪压力，尤其是人口密度最大的前三门地区，其汛期的雨洪压力尤其
大，这也就不难解释明代北京城市历次洪涝灾害记载中，多次提及前三门
地区的原因。

　　因此，从城市防洪安全等级来看，明北京城市人口密度最低的宫城、
皇城拥有最高的防洪安全等级，内城次之，外城的防洪安全等级最低。从
中可知，明北京城市不同区域的防洪安全具有明显的等级化差异。

七　紫禁城近 600 年无雨潦之灾是以牺牲北京城市整体的排蓄利益为代价的

　　根据吴庆洲先生的研究，紫禁城面积约为 0.724 平方公里，其外围的
筒子河加内部的内金水河，两条水道共长约 6 公里，整个紫禁城的河道密
度达到 8.3 公里/平方公里，这个密度甚至远超过宋代的水城苏州，而宋
代苏州的河道密度仅为 5.8 公里/平方公里。另据吴先生计算，筒子河蓄
水容量约为 118.5 万立方米，即使不算内金水河，整个紫禁城每平方米就
有 1.637 立方米的水体容量。

　　紫禁城筒子河蓄水容量为 118.56 万立方米，相当于一个小型水库。
对于面积仅为 0.724 平方公里的紫禁城而言，即使紫禁城出现极端大暴
雨，日雨量达 225 毫米，径流系数取 0.9，而城外有洪水围城，筒子河无
法排水出城外，紫禁城内径流全部泄入筒子河，也仅会使筒子河水位升高
0.97 米。

　　由此可知，拥有独立的且足够大容量的蓄水空间是明清紫禁城建城近
600 年无雨潦之灾的重要原因之一。

　　与之形成鲜明对比的是，明北京城市面积为约为 60.2 平方公里，全
城水系的蓄水总容量约为 1935.29 立方米，每平方米蓄水容量仅为 0.3215

立方米。紫禁城每平方米的蓄水容量至少为明北京城的 5.1 倍。[①]

　　需要特别指出的是，紫禁城内的筒子河与内金水河仅滞蓄宫城内的区域洪涝，而无需承接外围的雨洪。而北京其他区域，尤其是外城的水体不仅要承接本区域的雨洪，还要承接其他区域的雨洪，加之地势低洼，汛期其雨洪的压力要比紫禁城大得多。

　　笔者认为，实现城市区域防汛安全必须满足三个基本条件：一是空间保障，即拥有足够大的蓄水空间；二是区位安全保障，即位于地势较高的区域位置；三是相关的经济保障，即开凿及定期的疏浚维护的相关物资保障。

　　而要满足这三个基本条件，只有掌握帝国最高权力和所有资源的皇帝可以实现。因此，除了皇帝的居所宫城（紫禁城）和皇城之外，北京城市其他区域是不可能单独拥有这样大容量的蓄水空间，更不可能取得充足的经济保障，至于区位安全保障更是宫城和皇城独享的优势。笔者认为，紫禁城近 600 年无雨潦之灾是以牺牲北京城市整体的排蓄利益为代价的。

　　明代北京宫城皇城水体空间的大规模拓展仅是提升了宫城、皇城自身的行洪安全等级。而对整个北京城市来说，由于皇城之外水体空间的大幅度萎缩，导致北京城市的洪涝灾害不仅没有缓解，反而在一定程度上加剧了。

八　明代北京城市水体空间与陆地空间彼此影响表现

（一）陆地空间对水体空间的影响

1. 明洪武元年（1368 年）缩减大都北城对坝河的影响

洪武元年（1368 年）八月，大将军徐达命指挥华云龙，将大都北城南移 5 里，至坝河以南位置，并新筑北城垣，坝河成为新城垣的北护城河。

　　大都新城的南缩，使坝河水体空间的性质由运输漕粮的漕河变为具有军事防卫功能的护城河，水体空间的功能性质发生了改变（详见本章第一节）。

2. 明洪武元年缩减大都北城对积水潭的影响

　　攻占大都后，徐达新筑城垣，南缩大都北城至坝河以南，由于北城墙的西部一段与积水潭北部水面交汇，为便于修筑城墙，选择从积水潭最狭

[①]　吴庆洲：《中国古代城市防洪研究》，中国建筑工业出版社 1995 年版，第 164—166 页。

窄处断开筑城。至此，元代积水潭被截为两段，偏西北的一段狭长水域，则被隔在城外称"泓淳"。东南方向的宽阔湖面被圈在城内，为后来的"什刹海"（详见本章第一节）。

3. 永乐时期大规模城市建设促使通惠河水体空间拓展

永乐年间建都北京，大规模的城市建设，所需大木料多采自长江上游，经大运河运抵京东。明永乐十年（1412年）疏浚白浮瓮山河，恢复通惠河航运，使运抵京东的大木料较为便捷地抵达北京城内。永乐年间通惠河由元代的都城漕河变为北京城市建设的工作河道，疏浚通惠河通航客观上拓展了其水体空间容量（详见本章第二节）。

4. 明代北京大规模城市建设是明代永定河引水通漕努力失败的重要原因

明代北京大规模城市建设使北京周边尤其是永定河上游一带生态破坏进一步恶化。

明永乐年间修建北京城的宫殿时，曾使用了从永定河漂运而来的巨大木材。永定河上游北京西山乃至更远一带的森林资源破坏严重。

明嘉靖十四年（1535年），明政府为了满足北京一系列庞大的建筑工程需要，委派工曹官"往督西山诸处石运"以备建筑石材。石材的用量一定非常大，这势必以毁掉大片地表植被为代价，区域生态系统遭到破坏。

嘉靖四十一年（1562年）维修卢沟河堤防，使用了大量的石材和木料。从节省成本方面考虑，从盛产石材的西山就近取材是最佳选择，采石的过程不可避免地会破坏西山森林植被，破坏其生态系统。

自元以后，再无导引永定河水济北京漕运成功案例，造成这种情况的原因，除了自然地质运动所导致的永定河道比降增加影响其漕运外，由于永定河上游生态破坏所造成的河水含沙量进一步增大，也是造成永定河元以后再无通漕成功案例的重要原因（详见本章第二节）。

永定河上游的生态破坏，很大程度上是由于北京大规模城市建设所造成的，因此明代北京大规模城市建设是永定河自明代再无引水通漕成功的重要原因。

5. 永乐时期紫禁城的竣工促使开凿内金水河

紫禁城建成初期，并未开凿内金水河。紫禁城全部竣工仅四个月后，奉天（清太和）、华盖（清中和）、谨身（清保和）三殿便毁于火灾，一年后，乾清宫也毁于火灾。为防火排水，又修建内金水河，内金水河设计成弯曲的形状，主要目的是尽可能多地流经各主要宫殿，以利于及时救火。

　　紫禁城内金水河除了防火的作用外，同时也是紫禁城内排水沟渠的汇总，雨水通过紫禁城内纵横交错的大小排水沟渠最终注入内金水河，再通过内金水河注入筒子河（详见本章第三节）。

　　6. 天坛、山川坛的修筑导致郊坛后河的开凿

　　明永乐十八年（1420 年）在北京内城南修建皇家最高等级的礼制建筑天坛、山川坛（先农坛）。为排泄山川坛（先农坛）以西，原向东南的水流，开凿排水渠道郊坛后河，郊坛后河开凿后成为北京外城最重要的排水干渠（详见本章第三节）。

　　7. 明北京城市的位移与拓展导致部分元大都水体空间的湮废

　　明洪武元年（1368 年），明军攻占大都后，将大都北城墙南缩 5 里，至坝河以南位置，坝河水体空间的性质由运输漕粮的漕河变为具有军事防卫功能的护城河。至此，元大都护城河北侧逐渐湮废。

　　明永乐十七年（1419 年）北京城市南扩，开凿北京城南濠，即前三门护城河，同时将元大都南护城河填埋，通惠河元大都城内段南延至明北京南濠（前三门护城河）。加之由于通惠河城内大部分已被划入皇城，漕船只能停泊城外大通桥，再无入城可能，元大都时期丽正门东至明北京城东一段通惠河道湮废（详见本章第四节）。

　　8. 明皇陵的修筑导致通惠河湮废

　　明永乐七年（1409 年）五月，朱棣便开始于白浮村二十余里处北修筑长陵。由于白浮泉正位于长陵以南，白浮瓮山河引水西行逆流，正经过明皇陵以南平原，于帝陵风水不宜，故不再导引。通惠河上源白浮、百脉泉断流，白浮瓮山河彻底湮废，通惠河上源仅剩玉泉水唯一水源（图 4 - 10），致使通惠河再次湮废（详见本章第五节）。

　　9. 明皇陵的修筑导致瓮山泊水体空间的萎缩

　　明永乐七年始修筑长陵后，白浮瓮山河再次湮废，下游水库瓮山泊再次萎缩（详见本章第五节）。

　　10. 明皇陵的修筑导致积水潭水体空间的萎缩

　　永乐七年（1409 年）朱棣准备迁都北京，开始修筑长陵，积水潭上源白浮、百脉泉断流，白浮瓮山河湮废，积水潭上源水量大为减少，造成

明代积水潭水面较之元代大为缩小（详见本章第五节）。

11. 明皇陵的修筑促使温榆河通漕

永乐七年（1409年）五月，朱棣开始在昌平修建长陵，需要外运大量建材和粮食，陵墓陆续建成后，派军队驻守，需要供应守陵军夫粮饷，同时，居庸关守卫军士也需要粮饷供给。基于上述两点，明代通州经温榆河至昌平的漕运水道被重新疏浚通漕（详见本章第五节）。

12. 明代北京城市建设侵占了部分积水潭水体空间

明代积水潭部分区域被辟为稻田，部分区域被建成街巷或民居。积水潭部分水体空间被城市建设侵占，造成这种现象主要有以下几点原因：①明代由于上游水源减少，积水潭水域收缩，使这一地区部分浅水区域变为湿地或平地。②明帝陵的修筑以及通惠河部分城内河段被划入皇城，导致漕船无法入城，积水潭漕船码头功能消失，其对北京城市的经济价值较之元代减弱日常疏浚维护不够及时（详见本章第五节）。

（二）水体空间对陆地空间的影响

1. 用挖掘护城河、南海的泥土堆筑万岁山

明紫禁城位于元大都宫城正南，为了压胜前朝的"风水"，在元大都宫城延春阁的故址上用挖掘紫禁城筒子河与下马闸海子（南海）的泥土，人工堆筑起一座土山，命名为万岁山，俗称"煤山"（清初改称景山）（详见本章第三节）。

2. 通惠河终点码头的南移导致北京城市商业中心的南移

元代，由于积水潭作为坝河与通惠河终点码头，使得北岸的钟楼、鼓楼、斜街一带成为大都城最大的商业中心。至明代，积水潭的漕河终点码头功能消失，这一区域虽仍是北京的商业集中地，但已不复昔日盛况。

明北京城的商业中心南移至前门朝前市。朝前市是北京城最繁华之处，其南延部分直抵前门外大街两侧，形成明北京全城性商业中心（图4－35）。

从位置看，"朝前市"位于内外城的结合部居中位置，且邻近漕河终点码头（城市物流集中地）大通桥。由此可见"朝前市"商业中心的地位与明北京城漕运终点码头移至大通桥密切相关（详见本章第五节）。

九　明代北京城市水体空间景观营造

明代北京城市水体空间景观营造进入了繁荣期，围绕京城内外的水体

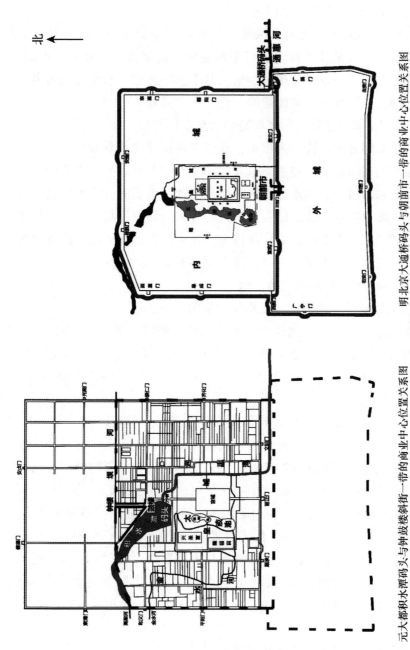

图 4－35　元、明北京通惠河终点码头与城市商业中心位置关系对比图

资料来源：本研究整理。

空间周边，营造了较为完整的景观系统。其中西郊一带的水体空间周边最集中，其次是内城。

明代北京城内主要的水体空间景观由什刹海和太液池组成，二水连通后，加之漕船不再入城，公共空间范围较前朝有所扩大，寺庙和园林建设数量迅速增加。南海的开凿使西苑"一池三山"景观格局进一步完善，而金水河废弃后在城内遗留的大明濠为城市公共景观的营造提供了重要的景观素材。

明代皇城内的御河附近广植榆树、柳树，栽植花卉，并在中秋时节在河中放花灯，滨水活动日益丰富。[1]

相较于皇家御用的太液池，明什刹海成为城内市民游赏的公共水域，"沿水而刹者、墅者、亭者，因水也，水亦因之"[2]。明代什刹海地区，达官府邸、私家园林、寺庙道观、亭台楼阁汇聚一堂，强化了这片水域的文化内涵。明代什刹海水系空间再划分导致了不同水域的景观氛围开始出现差异，前海延续了元代商业氛围；后海成为寺观的集中建设地，环境静谧；积水潭（西海）靠近水关，视野开阔，私园环绕。明代什刹海地区的景观营造奠定了这一地区的景观基调。

明代，滨水活动空间范围大为扩展。内城有什刹海、太平湖、泡子河，外城有金鱼池、南下洼，以及东便门外二闸地段，西便门外莲花池等处。其中明代泡子河周边风景秀丽，兴建了大量大户私宅，且滨水活动非常丰富。[3]

---

[1]　"河之两岸，榆柳成行，花畦分列，如田家也。""十五日'中元'，甜食房进供佛波罗蜜；西苑做法事，放河灯，京都寺院咸做盂兰盆追荐道场，亦放河灯于临河去处也。"刘若愚：《酌中志·卷二十·的饮食好尚纪略》，北京古籍出版社1994年版。

[2]　《帝京景物略》。

[3]　"泡子河在崇文门之东城角，前有长溪，后有广淀，高堞环其东，天台岿其北。两岸多高槐垂柳，空水澄鲜，林木明秀，不独秋冬之际难为怀也。河上诸招提苦无大者。水滨之颓园废圃，多置不葺。"《清稗类钞》，名胜类篇。"崇文门东城角，洼然一水，泡子河也。积潦耳，盖不可河而河名。东西亦堤岸，岸亦园亭。堤亦林木，水亦芦荻，芦荻上下亦鱼鸟。南之岸，方家园、张家园、房家园。以房园最，园水多也。北之岸，张家园、傅家东西园。以东园最，园水多，园月多也。路迥而石桥，横乎桥而北面焉。中吕公堂，西杨氏泌园，东玉皇阁。水曲通，林交加，夏秋之际，尘亦罕至。岁中元鬼节，放灯亦如水关。北去贡院里许，春秋试者士，祷于吕公，公告以梦，梦隐显不一，而委细毕应。祠后有物，白气竟丈，夜游水面，人或见之，则倒入水，作鼓桨声，或曰水洼也。"（明）刘侗等：《帝京景物略·卷二》，北京古籍出版社1983年版。

　　明代海淀先后建有"清华园"（李园）和"勺园"（米园）（详见本章第五节）等诸多私家园林，清华园引瓮山泊水造园，其园林的理水，模仿自然水系，尺度较大的湖面与小尺度水渠相结合，空间节奏对比强烈。水系贯穿全园，便于因水设景，同时考虑水面行舟，既增强了水体空间的趣味性，又解决了园内交通运输问题。① 明代海淀私家园林的大规模兴建为清代西郊大规模兴建皇家园林埋下了伏笔。

　　明代通惠河上游因修皇陵而丧失漕运功能，长河（玉河，通惠河上游连接瓮山泊与什刹海）游赏功能兴起，成为北京最重要的景观廊道。沿线建有齐园、白石庄、郑公庄等几座私家园林和五塔寺、极乐寺、延庆寺、万寿寺等二十余座皇家寺庙，大都位于靠近西直门的河道蜿蜒地带。此种规划便于城内居民游憩的同时，保持了水系的自然状态，丰富了沿河景观层次。其中万寿寺作为皇家寺庙位于广源闸桥西侧，方便皇帝乘船前往西郊的途中驻跸。万寿寺规模庞大，挖土堆山，并利用取土处的坑洼理水，②寺庙的兴起促进了长河沿岸游憩活动的兴盛。明代长河沿线桥梁密布，包括广济桥、安河桥、三虎桥、高粱桥等。由于河道附近多有水田种植，形成独特的"塞北江南"景观特征。明代长河沿线各类景观引水而建，依水成景，呈现水田为底、寺园荟萃、桥堤栉比的景观特征。

　　明代北京随着城市布局的调整，尤其是修筑万岁山后，城市内、外主要水体空间的景观视线联系更为密切。城内水体空间景观的营造朝借景式发展，形成了"六海借三山"的视线关系。城外西郊皇家寺庙、私家园林多有修建。作为连接京城和西郊的风景走廊，长河一线的景观廊道的营造发展迅速。

---

① 《帝京景物略》载："园内水程十数里，舟莫或不达。"
② "三池共一亭……山后圃百亩，圃蔬弥望，种莳采掇。"（《帝京景物略》）

第 五 章

清代北京城市水体空间演变过程研究

第一节　清代继承了明代北京城市
水体空间的基本格局

一　清王朝定都北京

顺治元年（1644 年）五月，多尔衮率清军进北京，八月，顺治皇帝迁都北京，十月十日（阳历 11 月 8 日），在皇极门颁即位诏于全国，中国封建社会最后一个王朝——清王朝的中央政权就这样在北京建立了。

二　清代中央集权制的加强

清代延续了明代的专制统治，至雍正时期，为限制内阁权力，进一步加强皇权，设立了军机处。自此，清帝国的沟通机制和相应的草诏与决策过程就出现了一个双层体系：分别通过军机处和内阁这两个机构在两个层面上运作。前者处理更重要和更实质性的问题，后者处理例行公事。军机处具有较之内阁更高的地位。军机处的设立进一步强化了明代以来的集权化政治体制，在此后的清代延续了二百多年。①

清代集权化政治体制的进一步强化，为帝都皇家御用水体空间的进一步拓展创造了条件。

---

① 朱剑飞：《中国空间策略：帝都北京》，生活·读书·新知三联书店 2017 年版，第 195—196 页。

三　顺治"移城"诏令使满、汉分城居住

清顺治五年（1648 年），皇帝下令"凡汉官及商民人等尽徙南城"。命居住在北京内城的汉民，包括迎降清朝的汉臣，一律迁到外城居住。只有寺庙的和尚、尼姑，道观的道士、道姑以及投充八旗的汉奴可例外留住。自此之后，清皇室、八旗诸军占据的内城就称为"满城"，汉官及汉民居住的外城被称为"汉城"①。

清代北京旗、汉分城的居住政策，对京师的政治、经济、文化生活格局影响巨大，同时也对北京城市相关水体空间的布局、疏浚维护等问题都产生了重大的影响，表现出显著的"内外有别"的特点。

四　清初北京继承了明代北京城市水体空间的基本格局

元初，战乱纷争，金中都改为燕京，城市等级下降，原金中都皇家御用水体空间和漕运水体空间严重萎缩，直到忽必烈即位，北京恢复都城帝位后，北京城市各水体空间才逐渐恢复（详见第三章）。

明初，朱元璋定都南京，北京由帝国首都降为普通的府级行政区北平府，城市地位骤降，元大都城市水体空间萎缩严重，直到明成祖朱棣建都后，北京城市水体空间才得以恢复并拓展（详见第四章）。

清初，北京虽经历了三个多月李自成攻城之役，以及五个多月清军入京之役，但是除部分紫禁城宫殿被焚以外，城区基本未受到破坏，且北京政治中心的城市地位也未发生变化，清北京城完全延续了明代格局，城市水体空间的性质、位置、空间容量均未发生显著改变。

第二节　清代北京南苑（南海子）水体空间的演变

一　清代北京南苑水体空间的拓展

（一）清初南苑（南海子）发展成为北京城市行政副中心

清代南苑是皇室巡游、围猎、骑射和阅兵场所，同时也是清帝处理政

---

① 《清实录第三册·卷四〇》，中华书局 1985 年版，第 319 页。

务的重要场所。清初，在经营三山五园之前，南苑便已成为帝王政治生活的重要场所《清实录》中记载了大量清帝在南苑的政治生活。顺治九年（1652年），顺治皇帝在南苑接见五世达赖。康熙四年（1665年）皇帝第一次南苑行围开始，至康熙四十一年（1702年），三十七年间，康熙皇帝几乎每年都要去南苑，最多的年份一年去了八次。有学者统计，康熙一朝皇帝来南苑的次数超过150次之多。由于南苑行宫距紫禁城较近，康熙帝将很多政务活动选在南苑。乾隆时期，在南苑建团河行宫。乾隆后期（70岁以后）多数政务活动也是在此进行。[①] 清初南苑逐渐发展成为北京城市行政副中心，"南苑理政"成为清代园林理政模式的开端。

（二）清代南苑水体空间的拓展

清顺治年间，修缮了南苑明代宫苑遗存，增建了元灵宫和德寿寺，形成了清南海子的基本格局。

乾隆三十二年（1767年）修理张家湾河，并挑浚南苑南隅的凤河，用银二万二千三百零一余。[②]

乾隆三十二年（1767年）至三十三年（1768年），开挖南苑西北隅的一亩泉至张家湾河道。[③]

乾隆三十六年（1771年），皇帝发现南苑内凤河有断流情况，拨专款令"开挖、深通"凤河及一亩泉下游至张家湾运河的河道。[④]

乾隆三十六年（1771年）前，经实地勘察，南苑共有水泉117处，其中团河有94处，一亩泉有23处，较之前朝的72处增加了45处。此时（1771年）南苑共有较大的水泊（海子）五处（其中两处为季节性湖泊），较明代增加了两处。《乾隆三十六年御制海子行》诗中描写，当时的南苑呈现出"蒲苇戢戢水漠漠（大面积分布），凫（野鸭）雁光辉

---

① 刘文鹏：《北京南海子历史文化研究辑刊》，北京燕山出版社2020年版，第5—19页。

② 《永定河千年洪灾与修治年表》。

③ 中国国家图书馆馆藏《凤泉凉水河图》标注：一亩泉，至二闸与凉水河会，流出东红门，过马驹桥至张家湾，南门外归北运河济运，于乾隆三十二年开挖，三十三年告成。

④ 《永定河目录·谕旨》："阅视河淀情形，见凤河有断流之处，于回銮驻跸南苑时，令查勘上游，疏浚以达河流，今据阿里衮等查明，团河下游即为凤河，一亩泉下游即归张家湾运河，俱应开挖深通，已有旨意给发帑金及时修浚矣……着传谕方观承，即派委明习妥员前往查勘，将应行开挖之处，兴工务使一律畅流，以资宣泄，仍将勘估情形据实复奏，钦此。"

鱼蟹乐①”的特色景观。表明当时南苑有广袤的水域。

乾隆三十八年（1773 年），疏浚流经南苑北隅的凉水河道八千余丈。②

乾隆四十一年（1776 年）前后，大力疏浚南苑南隅的凤河，并因旧河“势直”，“恐其一泻无遗”，将凤河调整为“之”字形。③

乾隆四十二年（1777 年），拓宽了位于南苑西南隅的团泊（凤河源头）数十丈。④

乾隆四十七年（1782 年）前后，疏浚了南苑诸多水泊 21 处，又拓宽并清理了河道，同年准备再开凿四处湖泊，并依次施工。乾隆四十七年前后的水域修浚，拓展了南苑的水体空间⑤（图 5-1）。

二　清末皇权统治的日渐衰微与南苑水体空间的极速萎缩

清初、中期，南苑地区作为皇家苑囿和皇帝处理政务的场所，在皇权的掌控下，长期维持着最高等级的人力、物力、财力及制度层面的保障，作为其中的水体空间在保持原有水域的基础上，得到了进一步的拓展（图 5-1）。

至清末道光时期，随着国势的衰落，皇权统治力下降，南苑地区出现了私行垦田的情况。道光二十二年（1842 年），大臣戴铨等人上奏称，南

---

① 《乾隆三十六年御制海子行》注：“日下旧闻称有水泉七十二处，近经细勘，则团河之泉可指数者九十有四，一亩泉亦有二十三泉，较旧数殆赢其半……旧称三海，今实有五海子，但第四、第五夏秋方有水，冬春则干涸耳。”于敏中等：《日下旧闻考·卷七十四·国朝苑囿·南苑一》，北京古籍出版社 1985 年版，第 1234—1235 页。

② 《日下旧闻考》记载：“凉水河即大红门外绕垣之水，源出右安门西南凤泉，复合南苑之一亩泉及三海子诸水，由马驹桥入运河，是为苑内（南苑）北源之水……乾隆三十八年奉命疏浚，共修河道八千余丈。”于敏中等：《日下旧闻考·卷七十五·国朝苑囿·南苑二》，北京古籍出版社 1985 年版，第 1263—1264 页。

③ 《乾隆四十一年御制南红门外作》注记载：“凤河发源于海子内之团河，下流与永定河汇，荡涤沙浑，同由大清河入海，是凤河实为永定河关键。向以年久淤塞，因出内府帑金饬加挑浚，俾得畅流，迩年颇资其力。又以旧河势直，恐其一泻无遗，今作之字形，使其曲折而下。”于敏中等：《日下旧闻考·卷七十五·国朝苑囿·南苑二》，北京古籍出版社 1985 年版，第 1263—1264 页。

④ 《日下旧闻考》记载：“团河之源旧称团泊，在黄村门内六里许。河南北旧宽六十余丈，东西五十余丈。乾隆四十二年，重加疏浚，复拓开数十丈。”于敏中等：《日下旧闻考·卷七十五·国朝苑囿·南苑二》，北京古籍出版社 1985 年版，第 1261 页。

⑤ 《乾隆四十七年御制仲春幸南苑即事杂咏》记载：“近年疏剔南苑新旧诸水泊，已成者共二十一处，又展宽清理河道，清流演漾，汇达运河，并现在拟开水泊四处，次第施工，通流较昔时飞放泊尤为益利云。”于敏中等：《日下旧闻考·卷七十四·国朝苑囿·南苑一》，北京古籍出版社 1985 年版，第 1239 页。

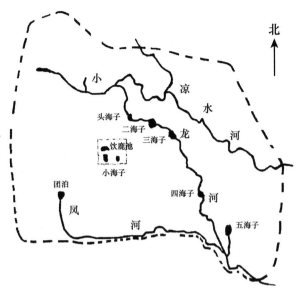

顺治、康熙时期南苑水系淀泊概况

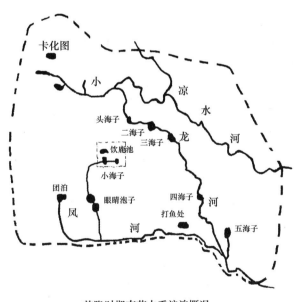

乾隆时期南苑水系淀泊概况

图 5-1　清顺治、康熙与乾隆时期南苑水系淀泊位置对比示意图

资料来源：本研究根据中国第一历史档案馆《海子图》舆 300、舆 1044 改绘。

苑出现私行垦田数顷的情况，奏请处理相关管理官员。针对戴铨等大臣提出的情况，道光皇帝的上谕称，南苑私开田地数顷，而实际情况可能更多，要求戴铨审讯相关人员，并派专人实地调查。此种情况说明此时南苑地区的私垦情况已经非常严重了。①

咸丰元年（1851年），皇帝贬斥了御使嵩龄开垦南苑闲地奏请。咸丰四年（1854年），又严厉处罚内阁侍读学士德奎，因为他奏请在南苑开垦屯田、办理团练。同治元年（1862年），醇亲王"酌议招募佃户，开垦南苑抛荒地亩情形，请旨办理"，同治皇帝也回绝了他的奏折。

虽然清帝屡次拒绝了臣下在南苑垦田的奏请，但随着时局的日益严峻，迫使朝廷的态度逐渐软化。光绪二十六年（1900年），八国联军侵入北京，南苑被毁，清廷在付出巨额庚子赔款后，已无力经营南苑。

为弥补亏空的国库，清廷于光绪二十八年（1902年）设立南苑督办垦务局，出售"龙票"拍卖南苑土地。② 当国势强盛、政局稳定，朝廷尚可通过政权的力量来维持原有局面。一旦国势衰弱、内外交困，传统的制度与政策也就不得不有所改变，以解当局者的燃眉之急。

此后，宫廷太监、官僚等，乘机迅速圈占了南苑大片土地，相继建起数十座庄园，又雇佣大批河北、山东的贫苦农民为他们垦田，南苑由皇家御苑迅速被置换成私家田庄。

这个迅猛异常的开发过程，从根本上改变了南苑地区的自然面貌，也因垦田填埋、侵占了南苑中的大片水域。1924年出版的《中华民国省区全志》称，清末民初，南苑已"无泛舟之利，而民间稻田颇资灌溉"。清末皇权统治的日渐衰微致使南苑水体空间极速萎缩。

三　皇权强力控制下的经济、制度层面的保障是南苑水体空间保持稳定的根本原因

元、明、清三代的大部分时期，国力雄厚，皇权强势，皇家御用的空间性质以及皇权强力控制下的经济与制度保障，确保了包括水体空间在内

---

① 《清实录》："南苑地亩，现有私行开垦，请将该苑丞撤任清查。""南苑禁地私开地亩数顷，恐尚不止此数，该苑丞等难保无知情故纵，通同舞弊情事。"

② 李炳鑫：《一件有关南苑开发的清代重要档案》，《首都文明史精粹大兴卷》，北京出版社2015年版，第237—239页。

的南苑地区的空间稳定。

当国势衰落，皇权的控制力下降，相关经济与制度层面的保障随之消失。皇室独享的御苑就不得不服从于经济上的需要，从清末开始很快变成人口稠密、阡陌纵横的农业区，其中大量原有的水体空间也随之被填埋、侵蚀。

由此可见，皇权强力控制下的经济、制度层面的保障是南苑水体空间保持稳定的根本原因。

第三节　清代北京西北郊（海淀镇）皇家苑囿水体空间的拓展

终清一代，曾经投入巨大的财力、人力，大规模开发了北京西北郊的园林风景区，营建了规模空前的皇家苑囿建筑群，即"三山五园"，包括：玉泉山静明园、香山静宜园、万寿山清漪园（颐和园）、畅春园、圆明园。清帝在这里游赏山水、处理朝政，使之逐渐成为与紫禁城并重的北京另一政治中心。"三山五园"的修建极大地拓展了北京地区的水体空间。

一　北京西北郊（海淀镇）一带特殊的地貌条件为经营皇家苑囿提供了理想场地条件

北京西北郊（海淀镇）一带皇家园林区的兴起，有其特殊的地理条件。根据北京大学地理系王乃樑团队研究，距今约 7200 年以前，南口—孙河断裂和八宝山断裂活动，在南口—孙河断裂西南方和八宝山断裂西北方的区域，形成一个向西北倾斜的地块。由于这个地块的东南部微微翘起，再加上八宝山一带隆起影响，永定河向东南方向的水流受到阻碍，只能沿八宝山断裂西侧向东北流（详见第一章第一节），经今西苑、清河镇一带汇入温榆河。现在的海淀镇以西，一直到万寿山、玉泉山一带，都是属于永定河的流经范围。

大约在距今 5000 年前后，高丽营断裂活动加强，断裂的东南盘相对下降，西北盘上升，永定河出山后，就不再流向相对抬高的原古清河，而选择了地势较低的东和东南方向迁移，距今约 1400 年前后永定河由原来的古清河逐渐转移到瀑水和古无定河的位置（详见第一章第四节），原来

的河道逐渐形成了一片低地。现在海淀镇正北及西北一带，地形平坦低缓
（海拔高度在 46 米以下），正是继承了当年古河道的地貌特点。一直到清
代，这里都是湖泊散布、溪流纵横之区。数里以外有万寿山、玉泉山平地
浮起，其后更有西山蜿蜒，山前低地田塍错列，波光潋滟，是营园造景的
理想之地。

二　清代畅春园的经营及其水体空间的拓展

畅春园是北京西北郊最早经营的皇家苑囿。明万历时期，皇帝的外祖
父武清侯李伟，在海淀镇以北的低地上，半跨北海淀湖，修建"清华园"
（又名李园，与今清华园同名异地），方圆十里。其中"水居其半"，"渠
可运舟，跨以双桥"，足见其水域的广阔。明末清初，清华园被毁。

清康熙年间，对明清华园进行修筑，于康熙二十六年（1687 年）竣
工，赐名畅春。[1]

整个营建过程遵循节俭原则，摒弃浮夸矫饰，如此整理后，昔日"亭
台丘壑、林木泉石"等多有减少，但园中水面更加广阔。清代畅春园的修
建，拓展了园内水体空间。[2]

三　清代圆明园的经营及其水体空间的拓展

畅春园建成后，成为紫禁城外的政务活动中心。当康熙驻跸此园时，
朝廷大员和皇子也往往随行。为了给他们提供随侍的居处，在畅春园周边
建造新邸。圆明园就是在这个期间开始修建的。最初它是胤禛的藩邸赐
园，建于康熙四十八年（1709 年）。

雍正即位后，即开始筹措扩建圆明园，雍正三年（1725 年），雍正皇
帝首次驻跸圆明园后，圆明园成为清帝在紫禁城外的听政起居之所，园里
的诸项扩建工程，也加速进行。雍正一朝，建成了乾隆朝所谓四十景中的
三十景以上，且四十景以外的许多重要景区，如"同乐园""舍卫城"
（当时名"城中庙宇"）、"紫碧山房""深柳读书堂""湖山在望""西山

---

①　吴建雍：《北京通史（第七卷）》，北京燕山出版社 2011 年版，第 440 页。

②　在御制《畅春园记》中，康熙提到此园落成后，"足为宁神怡性之所，永惟俭德，捐泰去
雕。视昔亭台丘壑、林木泉石之胜，絮其广袤，十仅存夫六七，惟弥望涟漪，水势加胜耳"。

人画"等也都已建成，圆明园内的重要园林建筑群组基本完成。

至乾隆九年（1744年），圆明园四十景全部完成。此后，乾隆二十七年（1762年），将四宜书屋改建为安澜园。乾隆三十九年（1774年），又建文源阁。

乾隆十年（1745年）之前，弘历已开始在圆明园东垣外建筑殿宇，赐名长春园，长春园至乾隆二十四年（1759年）前后基本完工，为圆明园东扩部分。

乾隆三十二年（1767年），将熙春园并为圆明园附园，乾隆三十四年（1769年）将"交辉园"（原来先、后是怡贤亲王允祥和大学士傅恒的赐园）改为"绮春园"，归并圆明园。乾隆四十五年（1780年）将春熙院合并为圆明园附园。至此，圆明园全部竣工。

圆明园外围总长近20华里，面积合计5000多亩，其中水域面积将近2000亩（约120公顷）。据今人实测，圆明园水体最高蓄水总量约为560万立方米，圆明园的修建大幅度拓展了北京西北郊的水体空间。[1]

1900年，八国联军入侵北京，圆明园遭到毁灭性破坏，1904年，清廷下令撤销圆明园管理机构，圆明园就此荒废，其中的水体空间也随之严重萎缩。

四　乾隆初年静宜园、静明园的经营及其水体空间的拓展

乾隆十年（1745年）至乾隆十一年（1746年），就香山康熙行宫拓建静宜园，其水域面积随之拓展。[2]

静明园位于玉泉山小东门外，金代始建芙蓉殿，明正德年间（1506—1522年）建上下华严寺。康熙十九年（1680年）在此建行宫澄心园，康熙三十九年（1700年）更名为静明园。乾隆初年，对玉泉山静明园加以修葺扩建。至乾隆十八年（1753年），静明园已建有十六景，成为三山五园中的一山一园。据今人统计，静明园水域面积约为13公顷。[3]

---

①　岳升阳等：《海淀文史》，开明出版社2009年版，第149页。

②　《御制静宜园记》"乾隆乙丑秋七月，始廓香山之郭……自四柱以至数楹，添置若干区"。于敏中等：《日下旧闻考·卷八十六·国朝苑囿·静宜园一》，北京古籍出版社1985年版，第1437—1438页。

③　岳升阳等：《海淀文史》，开明出版社2009年版，第149页。

五　清代清漪园（颐和园）的修建与昆明湖水体空间的拓展

（一）清以前瓮山泊（昆明湖前身）水体空间的演变过程

昆明湖一带，在辽、金时期就已有湖泊存在，元中统年间，开玉泉水通坝河漕运，对瓮山泊（昆明湖）加以修治，扩大水面，自神山（现凤凰山）将白浮泉水西引，后南流，循山麓合一亩、榆河、玉泉等诸水，后东南汇入瓮山泊（昆明湖），瓮山泊水体空间得到拓展。元至元年间大开坝河之举，瓮山泊水体空间再次拓展，后通惠河通漕，其上源白浮瓮山河导白浮泉及玉泉山西北诸泉入瓮山泊，其水域面积进一步拓展。元末，白浮瓮山河湮废，瓮山泊失去白浮泉及玉泉山西北诸泉水，水体空间严重萎缩。

明永乐五年，为配合北京城市建设，疏浚白浮瓮山河渠道，引水济通惠河，瓮山泊水体空间拓展。明永乐七年始修筑长陵后，白浮瓮山河断流，下游瓮山泊再次萎缩，嘉靖年间吴仲修浚通惠河，白浮瓮山河复通，瓮山泊再次拓展，但仅维持五六十年，纵观整个明代，瓮山泊水体空间较之元代萎缩严重。①

（二）清代昆明湖上升为皇家御用水体

据相关史料记载可知，②乾隆皇帝为庆祝皇太后六十大寿，于瓮山一带修建皇家园林清漪园（颐和园），在瓮山建大报恩延寿寺，并将"瓮山"赐名"万寿山"。于乾隆十五年初（1749 年）疏导玉泉诸水汇于西湖（瓮山泊），并赐名"昆明湖"。至此昆明湖由元、明时期的一般性水体上升为皇家御用水体。

（三）清代扩建昆明湖其他原因分析

综合相关史料分析，清代扩建昆明湖除了与庆祝皇太后大寿有关外，另有其他原因，整理如下：

---

① 蔡蕃：《北京古运河与城市供水研究》，北京出版社 1987 年版，第 87 页。

② 《乾隆十六年御制万寿山诗序》："岁辛未，喜值皇太后六旬初度大庆，敬祝南山之寿，兼资西竺之慈。因就瓮山建延寿寺，而易今名（万寿山）。"于敏中等：《日下旧闻考·卷八十四·国朝苑囿·清漪园》，北京古籍出版社 1985 年版，第 1394 页。

1. 训练大清水师的场地需要

《春明梦余录》记载，[1] 扩建昆明湖后，仿照福建、广东等沿海地区的"巡洋之制"，命福建等地的千总、把总（清武官名称），逢伏日在昆明湖训练香山健锐营的官兵水军战法。《御制万寿山昆明湖记》记载："湖既成，因赐名万寿山昆明湖……兼寓习武之意。"[2]《清史稿》记载："定健锐营于昆明湖教水战。"

由此可知，为训练大清水师提供必要的水域是清代扩建昆明湖的重要原因。

2. 提升北京地区的漕河运力

《御制万寿山昆明湖记》[3] 记载，扩建昆明湖可"浮漕利"，由于昆明湖是北京城市漕河（坝河、通惠河）最重要的水源地，昆明湖的扩建可提升其蓄水量，从而增加下游漕河的水量，有利于提升漕河运力。

3. 发展北京当地农业需要

《御制万寿山昆明湖记》记载，扩建昆明湖可"涉灌田"，昆明湖扩建完工后，海淀一带垦植了大量的水田，这在扩建之前是没有的。扩建昆明湖在一定程度上提升了北京城市的粮食自给能力。

4. 提升北京城市供水量

昆明湖不仅是北京城市漕河最重要的上游水源地，也是北京城市其他河湖水系最重要的水源地。昆明湖扩建后，可提升其蓄水量，从而提升整个北京城市河湖水系的供水量。据《御制万寿山昆明湖记》记载，昆明湖

---

① 《春明梦余录》记载："瓮山在玉泉山之旁，西湖（昆明湖）当其前……今上乾隆十五年……并疏导玉泉诸派，汇于西湖，易名曰昆明湖。设战船，仿福建广东巡洋之制，命闽省千把教演。自后每逢伏日，香山健锐营弁兵于湖内按期水操。"于敏中等：《日下旧闻考·卷八十四·国朝苑囿·清漪园》，北京古籍出版社 1985 年版，第 1391 页。

② 于敏中等：《日下旧闻考·卷八十四·国朝苑囿·清漪园》，北京古籍出版社 1985 年版，第 1391—1392 页。

③ 《御制万寿山昆明湖记》："夫河渠，国家之大事也。浮漕利涉灌田，使涨有受而旱无虞，其在导泄有方，而潴蓄不匮乎！是不宜听其淤阏湖泛滥而不治。因命就瓮山前，芰菷茭之丛杂，浚泥沙之溢塞，汇西湖之水，都为一区。经始之时，司事者咸以为新湖之廓与深两倍于旧，踟躇虑水之不足。及湖成而水通，则汪洋泫沴，较旧倍盛……今之为闸、为坝、为涵洞，非所以待泛涨乎？非所以济沟塍乎？非所以启闭以时使东南顺轨以浮漕而利涉乎？昔之城河水不盈尺，今则三尺矣。昔之海甸无水田，今则水田日辟矣……湖既成，因赐名万寿山昆明湖，景仰放勋之绩，兼寓习武之意。"于敏中等：《日下旧闻考·卷八十四·国朝苑囿·清漪园》，北京古籍出版社 1985 年版，第 1392 页。

扩建之前,城市河水深"不盈尺",而扩建之后则"三尺矣"。

5. 提升北京城市安全等级

扩建昆明湖对提升北京城市安全等级具有重大的现实意义,可使"涨有受而旱无虞"。扩建后提升了昆明湖的蓄水空间,可在汛期滞蓄更多的雨洪,减轻城市的行洪压力,同时可在旱季为城市供给更多的水量,减轻旱灾对北京的威胁。

(四) 清代扩建昆明湖工程

昆明湖扩建工程始于清乾隆十四年 (1749 年) 冬,至十五年初 (1750 年) 历时不到两个月完工。① 据《御制万寿山昆明湖记》,"新湖之廓与深两倍于旧",工程完工后"汪洋漭沆,较旧倍盛"。从中可知,此次工程使昆明湖水体空间大幅度拓展。蔡蕃先生研究,新湖周长三十余里,面积是原来的二、三倍以上。

民国初年,测得昆明湖面积约为 130 公顷。以平均深度 2 米估算,昆明湖的蓄水量约为 260 万立方米。据今人统计,颐和园水域面积约为 215 公顷,以平均深度 2 米估算,昆明湖的蓄水量约为 430 万立方米。②

《御制万寿山昆明湖记》记载:"(昆明湖) 今之为闸、为坝、为涵洞",说明此次工程还在昆明湖上修筑了闸、坝、涵洞等水工建筑物。

为补充水源的不足,乾隆三十八年 (1773 年) "建石渠引西山水入玉泉"③。开凿石槽,将西山十方觉寺 (卧佛寺) 附近与碧云寺内的两处泉水,导引到山下四王府广润庙内的石砌方池之内,然后再由方池引水东流,直达玉泉山,与山麓诸水合流,同注昆明湖。石槽相接,东西约长 5 公里。在地势高的地方将石槽置于平地,上"覆以石瓦",地势低的地方则将石槽置于长墙 (垣) 之上④ (图 5 - 2)。

---

① 《乾隆十五年御制西海名之曰昆明湖而纪以诗歌》:"西海受水地,岁久颇泥淤。疏浚命将作,内帑出余储。乘冬农务暇,受值利贫夫。蒇事未两月,居然肖具区。……师古有前闻,赐命昆明湖。"

② 岳升阳等:《海淀文史》,开明出版社 2009 年版,第 149 页。

③ 《 (光绪) 顺天府志》。

④ "西山泉脉随地涌现,其因势顺导流注御园以汇于昆明湖者,不惟疏派玉泉已也。其自西北来者尚有二源:一出于十方觉寺旁之水源头;一出于碧云寺内石泉;皆凿石以为槽以通水道。地势高则置槽于平地,覆以石瓦;地势下则于垣上置槽。兹二流逶迤曲赴至四王府之广润庙内,汇入石池,复由池内引而东行。于土峰上置槽,经普通、香露、秒喜诸寺夹垣之上,然后入静明园。"于敏中等:《日下旧闻考·卷一百一·郊坰·西十一》,北京古籍出版社 1985 年版,第 1672—1673 页。

为防止汛期山洪冲毁引水石槽，危及西山诸园，乾隆三十八年（1773年）又从十方觉寺与碧云寺之间开凿两条泄水河：一支向东北流经四王府，过玉泉山北接入清河；另一支经四王府南，向东经古玉渊潭，再南下东折，注入西护城河[①]（图5－2）。

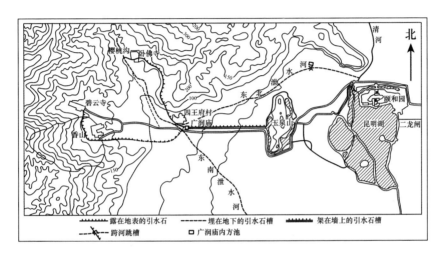

图 5－2　清代利用引水石槽汇集西山诸水图

资料来源：侯仁之：《北京历代城市建设中的河湖水系及其利用》，《北京城的生命印记》，生活·读书·新知三联书店 2009 年版，第 104 页。

开凿泄水河的同时，为滞蓄从西山导入的洪水，减轻对北京城市的行洪压力，"修浚玉渊潭"[②]，大幅度拓展了玉渊潭的水体空间，使之成为受纳西郊诸水的大水库。拓展后的玉渊潭与西北郊诸水一同构筑起北京西北方向的调蓄水库网，极大减缓了汛期西山雨洪对北京城市的压力（图5－3）。

---

① "四王府东北至静明园外垣皆有土山，土山外为东北一带泄水河。其水东北流，合萧家河诸水，经圆明园后归清河。四王府西南亦有土山，土山外为西南一带泄水河。其水流经小屯村、西石桥、平坡庄、东石桥折而南流，经双槐树之东，又东南至八里庄，西汇于钓鱼台前湖内，为正阳、广宁、广渠三门城河之上游。此二泄水河皆乾隆年间奉命开浚，每夏间山水盛多，借此南北二河分酾其势，自是田庐道路咸蒙利赖，无复有泛溢沮洳之虑矣。"于敏中等：《日下旧闻考·卷一百一·郊坰·西十一》，北京古籍出版社 1985 年版，第 1672—1673 页。

② 侯仁之：《北京都市发展过程中的水源问题》，《北京城的生命印记》，生活·读书·新知三联书店 2009 年版，第 79—80 页。

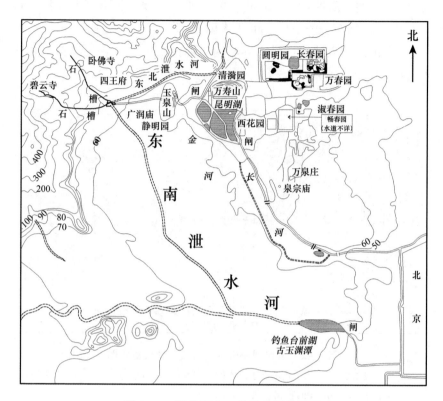

图 5 - 3　清代西山一带泄水河位置图

资料来源：侯仁之：《北京都市发展过程中的水源问题》，《北京城的生命印记》，生活·读书·新知三联书店 2009 年版，第 80 页。

　　清乾隆十八年（1753 年）修筑惠山园闸，增加万寿山后溪河出水口。乾隆二十一年（1756 年）前，为蓄水灌溉湖西岸地势较高处的稻田，在湖西北增开高水湖，[①] 昆明湖水域再次拓展（图 5 - 4）。

　　清乾隆二十九年（1764 年），修筑昆明湖东堤二龙闸、东堤上的灌溉涵洞并增置西堤。至此，昆明湖水域被分为两部分，西堤以东称昆明湖，以西称西湖，两湖通过西堤上的六座桥保持连通。蔡蕃先生认为，筑西堤的目的一是为模仿杭州西堤，二是为分区蓄水。筑西堤后，由于湖西北部

　　[①]　"影湖楼在高水湖中，东南为养水湖，俱蓄水以溉稻田。"于敏中等：《日下旧闻考·卷八十四·国朝苑囿·清漪园》，北京古籍出版社 1985 年版。

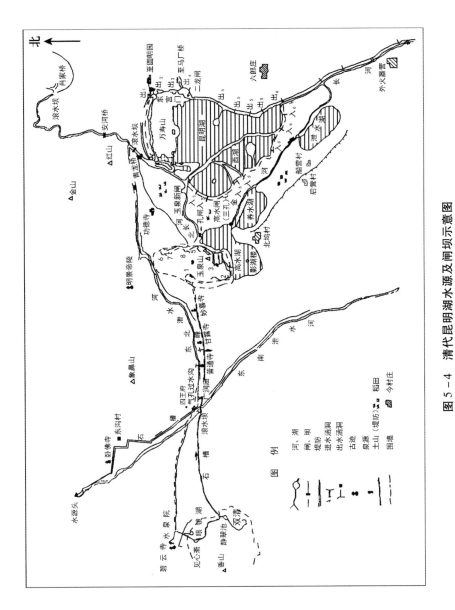

图 5 - 4　清代昆明湖水源及闸坝示意图

资料来源：蔡蕃：《北京古运河与城市供水研究》，北京出版社 1987 年版，第 86 页。

的蓄水达不到设计高程而淤浅，形成"湖面东移"的局面，后逐渐被开辟为稻田（图 5 – 4）。

六 清代北京西北郊皇家苑囿发展成为与紫禁城并重的另一政治中心

经过康熙、雍正、乾隆百余年的精心营建，北京西北郊一带的皇家苑囿渐具规模。清帝在游赏山水的同时，还在此处理朝政。

据何瑜先生的研究，康熙皇帝自康熙二十六年（1687 年）起直至病逝，每年居住在畅春园理政时间约有 150 天。

雍正帝自雍正三年（1725 年）后，每年在圆明园居住理政时间约 210 余天；乾隆帝在圆明园居住理政时间年均约 120 天；嘉庆帝每年约有 160 天驻圆明园；道光帝年均约 260 天驻圆明园，道光二十九年（1849 年）更是高达 354 天；在逃往热河前（1860 年），咸丰帝在圆明园理政七年，年均约 210 天。

清末光绪朝的政治中心转移到了颐和园，光绪皇帝和慈禧太后大部分时间在颐和园理政。

清帝在三山五园理政，许多重大事项[1]及重要的外事活动都在三山五园中处理。[2]

由此可见，清代北京西北郊皇家苑囿实际上成为与紫禁城并重的另一个政治中心。

七 政治中心的空间性质是清代北京西北郊苑囿水体空间大规模拓展的重要原因

清代北京西北郊皇家苑囿工程浩大，所耗费的人力、物力、财力均在城内宫廷之上。此外，为守卫这些皇家苑囿，环绕诸园的周围，又建八旗营房及包衣三旗，海淀以北数里之内，几乎都成为皇家禁地（图 5 – 5）。清代北京西北郊皇家苑囿事实上成为与紫禁城并重的另一个政治中心。这就使得西北郊的苑囿享有了帝国最高等级的政治、经济及军事保障，作为

---

① 引见大臣、御门听政、任命官吏、策试选士、勾决人犯、翰詹大考、阅试武举等例行政务，立储废储等。

② 何瑜：《清代三山五园编年（顺治—乾隆）》，中国大百科全书出版社 2014 年版。

苑囿中的相关各水体空间也自然得以拓展，并能够长期维持（修浚）其空间的稳定。

笔者认为，政治中心的空间性质是清代北京西北郊苑囿水体空间大规模拓展的重要原因。

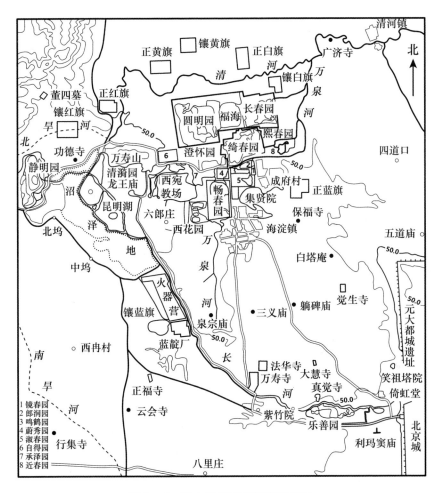

图 5 - 5　清中叶海淀附近诸园略图

资料来源：侯仁之：《北京海淀附近的地形、水道与聚落》，《北京城的生命印记》，生活·读书·新知三联书店 2009 年版，第 124 页。

第四节　清代积水潭、什刹海上升
为皇家御用水体

一　清代积水潭、什刹海上升为皇家御用水体

明代的什刹海，为城市公共水域。康熙年间，什刹海被提升为皇家御苑，奉宸苑颁令"非御赐，不准引用什刹海水"，从此积水潭、什刹海水域被严格管控。

乾隆年间，全城只有和珅府邸（恭亲王府）被御赐可引什刹海水。[①]

嘉庆年间，也只有嘉庆帝的哥哥——爱新觉罗·永瑆的成亲王府（醇亲王府）与嘉庆帝的女儿——固伦庄静公主的府邸（诚亲王新府），获准可引水什刹海[②]（图 5－6）。

二　清代积水潭、什刹海地区逐步发展为除紫禁城外的权力核心区

（一）清代将分封的皇室宗亲安排在京城内

明代施行分封制，皇子封亲王，成年后出藩，到分封属地执掌军政，非特诏不得回都城。明代诸王府都在分封的属地，而非京城，故在明北京城中，几乎没有王府。

清朝统治者汲取了明代地方藩王起兵作乱的教训，虽未废除分封制，但对皇室宗亲只封爵位，不封疆土，诸王受封后必须在京城居住，同时于顺治五年（1648 年）下移城令，满八旗进驻内城，除寺院僧道及八旗投充的汉人外，其他汉人均被迁往外城。于是清代北京内城形成了一个以紫禁城为核心、王府为拱卫、满八旗为外围的防卫格局，清代的王府尽在北京内城。

（二）清代积水潭、什刹海周边逐步发展为除紫禁城外的权力核心区

作为北京城中除太液池外最大的一片水域，清代什刹海地区上升为皇家御苑，许多皇室宗亲的府邸都被安排在这一地区，包括康熙的儿子、乾隆的女儿等。清晚期封爵的三个铁帽子王——恭亲王、醇亲王、庆亲王都居住在此，其中恭亲王奕䜣是同治初期的议政王，醇亲王载沣是宣统初期

---

① "邸中小池，亦引溪水，都城诸邸，唯此独矣。"《天咫偶闻》

② 《啸亭续录》："成亲王府在净业湖北……府中有恩波亭，以恩赐引玉河水入宅也。"

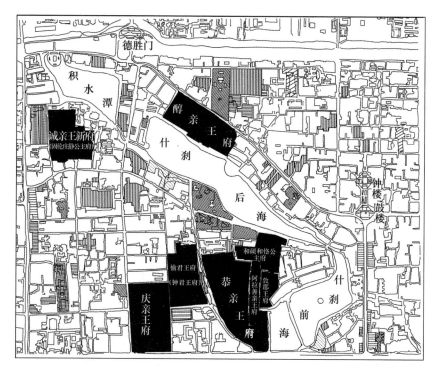

图 5 - 6　清代北京积水潭、什刹海地区王府位置示意图

资料来源：本研究整理。

的摄政王，庆亲王奕劻是光绪、宣统年间的总理大臣。清末，什刹海周边
逐步发展为除紫禁城外的京城权力核心区。

（三）清代积水潭、什刹海上升为皇家御用水体及其周边王府的修建
保障了什刹海水体空间的稳定

金代，在白莲潭（积水潭）南修建离宫，白莲潭成为皇家御用水体，
朝廷疏浚白莲潭，拓展了其水体空间。

元代，积水潭是大都经济生命线（通惠河与坝河）的调节水库与终点
码头，因其在经济上的重要性，水域空间得到保障。

明代，由于部分通惠河划入皇城，漕船不能入城，积水潭、什刹海作
为漕运码头的功能被大通桥一带水域取代，降为一般城市公共水域。部分
水域被辟为稻田，部分水域域被填埋侵占，建成街巷或民居，水域面积较
之元代减少三分之二强。

清代，积水潭、什刹海水域上升为皇家御用水体，并在其周边修建王府。作为皇家御用水域，什刹海水体空间得到最高等级的人力、物力、财力及制度的保障，至清末，其水域面积与明代基本持平，未再萎缩（图5-6）。

第五节　清代通惠河通漕情况

一　清代通惠河通漕基本概况

明末朝政腐败，国库空虚，无法维持通惠河的定期疏浚，通惠河水体空间逐渐萎缩，无法通漕。

清顺治十四年（1657年），给事中雷一龙修通州石坝及里（漕）河（通惠河俗称）五闸堤，恢复了通惠河漕运。①康熙初年又疏浚了通惠河上源玉泉山河道，并重建大通桥闸。清康熙三十五年（1696年），全面修浚通惠河，加筑堤岸，建滚水坝以泄水。②

清乾隆二十五年（1760年）疏浚通惠河后，又施行了一段时间的"大修"制。③清乾隆三十六年（1771年）、嘉庆十五年（1810年）又两次疏浚通惠河并修筑堤防。道光五年（1825年）通惠河进行过一次全面大修，保证了其后二三十年的通畅。④

清末咸丰年间，江南产粮区被太平军占领，大运河被截断，通惠河漕运量减少。至同治、光绪年间，通惠河淤塞严重，几近湮废。

---

①　"（顺治）十四年，给事中雷一龙，请浚河西务泥沙、修堤及石坝里河五闸堤工。"（清）周家楣、缪荃孙等：《光绪顺天府志·卷四十五·河渠志十》，北京古籍出版社1987年版，第1628页。"大通河旧名通惠河，元郭守敬所凿，俗亦名里漕河。"（清）于敏中等：《日下旧闻考·卷八十九·郊坰》，北京古籍出版社1985年版，第1507页。"通惠河一曰大通河，俗呼里漕河，亦名里河。"（清）周家楣、缪荃孙等：《光绪顺天府志·卷三十七·河渠志二》，北京古籍出版社1987年版，第1300页。

②　"本朝康熙三十五年，浚大通河（通惠河），加筑堤岸，建滚水坝以泄水。"（清）于敏中等：《日下旧闻考·卷八十九·郊坰》，北京古籍出版社1985年版，第1507页。

③　"（乾隆）二十五年，浚大通桥以下淤……十月，仓场侍郎裴日修奏：大通桥以下，至通州东水关，长十四余里，淤积既久，河身愈高，雨大则溃堤，闸水尽泄；水弱则又浅，阻漕运，每年修堤挑浅，名为岁修，与其逐年劳费，不若大加挑浚后，可节省过半。允之。"（清）周家楣、缪荃孙等：《光绪顺天府志·卷四十五·河渠志十》，北京古籍出版社1987年版，第1640—1641页。

④　（清）周家楣、缪荃孙等：《光绪顺天府志·卷四十五·河渠志十》，北京古籍出版社1987年版，第1642—1656页。

二　清代北京城护城河实现通漕

康熙三十六年（1697 年），疏浚北京城东护城河，连接通惠河与护城河。这样，原来通州抵大通桥下的漕船可沿护城河达朝阳、东直等门，而省去了起车陆运的交通成本。至此，北京城护城河又增加了漕运的功能。[①]

此后，清政府于乾隆三年（1738 年）、二十三年（1758 年）、二十五年（1760 年），又分别对这段护城河段加以浚治，使其更加通畅。乾隆五十四年（1789 年）至五十六年（1791 年），再次疏浚朝阳门至大通桥护城河 788 丈，并砌筑了石质的泊岸。[②] 嘉庆十五年（1810 年），又疏浚朝阳门至大通桥护城河。[③]

从以上情况可以看出，清通惠河的通漕，使大通桥至朝阳、东直门的护城河段得到更加频繁的疏浚与维护，客观上提升了北京城市护城河水体空间的稳定性。

需要特别指出的是，北京最早的护城河行船规划始于元代，郭守敬曾提出在澄清闸稍东处引水并与北坝河相接，在丽正门西设闸，使漕船可环绕大都护城河通行，但当时未能实现（详见第三章第五节），北京真正实现护城河通航则是在清康熙三十六年（1697 年）以后。

三　大运河被截断导致通惠河水体空间萎缩

北京城市漕河（通惠河、坝河等），从本质上讲是将通过大运河运抵通州的来自南方的漕粮、建材等物资转运至京城的水运通道，其空间的拓展或是萎缩在很大程度上受到大运河的影响。

大业四年（608 年），隋炀帝开凿永济渠，连接洛阳与涿郡（北京前身），促使桑干河（永定河）分支至涿郡南一段通漕（详见第一章第五节）。

元末，帝国日渐衰微，爆发了大规模红巾军农民起义。两年之后，盐贩张士诚也在泰州起事，后攻占江浙。海运、漕运（运河）被起义军阻

[①] "（康熙）三十六年，浚护城河，引大通桥运船达朝阳、东直等门。今东直门、齐化门（朝阳门）皆有水关，通惠河水所由入也。"（清）于敏中等：《日下旧闻考·卷八十九·郊坰》，北京古籍出版社 1985 年版，第 1507 页。

[②] 《（光绪）大清会典》卷七○一。

[③] （清）周家楣、缪荃孙等：《光绪顺天府志·卷四十五·河渠志十》，北京古籍出版社 1987 年版，第 1654 页。

断，国家经济遭受致命打击，已无力维持白浮瓮山河的定期疏浚与修筑，致通惠河湮废（详见第三章第六节）。

　　明永乐年间，为配合京杭大运河全面贯通，将运抵通州的来自长江上游的木材运抵京城，促使朝廷疏浚白浮瓮山河，恢复通惠河航运（详见第四章第二节）。

　　清末咸丰年间，江南产粮区被太平军占领，大运河被截断，通惠河漕运量减少，通惠河水体空间淤塞严重，渐趋萎缩。

四　清代通惠河上增开了多处月河

　　明正德二年（1507年），通惠河上始开月河，并建滚水坝，目的是在汛期将洪水安全泄入下游河道，同时保证漕运畅通。据蔡蕃先生研究，清代对通惠河上的滚水坝与月河用功最多，增建了多处。至乾隆年间，通惠河上的滚水坝与月河共有十处，道光年间减少一处，降为九处①（图5-7）。月河的开凿在一定程度上拓展了通惠河水体空间。

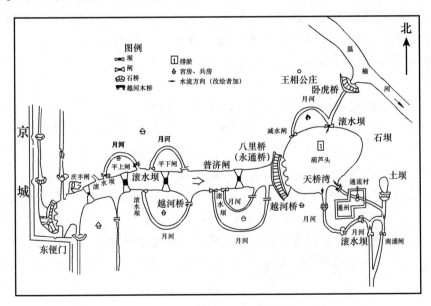

图5-7　道光二十九年通惠河南北两岸岁修各工图说

资料来源：蔡蕃：《北京古运河与城市供水研究》，北京出版社1987年版，第149页。

---

① 蔡蕃：《北京古运河与城市供水研究》，北京出版社1987年版，第117—120页。

五　清代通惠河管理制度

清代，自乾隆二十九年（1764年）起，规定通惠河上的修浚工程，实行保固三年的制度。①

通惠河修浚工程如有损坏，刑部将按不同程度进行处罚。三年之内河堤若被冲决，即使工程验收合格，承修官也需按修缮费用的40%进行赔偿，另60%报公。若河堤在工程完工三年后被冲决，防守该管各官共同赔付修缮费用的40%，内河道分司、知府共同赔付20%，同知、通判、守备州县共同赔付15%，县丞、主簿、千总、把总共同赔付5%。②

六　清代通州至京城的物资运输维持着"水陆并进"的局面，陆路运输依然占据相当比例

清顺治年间通惠河恢复漕运后，基本上沿袭明代"水陆并进"的旧制，部分漕粮由通州石坝倒入通惠河通过漕船运抵京城，另一部分则由土坝起车经京通石板道陆运至京城（图5-8）。

七　清末铁路运输的兴起与通惠河水体空间的大幅度萎缩

（一）清末修建铁路的原因分析

清光绪六年（1880年）刘铭传上奏，强调修建铁路的重要性与紧迫性："铁路之利于漕务、赈务、商务、矿务、厘捐、行旅者，不可殚述，而于用兵尤不可缓。"③

清光绪十五年（1889年）张之洞上奏修建卢汉铁路（京汉铁路）时提到，建卢汉铁路可"以一路控八九省之冲，人货辐辏，贸易必旺，不仅可以筹款养路，而实可裕无穷之饷源"，可"调兵入卫或发兵征讨，往来便捷"，可"便于使用新法开采太行山以北之煤铁"，还可"便于漕运"④。

---

①　（清）周家楣、缪荃孙等：《光绪顺天府志·卷四十五·河渠志十·河工六》，北京古籍出版社1987年版，第1654页。

②　《钦定大清会典事例·卷八五十四·刑部·工律河防》。

③　《二十五史清史稿（上）·一百四十九·交通志一·铁路》，上海古籍出版社1986年版，第580页。

④　《二十五史清史稿（上）·一百四十九·交通志一·铁路》，上海古籍出版社1986年版，第581页；魏开肇、赵蕙蓉：《北京通史（第八卷）》，北京燕山出版社1994年版，第322—328页。

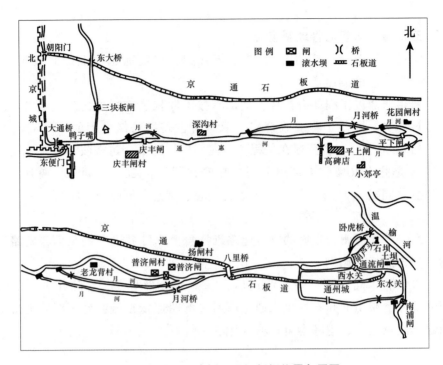

图 5 - 8　清代通惠河及月河闸坝位置复原图

资料来源：蔡蕃：《北京古运河与城市供水研究》，北京出版社 1987 年版，第 119 页。

从以上史料可知，清末兴建铁路在很大程度上是为了解决漕粮、煤铁等物资运输以及军队调遣之用，而这些功能也正是之前大运河及通惠河和坝河的主要功能。

（二）清末北京成为铁路交通枢纽

1. 清末修建以北京为枢纽的四大铁路干线

清末，清政府修建了以北京为枢纽的四大铁路交通干线，分别是：①京奉铁路（1880—1907 年）、②京汉铁路（1897—1905 年）、③京张铁路（1905—1909 年）、④津浦铁路（1908—1911 年），四大铁路干线分别通往东、西、北、南各省，北京作为全国铁路交通枢纽的城市地位初步形成（图 5 - 9）。

2. 清末修建北京城郊铁路专线

清光绪二十四年（1898 年），建成琉璃河至周口店支线铁路，用以接运长沟峪矿煤炭和石渣。

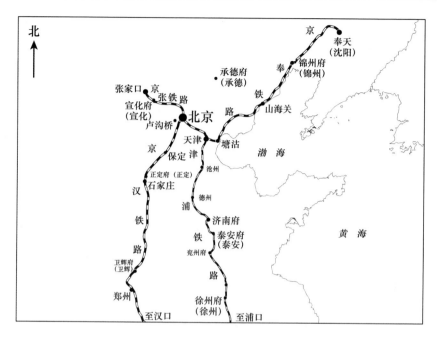

图 5 - 9　清末以北京为枢纽的四大铁路干线位置图
资料来源：本研究根据相关资料整理。

清光绪二十七年（1901 年），为将通州漕粮运抵京城，英军建成东便门至通州支线铁路。

清光绪二十八年（1902 年），为方便慈禧、光绪西陵祭祖，修建新易铁路，由新城县高碑店直达易州梁各庄。

清光绪三十年（1904 年），建成良乡至坨里支线铁路。

清光绪三十二年（1906 年），建成永定门至南苑轻便军事专线。

清光绪三十四年（1908 年），为将门头沟的煤炭运抵京城，建京门铁路，由西直门经五路至门头沟。

（三）清末北京成为铁路交通枢纽对北京城市格局的影响

铁路第一次真正进入北京城市，是在清光绪二十二年（1896 年），津卢铁路通车（天津至卢沟桥），车站最初设在丰台，后又沿至马家堡，光绪二十六年（1900 年）车站迁至永定门。光绪二十七年（1901 年），为了便于运输从南方沿大运河运来的漕粮，英军又增设了东便门通往通州的铁路支线（图 5 - 11），铁路穿越城墙与护城河。光绪二十八年（1902

年），京汉铁路正阳门西车站建成，光绪三十二年（1906年），正阳门东站落成，同年八月，西直门火车站落成①（图5-10）。

（四）铁路的修建导致清末北京城市漕运水体空间与其他相关城市水体空间（皇家御用水体空间除外）的大幅度萎缩

一方面，清末修建以北京为枢纽的四大铁路干线以及北京城郊铁路专线，尤其是光绪二十七年（1901年）西便门至通州的铁路支线的建成（图5-11），使铁路完全取代了通惠河的漕运功能。是年，清政府裁撤驻通州各漕运衙署，京杭运河全部漕运停止，"各省漕粮全改折色"，通惠河的漕运随之也基本停止。②

后虽仍对通惠河岁修，但重视程度已大不如前，相关维护大为减少，通惠河水体空间随着河槽的逐年淤塞而大幅度萎缩为北京城市向东排水的一条干渠，至此，通惠河仅余城市排涝功能。

另一方面，铁路修进北京城，穿越护城河及城内的相关河、湖、沟、坑，填埋侵占了部分水体空间，加剧了北京城市水体空间（皇家御用水体空间除外），尤其是南城东南隅与前三门护城河水体空间的整体性萎缩（图5-10）。

八　北京城市漕运水体空间的演变过程

（一）北京城市漕运的演变过程

1. 北京漕运的开端——金代

金代北京都城地位的确立，导致城市人口激增，由于当时陆路交通相对落后等原因，加之北京由之前的生产城市向消费城市转变，为满足北京作为帝国都城的运转，漕运成为金帝国聚敛国家农田赋税中的食粮及其他城市物资，汇集至都城的最重要运输途径。

金漕河的开通尝试导致坝河水体空间的拓展，后金漕河通漕失败促使金口河的开凿，金口河的湮废导致连接瓮山泊与高梁河上源的人工水渠——长河的开凿，后金口河的湮废又致通济河（闸河）通漕。

---

① 吴廷燮：《北京市志稿·第一卷》，北京燕山出版社1990年版，第182页。
② 《清史稿·河渠二》："光绪二十七年（1901年），庆亲王奕劻、大学士李鸿章言：'漕粮储积关于运务者半，因时制宜，请诏各省漕粮全改折色……'自是河运遂废。"

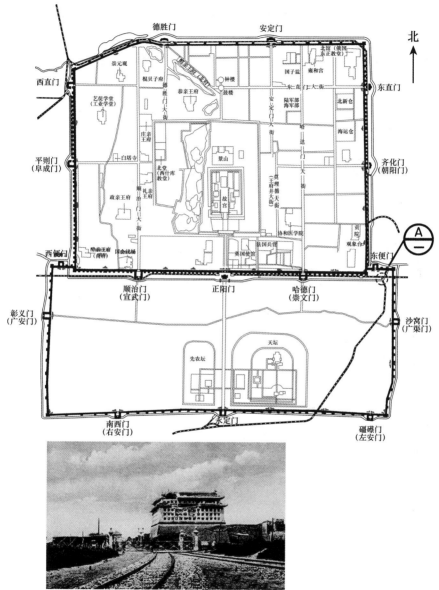

A照片　　1902年东便门一带进京的铁路和通往通州的支线
　　　　（庚子年遭炮轰损毁严重，未及修复）

图 5-10　清末北京城市铁路及车站位置图

资料来源：本研究根据相关地图整理，其中照片来自 https：//m.sohu.com/a/124570363_ 117503。

金代北京地区通漕的不断失败与再尝试，客观上拓展了北京地区的水体空间容量，为元代漕运的大发展创造了良好的场地条件（详见第二章第四节）。

2. 北京漕运的鼎盛时期——元代

元统一全国，人口激增，加之金代创造的良好场地条件，使得元大都漕运达到北京漕运历史的顶峰——同时通行两条漕河，分别是坝河、通惠河。这在北京城市历史上是第一次，也是唯一的一次，后又开凿金口新河（详见第三章第六节）。

3. 北京漕运的衰退时期——明代

明代，漕粮改折政策及陆路交通运输的发展（详见第四章第六节）等因素降低了漕河在运输漕粮等物资上的重要性，明代仅剩通惠河一条漕河，坝河从此湮废不再通漕。

4. 北京漕运的终结——清代

清代，北京陆运交通进一步发展（京通石板路），前期和中期勉强维持通惠河通漕，末期随着铁路的兴起，光绪二十七年（1901 年）西便门至通州的铁路支线的建成，使铁路完全取代了漕河的运输功能。是年，清政府裁撤驻通州各漕运衙署，京杭运河全部漕运停止，通惠河的漕运随之也全部停止（图 5 – 11）。

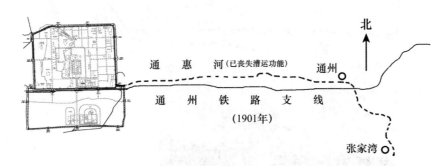

图 5 – 11　清末通州支线铁路与通惠河位置关系图

资料来源：本研究根据相关地图整理。

（二）北京城市漕运水体空间稳定性的主要影响因素

纵观北京漕运发展历史，笔者发现，北京城市漕运水体空间的稳定性与两个因素密切相关，一是北京的都城性质，二是其他运输方式的发展。

1. 北京城市漕运水体空间稳定性与北京的都城性质密切相关

漕河的开凿及日常运行，需要大量持续的人力、物力、财力以及制度上的保障。只有帝国都城所在地的漕河才可能具备上述条件，保持漕运水体空间的稳定性，进而保障漕河的正常运转。

金末，金宣宗迁都汴京，大批百姓也随之南迁，中都由金王朝的首都下降为一般边疆城镇，中都的漕运水体空间萎缩严重。

元将燕京升为帝国首都后，坝河、通惠河相继通漕，元大都城市漕运水体空间大为拓展。

明初，定都南京，北京由元帝国都城降为普通的府级行政区——北平府，元大都开创的漕运水体空间严重萎缩。朱棣迁都北京后，通惠河通漕，北京城市漕运水体空间恢复。

从以上历史演进过程来看，北京城市漕运水体空间大小及稳定性与北京的都城性质密切相关。

2. 北京城市漕运水体空间稳定性与其他运输方式的发展密切相关

金、元时期，北京地区陆路交通相对不发达，漕运成为帝都最主要的物资运输方式。朝廷对漕河的重视程度最高，各方面投入也最大，北京城市漕运水体空间稳定性最强。

明代，陆路运输能力提升，坝河的漕运功能废除，朝廷对通惠河的重视程度较元代有所降低，致通惠河长年淤塞不能通漕，北京城市漕运水体空间的稳定性降低。

清代，除陆路交通外，铁路运输兴起，完全取代漕河的运输功能，通惠河的漕运随之也全部停止，萎缩为一条城市排水干渠。

由此可知，北京城市漕运水体空间稳定性与其他运输方式的发展密切相关。

第六节　清代会清河通漕

一　清代诸旗驻军清河导致会清河通漕

清兵入关后，北京地区诸旗驻军多在清河镇附近，漕运的重点随之转移到清河。

清康熙四十六年（1707年），"开会清河，起水磨闸，历沙子营，至通州石坝止……运通州米由通流河至本裕仓"。①

通流河是通州城外北运河的一段。会清河的航线，是从通州石坝起，至清河口转沙子营村，再沿清河至本裕仓（建于康熙四十六年，约在今清河镇东南仓营村）。

清代对会清河非常重视，康熙五十一年（1712年）议准通州石坝至沙子营地方河道淤浅，每年将中流酌量挖浅，以利漕运。② 康熙五十五年（1716年）又奏准："凡榆河遇淤，归入北运河岁修。"自此以后，从通州经沙子营至清河镇，全河都得到岁修保障，会清河水体空间容量得以保持稳定，从而确保了会清河的漕运量的稳定。同时，也通过会清河将更多的上游水源输送至通州，增加了通州石坝前的水量（图5-12）。

据《（光绪）大清会典事例》记载，本裕仓在乾隆年间共修治十一次，嘉庆年间修治六次，同治后不见修治记录，由此可推断会清河在同治以后便不再通漕了。由于不再岁修，会清河水体空间在同治以后势必萎缩。

二　会清河通漕与北京西北郊皇家苑囿的修建密切相关

清历经康熙、雍正、乾隆三代前后百余年间，修建北京西北郊皇家苑囿。清帝在此观览山水，处理朝政，西北郊皇家苑囿成为与紫禁城并重的另一个政治中心。为守卫这些皇家苑囿，环绕诸园的周围，又建八旗营房及包衣三旗（详见本章第三节）。笔者认为，会清河的通漕原因应是为守卫西北郊皇家苑囿的八旗驻军运输粮饷之用（图5-12）。

三　历史上北京地区温榆河与潮白河通漕比较分析

历史上北京地区温榆河与潮白河的通漕始于元代。元初，为将通过运河运抵通州的粮饷转运至居庸关驻军，世祖命都元帅阿海疏浚温榆河，使"双塔漕渠"通漕（详见第三章第六节）。

明代，为供应驻守皇陵及居庸关的军士粮饷，疏浚通州经温榆河至昌平的水道通漕。同样是在明代，由于蓟辽总督移驻密云，为方便供给驻守密云的军士粮饷，疏浚潮白河通漕，运抵通州的粮饷可经潮白河转运至密

---

① 《（乾隆）大清会典》。
② 《（光绪）大清会典事例》卷九一三。

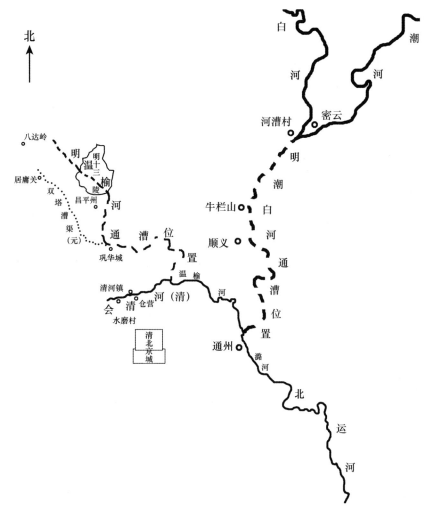

图 5 - 12 元、明、清三代北京潮白河、温榆河通漕位置图

资料来源：本研究整理。

云（详见第四章第五节）。

清代，为供应清河镇一带的驻军粮饷，浚修连接通州石坝至清河本裕仓会通河。

（一）历史上北京地区温榆河与潮白河历次通漕的共同特征

1. 目的相同

历史上北京地区温榆河与潮白河历次通漕都是为驻守北京周边要地的

军士运输粮饷而浚修的。

2. 驻军转移，关联漕河即萎缩

明末蓟辽总督驻所移驻山海关一线，密云战略价值被削弱，潮白河漕运也随之衰落，其水体空间随之萎缩。

清代随着昌平、密云的军事地位进一步下降，驻军或减少或移驻，温榆河与潮白河的漕运随之衰落，水体空间进一步萎缩。

3. 起点都是通州

历史上北京地区温榆河与潮白河历次通漕的目的都是为了将通过运河运抵通州的粮饷运至军队的驻扎地，各漕河的起点都是通州。

4. 所用功力远不及通往城市的漕河

历史上北京地区温榆河与潮白河历次通漕，都只是将天然河道稍加疏浚而成，所用功力（疏浚、维护）远不及通往城市的漕河（坝河、通惠河）。

5. 温榆河与潮白河漕河的运力受通往城市漕河的影响很大

元代由于通惠河通漕，白浮瓮山河导白浮泉及玉泉山西北诸泉，双塔漕渠的主要水源都流入通惠河，致双塔漕渠水源减少，无法行舟（详见第三章第六节）。

明代帝陵的修筑，导致通惠河湮废。通惠河的湮废，使温榆河可以分配更多的水源，客观上为明代温榆河的通漕提供了水源保障（详见第四章第五节）。

（二）历史上北京地区温榆河与潮白河历次通漕的区别

1. 终点不同

元代双塔漕渠的终点在昌平南、北口一带（详见第三章第六节）。明代温榆河通漕至昌平十三陵一带，潮白河通漕至密云一带（详见第四章第五节）。清代温榆河通漕至清河镇一带。

温榆河与潮白河通漕的终点与驻军的地点密切相关。

2. 数量、长度不同

元代双塔漕渠通往居庸关军事驻地，清代会清河通往清河军事驻地，元、清两朝各有一条漕河通往军事驻地。明代有两条漕河通往军事驻地，分别是通往皇陵的温榆河漕河与通往密云的潮白河漕河。

从漕河长度来说，明代因有两条漕河，因此长度最长，元代次之，清代最短（图5-12）。

3. 维护程度不同

元代双塔漕渠通漕后，史料中并无疏浚维护的相关记载。明代通州经温榆河至昌平的漕运水道重新疏浚通漕后，于万历元年（1573 年）再次开浚温榆河，并使漕河北延至明皇陵区域。

明嘉靖三十四年（1555 年）疏浚白河通漕，嘉靖四十二年（1563 年）又"发卒疏通潮河川水达于通州"，隆庆六年（1572 年）又疏通潮白二河（详见第四章第五节）。

清代对会清河非常重视，康熙五十一年（1712 年）议准通州石坝至沙子营地方河道淤浅，每年将中流酌量挖浅，以利漕运。自康熙五十五年（1716 年）从通州经沙子营至清河镇，全河都得到岁修保障。会清河全河段一直持续至嘉庆年间。

从史料中关于元、明、清三朝温榆河、潮白河疏浚维护的频次来看，清代的会清河维护程度最高，明温榆、潮白两漕河维护程度次之，元双塔漕渠维护程度最低。随着时间的推移（元—明—清），朝廷对此类漕河（运输军饷）的重视程度呈逐渐加强的趋势。笔者认为，清代之所以对会清河甚为重视，是因为西三旗一带驻军守卫的是西郊皇家苑囿，而这一带在清代是北京乃至整个帝国与紫禁城并重的政治中心。

第七节 清代北京城市沟渠的发展

一 清乾隆七年以后北京城市水体空间的浚修工程与城市沟渠的拓展情况

（一）乾隆七年至十五年北京城市水体空间的浚修工程

乾隆七年（1742 年）七月庚辰谕旨称,[1] 近年来京城街道，每遇雨

---

[1] "乾隆七年七月庚辰谕，修理京城内外河道沟洫，着原任副总河定注，一同办理。"《高皇帝实录》卷一七〇。"乾隆七年谕，京城内外水道，甚有关系，年来但值雨水稍骤，街道便至积水，消泄迟缓，此水道淤塞之故也，向来城内原有泡子河等水匮数处，以资容纳，而城外各护城河道，原以疏达众流，使不停蓄，今日久未经修浚，皆多淤垫，而街道沟渠，亦多阻塞，以至偶逢霖雨，便不畅流，此亦应及时筹书者，着户部工部尚书，步军统领带同钦天监官等逐一相度，其应如何疏浚之处，详议请旨，钦此，遵旨议定，查勘京师内外护城河，并城内各河，及青龙桥至高梁桥一带河道，应按旧址疏浚，至于众水经由各闸口，及蓄水四库，泡子河，太平湖等处，应依次疏浚，城内象坊桥，大石桥，并朝阳门等处露明沟渠，应行估修，城外天桥东西及牛街轿子胡同等处板沟，应改砌砖沟，九门大街沟渠甚多，应详细注册，分年修理，小街沟渠，照例开浚，倍加疏通，至各仓水道，并各部院泄水大沟渠，应一并疏浚。"《光绪会典事例》卷九三四。

量稍大，街道便会积水且消泄迟缓，这是因为各水道淤塞的原因。城内原有泡子河等淀泊数处，可滞蓄雨水，城市外围的护城河道原来也可疏达众流。而如今（乾隆七年前后）已久未修浚，淤塞严重，城市内的沟渠也大多淤塞严重，致使每逢雨量稍大，便会出现城市内涝。针对上述情况，令户部、工部尚书，步军统领带同钦天监官等"逐一相度"，找出对策。

后来的方案是：①依旧址疏浚北京内外城护城河、城内现有各条河道以及青龙桥至高粱桥一带的河道。②依次疏浚众水道汇聚的闸口处、原有的各淀泊（泡子河、太平湖等）。③修浚内城象坊桥、大石桥、朝阳门等处的明沟。④将外城天桥东西、牛街轿子胡同等处的板沟（明沟）改砌为砖沟（暗沟）。⑤九门大街沟渠因数量众多、工程浩大，先详细注册，再分年修治。小街沟渠，照例开浚，倍加疏通。⑥疏浚至各漕仓的运河水道及各府衙的泄水沟渠。

工程于乾隆七年（1742年）开工，乾隆十五年（1750年）前后除九门大街诸多沟渠外，其他工程陆续告成。

（二）乾隆七年（1742年）开始的浚修工程大幅度拓展了北京城市的沟渠水体空间

乾隆十五年（1750年）以后，始于乾隆七年（1742年）的浚修工程仍在进行，九门大街的许多沟渠仍在浚修增建中。

乾隆二十七年（1762年）奏准："东四牌楼北，钱粮胡同暗沟，按旧基砌砖沟一道，以资宣泄，西安门内甬路南边于福华门墙外，至西至东，接连旧沟，添砌砖沟一道，使南边一带雨水，俱由此沟直达中海，至甬路北边，天庆宫前以南至官草栏子，改砌砖沟一道，接至南口外旧沟，使水流入大街，又珍珠境巷口，起接连旧沟，东至阳泽门外，添砌砖沟一道使甬路北边一带雨水，俱由此沟归入北海。"[①]

从中可知：①"钱粮胡同暗沟"、②"西安门内甬路南北砖沟"、③"珍珠境至阳泽门外砖沟"为乾隆二十七年后北京内城新增的三条内城沟渠。

此外，《京师城内河道沟渠图说》一书中还提及，这个时期还增建了"药库胡同沟渠"。

---

① 《光绪会典事例》卷九三四。

　　至乾隆五十二年（1787 年），北京内城新增建的沟渠长度共计十二万八千六百三十三丈余[①]（约 412 公里），其中大沟三万五百三十三丈（约 98 公里），小沟九万八千一百余丈（约 314 公里）。[②]

　　综上可知，清代北京城市沟渠水体空间得到了大幅度拓展，在清乾隆时期开始形成大规模的暗沟网及沟渠网，但其中沟渠的增建主要发生在内城，外城沟渠拓展有限（图 5 - 13、图 5 - 14）。

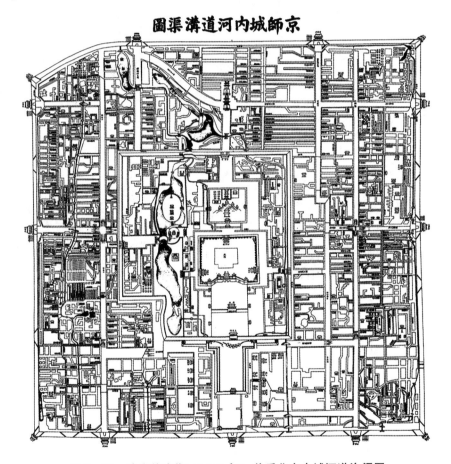

图 5 - 13　清光绪中期（1890 年）前后北京内城河道沟渠图

资料来源：今西春秋：《京师城内河道沟渠图说》，（伪）建设总署，1941 年。（注：原图藏于清宫内府舆图房）

---

①　明清营造尺，一尺 = 0.32 米，一丈 = 十尺。
②　今西春秋：《京师城内河道沟渠图说》，（伪）建设总署，1941 年，第 17—19 页。

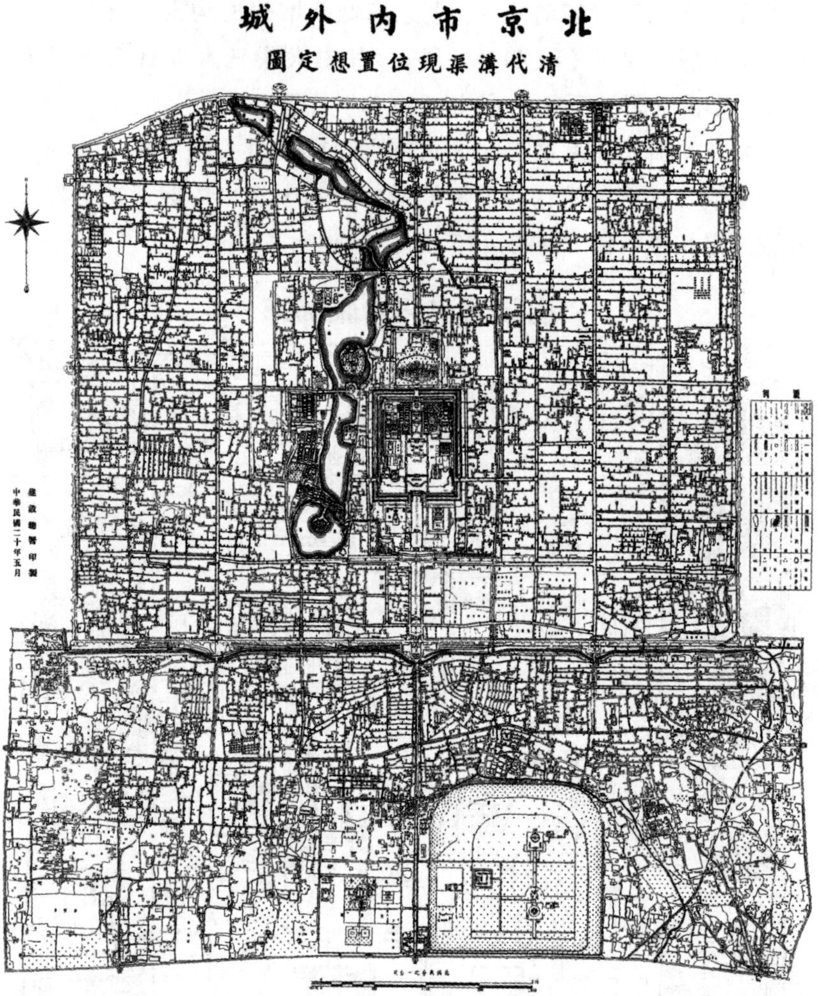

图 5 - 14　清代北京内外城沟渠位置想定图

资料来源：今西春秋：《京师城内河道沟渠图说》，（伪）建设总署，1941 年。

二　清代北京城市沟渠浚泄及构造

（一）清代北京城市沟渠的浚泄

清廷规定北京内外城沟渠，每年二月初开始浚泄，三月末完工。每到沟渠浚泄之时，街道秽气四溢，臭不堪闻，行人多携带大黄、苍术以避臭味。进行淘浚的沟夫更是经常发生被熏倒毙的情况。沟渠浚泄之时，由于沟渠内的大量秽物被淘出，加速了病毒的传播，故也是城市传染病高发的时间段。

乾隆十九年（1754年）上谕中提到"五城街道泥土，岁久填积增高，行路居人均属不便"。表明当时疏浚沟渠挖出的泥土，有堆积街面的情况。

乾隆三十五年（1770年）议定，每年开沟所淘出的秽土，需运至低洼处填埋，不许存留街面。在疏浚北海内沟渠时规定，"出沟淤泥一律起运城根下洼坑，散垫平均并平垫地基"。

北京城市沟渠的疏浚，一方面拓展了沟渠的水体空间，提升了行洪能力，另一方面，由于挖出的泥土被运至城市低洼处，且逐年递增，客观上又使城市其他洼坑空间收缩。

（二）清代北京城市沟渠之构造

1. 暗沟

《京师城内河道沟渠图说》提到，清北京城市的暗沟一般都较深，暗沟的沟盖距离地面约一、二尺至三、四尺不等，暗沟的这种深浅不一的情况与地势及排水方向密切相关（图5–15）。

暗沟用砖石构筑，顶盖为石质，下底通常为石板或平砖，内部高宽约为三四尺四方。文中还提到，暗沟因内部空间狭窄，疏浚较为困难，出现了用"童子夫工进沟起挖"的情况。

清代北京城内各家生活污水大都通过积水"盲井"[①]渗入地下，不与城市沟渠连接，一些特殊场所，尤其是排水较多的大户人家，往往私设暗沟导入官沟。[②]

2. 明沟

从东直门、朝阳门附近遗存的明沟来看，都是用砖构筑，且有相当深度，另据记录，南城烂漫胡同等明沟广深各达二丈。

3. 明沟下方建有暗沟

《京师城内河道沟渠图说》介绍说，西安门大街真如境西不远处，西安门大街道路两旁，都建有明沟，而上述地点的明沟下还同时接有暗沟。这种构筑形式是有意为之，还是在暗沟存在之处新建明沟不得而知。

---

① 清代北京城内各家各户的生活污水的排泄，多采用"渗坑"形式（即俗称的"渗井""渗沟"），这是利用北京地质多沙质土层，渗水性强的特点建筑的一种积水"盲井"，直至新中国成立初期，北京四合院内渗井仍大量存在。

② 今西春秋：《京师城内河道沟渠图说》，（伪）建设总署，1941年，第27—28页。

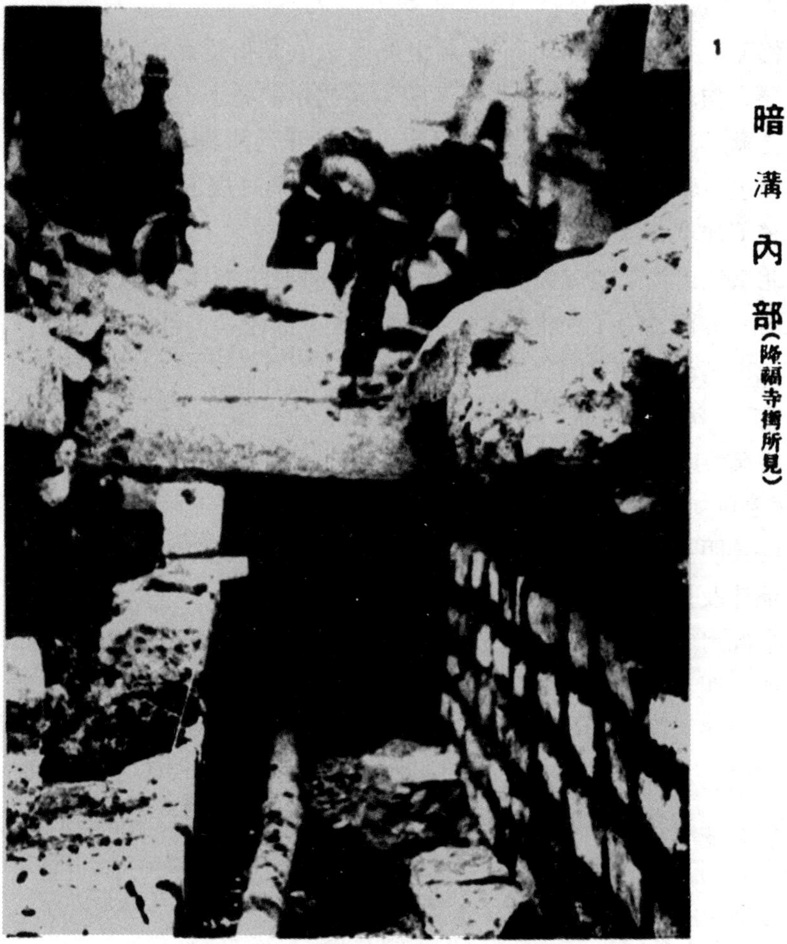

图 5－15　北京隆福寺街一带清代暗沟内部照片

资料来源：今西春秋：《京师城内河道沟渠图说》，（伪）建设总署，1941 年。

三　清代北京城市沟渠管理概况

（一）北京内外城沟渠管理概况

清朝于顺治元年（1644 年）定都北京后，即设立隶属于工部的街道厅，管理北京内外城的大小沟渠。[①]

① “顺治元年定，令街道厅管理京师内外沟渠，以时疏浚，若有旗民人等淤塞沟渠者，送刑治罪。”《光绪会典事例》卷九三四。

康熙四十二年（1703年）开始，着步军统领管理京师内外沟渠，但并未将街道厅废除。雍正四年（1726年），奏准内城沟渠交由步军统领管理，外城则由街道厅管理。①

乾隆七年（1742年）以后，朝廷对京师内外城的沟渠修浚仍感不足，至乾隆十六年（1751年）特派专员进行管理。乾隆十七年（1752年）更是扩大官制，于工部下增置"值年河道沟渠大臣"一职，共四人。其中钦派工部堂官一人，奉宸苑、颐和园、步军统领衙门堂官各一人。值年大臣一年期满，由工部奏请更换。如前任有"办理草率之处"，接任的官员需"据实参奏"。值年河道沟渠大臣的办事机构称"值年河道沟渠处"。

乾隆十七年（1752年）准奏，每逢年终，值年河道沟渠处委派官员，于第二年春季开沟时，查看京师沟渠，务必使其"洁净深通"。夏秋汛期过后，相关官员需亲自前往查看全部沟渠，如需修浚，应报明值年河道沟渠大臣，并实地确认后，交工部落实。②

北京城市沟渠的疏浚，内城由步军统领衙门具体负责，外城由都理街道衙门具体负责。③

（二）北京内外城的官沟与民沟

京师内外城沟渠之官沟、民沟之分，始见于雍正七年（1729年）覆准，"内城过街沟道，令司坊官雇刨挖，外城沟道，着街道厅令居民自行刨挖，禁止沟头包揽，毋得滥派"，"外城沟道，着街道厅令居民自行刨挖"④，表明当时外城的沟渠为民沟。

乾隆三十一年（1766年）议准："外城街巷沟渠，向未动帑修浚者，

---

① "康熙四十二年奉旨，京城内外沟渠，着步军统领管理，""雍正四年奏准，京师内外大小沟濠，内城交步军统领，分委八旗步军协尉，外城交五城街道厅，分委司坊各官，凡应行刨挖之处，丈量确估，酌动正项钱粮，于次年兴工。"《光绪会典事例》卷九三四。

② "凡河道沟渠，春秋覆勘修浚，呈报工部兴工，春间开沟时及秋间雨水过后，俱由大臣等亲往查勘，务令河道沟渠洁净深通，有应行修浚者乃系零星添补，由值年河道沟渠处，逐案开明沟渠尺寸做法估计钱粮，咨部在节慎库支发，汇入月折具奏，如所需物料银在二百两以上，工价钱五十串以上者，由该处估计奏明咨领，工竣造册奏销。"《光绪会典事例》卷九三四。

③ "都理街道衙门……掌外城街道之事，凡街道修治以时，仲春则导治沟渎。"《光绪会典》卷六三。"河道沟渠，有应修浚者，会值年河道沟渠大臣勘估办理，每年淘挖官沟，内城由步军统领衙门，外城由街道衙门办理，工竣，报明值年河道沟渠大臣，咨部核给工价，并各派司员十人，分城查验。"《光绪会典》卷六。

④ 《光绪会典事例》卷九三四。

酌量改修，以资宣泄，此外小巷各沟，仍令街道厅饬五城该管官董率居民铺户，遇有坍塌者，即行修整，务使接连大沟，一律贯通。"① 其中外城"小巷各沟"因"官董率居民铺户修整"，应为民沟。

此后，乾隆三十四年（1769 年）奏准："外城官沟每年春初即行查报，速为核算给项，与民沟同时兴举，将淤泥淘净，以资宣泄，内城官沟同。"明确区分了官沟、民沟。②

乾隆四十一年（1776 年）议准："外城偏街小巷沟渠，听居民自行清厘，大街官沟地面，交街道厅会同五城御史，将所有临街房基及骑沟碍道地方秉公逐细查清，造册存案。"③

从上述文献可知，清代的民沟只存在于外城的"偏街小巷"，而内城中则全为官沟。

据《京师城内河道沟渠图说》文中推测，清代北京外城"民沟"的出现是因北京城市沟渠拓展延长，导致修浚经费大增，朝廷无力承担，因此将汉城（南城）部分小沟渠交由居民自己经营，而满城（内城）仍是官费经营。清初满人圈占内城，汉人等尽迁南城，北京内、外城沟渠管理呈现显著的等级差异。官沟、民沟的区分实际表明清廷对内城沟渠的重视程度高于外城。

（三）紫禁城的沟渠管理

紫禁城沟渠河道属于内务府营造司管辖，由内务三旗分班管理，每年二月淘浚一次。《光绪会典》记载，紫禁城内河道：

镶黄旗第二班管理二十丈，第三班十五丈，第六班二十丈，第七班二十丈，第八班二十丈，第九班二十丈，第十班十五丈。

正黄旗第二班管理十九丈六尺，第三班二十丈，第六班二十丈，第七班十丈，第九班二十丈，第十班十二丈。

正白旗第一班管理二十丈，第二班二十丈，第三班三十丈，第五班二十五丈，第六班二十丈，第七班二十丈，第八班二十丈。④

---

① 《光绪会典事例》卷九三四。
② 《光绪会典事例》卷九三四。
③ 《光绪会典事例》卷九三二。
④ 《光绪会典事例》卷九五。

四　清代"沟董"①

清朝历代北京城市沟渠工程均委派一董姓家族，故有"沟董"之称。清代北京全城大小暗沟所用的砖、石灰、石板等材料，"每里每尺每丈，俱有定额"，不能随意增减。"沟董"在施工前，会详细计算所需材料的用量，竣工时，则不会出现材料不够或剩余的情况。

"沟董"建造沟渠最高明之处反映在"保限"和"地盘"两方面。所谓"保限"就是工程竣工后，能确保沟渠五年内不会有任何破损；所谓"地盘"是将北京城市沟渠设计成西北部较浅，而东南部较深，这是因为北京城市地势西北高而东南低，如此设计沟渠是为了契合北京的城市地形。

第八节　清代北京城市洪涝灾害较之明代
显著减轻的原因分析

从明代北京城市水患概况可知，自永乐十八年（1420年）定都北京至明亡，北京城市共发生水患18次，其中特别提及前三门一带的水患共有4次（详见第四章第七节）。

从表5-1整理的清代北京城市水患情况可知，终清一代，北京城市仅发生五次严重的洪涝灾害。同时需要特别注意的是，在这五次洪灾中，全部涉及南城或前三门地区。

此种情况，一方面说明相较明代，清代北京城市的洪涝灾害程度显著降低；另一方面说明南城仍是北京城市内涝发生的重灾区。关于南城内涝较为严重的原因上一章节已有阐述（详见第四章第七节），下面就清代北京城市洪涝灾害较明代显著减轻的原因试作分析。

---

① 民国二十九年（1930年）崇璋氏所作《沟董家》（民国二十九年十一月八日《小实报》）一文介绍："沟董者乃清时历代关于沟渠之工程，俱委董姓一家之手，故有沟董之称。清代北京全城之大小暗沟道需用之砖，石灰，石板等类，每里每尺每丈，俱有定额，不得随意增减，故沟董每于未施工事前，详细预计用量，迄工竣时决无石不足或剩余，董姓沟道造法之精奥，以'保限'及'地盘'为最者，京市之地势西北高而东南低，故地下之沟底亦西北浅而东南深，此计划俗称'地盘'，又一度工事完竣之后，确能保持坚固五年，此为官定五年期限，于五年期内绝无破坏之虞，此谓'保限'。"今西春秋：《京师城内河道沟渠图说》，（伪）建设总署，1941年，第2页。

表 5 - 1　　　　　　　清代相关文献记载北京城市洪涝灾害汇总表

序号	时间	具体水患情况	文献来源
1	顺治元年（1644）	"闰六月……淫雨匝月，岁事堪忧。都城内外，积水城渠，房屋颓坏，薪桂米珠，小民艰于居食，妇子嗷嗷，甚者倒压致死。"	《清顺治实录》
2	康熙七年（1668）	"浑河水决，直入正阳、崇文、宣武、齐化诸门，午门浸崩一角……上登午门观水势……宣武、齐化诸门流尸往往入城……谐门即没肩舆……乘马者翘足马背，靴乃不濡。"	《清宫述闻》
3	嘉庆六年（1801）	"六月朔日，京师大雨五昼夜，宫门水深数尺，屋宇倾圮者不可数记。桑干河缺口漫溢，京师西南隅被水较重。"	《清代海河滦河洪涝档案史料》
4	光绪十六年（1890）	"自上月（五月）二十日，大雨淋漓，前三门外，水无归宿，人家已有积水，房屋即有倒塌，道路因以阻滞，小民无所栖止，肩挑贸易，觅食维艰，情殊可悯。大清门左右部院寺各衙门，亦皆浸灌水中，城垣间有坍塌。堂司各官进署，沾衣涂足，甚至不能下车，难以办公。水顺城而出，深则埋轮，浅亦及于马腹，岌岌可危。"	《清代海河滦河洪涝档案史料》
5	光绪十九年（1893）	"六月十一日起，一连三日，大雨如注。前三门水深数尺，不能启闭，城内之官宅民居，房屋穿漏，墙垣坍塌，不计其数。人口之为墙压毙及被水淹者，亦复不少。并有四周皆水，不能出户，举家升高，断炊数日者，被灾之深，情形之重，为数十年所未见……至于城外之各村镇，有为山水所冲，有为洪河所灌，一片汪洋，均成泽国。"	《清代海河滦河洪涝档案史料》

资料来源：本研究整理。

一　清代北京西北郊水体空间的大幅度拓展客观上缓解了汛期北京城市行洪压力

北京地区地势西北高东南低，遇有全城普降大雨的情况，流量要从西北部高的地方到东南部比较低的地方穿城而过，对汛期北京城市行洪带来很大的压力，因此，西北方向的蓄水对于北京城市防汛安全至关重要。

清代，为满足帝王观览山水、处理朝政的需要，投入巨大的财力、物力，大规模地开发了北京西北郊的皇家苑囿（详见本章第三节），使这一区域的水体空间大为拓展。（其中，圆明园拓展水域面积至 120 公顷。昆明湖拓展二、三倍以上，达 215 公顷。静宜园水域拓展至 13 公顷，其他园区的水域面积也多有拓展。）

北京西北郊水体空间的大幅度拓展对提升北京城市安全等级具有重大的现实意义，真正实现了"涨有受而旱无虞"，在汛期可滞蓄更多的雨洪，减轻城市的行洪压力，旱季又可为城市供给更多的水量，减轻旱灾对北京的威胁。

二　扩挖玉渊潭成为受纳西郊诸水的调蓄水库

清代每逢汛期，香山一带洪水常会危及京师及海淀皇家园林，乾隆三十八年（1773 年）开"泄水河"，"修浚玉渊潭"，将汛期部分北京西北郊的雨洪导入扩挖后的玉渊潭，使之成为受纳西郊诸水的大水库。拓展后的玉渊潭与北京西北郊皇家苑囿内的各水域，一同构筑起北京西北方向的调蓄水库网，极大减缓了汛期西山雨洪对北京城市的压力（图 5 - 3）。

三　全城定期系统性的疏浚工程减缓了汛期北京城市的行洪压力

查阅史料，笔者发现，清代为了应对汛期雨洪对北京城市的不利影响，多次进行大规模城市系统性的疏浚工程。

如乾隆七年开始组织的工程，依旧址疏浚北京内外城护城河及城内现有各条河道，依次疏浚众水道汇聚的闸口及淀泊、修浚明沟、暗沟、疏浚运河水道及各府衙的泄水沟渠等。

定期全面系统性地疏浚城市诸水体空间，使北京内外城在汛期拥有更多容纳水体空间，一方面在汛期可以滞蓄更多的雨洪，另一方面，通畅的水道可以加速城市的排洪能力，减轻城市内涝的危害。

四　清代北京城市沟渠系统的大规模拓展缓解了汛期北京城市行洪压力

较之明代，清代北京城市沟渠水体空间大幅度拓展，至乾隆五十二年（1787 年），北京内城新增建的沟渠长度共计十二万八千六百三十三丈余（约 412 公里），其中大沟三万五百三十三丈（约 98 公里），小沟九万八千一百余丈（约314公里）。

北京城市沟渠网的显著拓展，一方面提升了沟渠的滞蓄空间容量，另一方面提高了北京城市沟渠网络的行洪速度。清代北京城市沟渠系统的大规模拓展有效缓解了汛期北京城市行洪压力。

第九节　北京城市建设形成的洼坑、湖沼

北京城多年作为首都，历代修建城墙、建筑宫殿、官府、庙宇等需要大量砂石、黄土。由于烧窑制砖多年用土，形成连绵洼坑，致使雨季积水，形成湖沼，如陶然亭湖沼即是修建南城墙取土所致，孙家坑是修筑隆福寺取土的洼坑。这类洼坑、湖沼，作为北京城市水体空间的一种特殊形式，全部为人工形成。

北京内城中的主要洼坑有：①旧鼓楼大街前、后坑，②细管胡同北坑，③反修路北口路西坑，④孙家坑，⑤府学胡同坑，⑥流水巷坑，⑦大佛寺坑，⑧美术馆坑，⑨灯市口北坑，⑩象鼻子坑，⑪西内大街北后坑，⑫后罗圈胡同草厂大坑，⑬官园南下洼子，⑭二龙坑，⑮前、后水泡子。

外城中的主要洼坑有：①广渠门内水坑，②天桥附近坑，③前门饭店后大坑，④友谊医院坑，⑤宣武体育场坑，⑥善果寺土坑，⑦右安门内水坑，⑧陶然亭湖沼。

北京城区人工形成的诸多洼坑、湖沼的时代，见于地图注记的有清代《乾隆地图》（1736—1795年），图上注有北馆水湿地、细管胡同洼坑、前、后水泡子、万柳塘、金鱼池、梁家园、前百户沟等。民国二年《实测北京内外城地图》注有二龙坑、龙须沟、板桥河、三座桥河、大、小川淀等（图5-16）。[①]

城市建设形成的洼坑、湖沼是北京城市建设的副产品，少有维护，时常被侵占、填埋。但值得注意的是，在汛期北京城市建设形成的诸多洼坑、湖沼客观上起到了一定的滞蓄雨洪的作用，对减轻北京的洪涝灾害起到了一定的积极作用。

---

① 孙秀萍：《北京地区全新世埋藏河、湖、沟、坑的分布及其演变》，《北京史苑（第二辑）》，北京出版社1985年版，第225—230页。

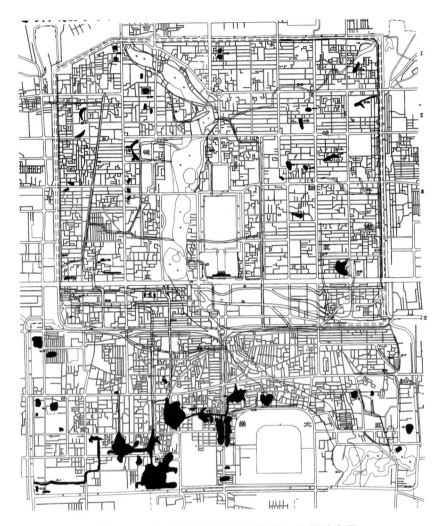

图 5 - 16　北京城区人工形成的洼坑、湖沼分布图

资料来源：本研究根据孙秀萍《北京城区全新世埋藏河湖沟坑分布图》改绘。

第十节　本章总结

一　清代北京地区水体空间演变概述

　　清初，由于战乱时间短，对北京城区影响较小，且北京政治中心的城市地位也未发生变化，北京城完全延续了明代格局，城区水体空间的性质、位置均未发生大的改变。

清代延续了明代的专制统治。至雍正时期，为限制内阁权力，进一步加强皇权，设立了军机处，强化了明代以来的集权化政治体制，并在此后的清代延续了二百多年。清代集权化政治体制的进一步强化，为帝都皇家御用水体空间的拓展创造了条件。

清初，南苑地区逐渐发展成为北京城市行政副中心，南苑（南海子）水体空间大幅度拓展。

清康熙时期，投入巨大的财力、人力，大规模开发了北京西北郊的园林风景区，营建了规模空前的皇家苑囿建筑群。清朝帝王在这里观览山水、处理朝政，此处成为与紫禁城并重的北京另一政治中心。清"三山五园"的修建极大地拓展了北京西北郊地区的水体空间。

为配合西北郊皇家苑囿的修建，乾隆年间新开凿了连接西山诸水与玉泉山的石槽，同时为降低汛期香山方向的山洪对西北郊诸园的影响，开凿了东北、东南两条泄水河。

开凿泄水河的同时，为滞蓄从西山导入的洪水，减轻对北京城市的行洪压力，"修浚玉渊潭"，大幅度拓展了玉渊潭的水体空间，使之成为受纳西郊诸水的大水库。拓展后的玉渊潭与西北郊诸水一同构筑起北京西北方向的调蓄水库网，减缓了汛期西山雨洪对北京城市的压力。

清代由于北京西北郊皇家苑囿已成为与紫禁城并重的另一个政治中心，为保卫其安全，环绕诸园的周围又建八旗营房及包衣三旗。为给守卫西北郊的八旗驻军运输粮饷，会清河通漕。

清代北京积水潭、什刹海上升为皇家御用水体，周边王府的修建使得这一地区成为北京城内除紫禁城外的权力中心区，积水潭、什刹海水域得到最高等级的保障，未再收缩。

为恢复漕运，清初疏浚通惠河通漕。为节省陆运成本，又疏浚北京城东护城河，使其通漕，大通桥至朝阳、东直门的护城河段得到更加频繁的疏浚与维护，客观上提升了北京城市护城河水体空间的稳定性。为降低汛期泄洪的压力，清代在通惠河上增建了多处月河，客观上拓展了通惠河的水体空间。

清代北京城市新增建了大量的城市沟渠，北京城市沟渠水体空间得到了大幅度拓展，并形成沟渠网络。由于清北京城的旗、汉分城居住的政策，使沟渠增建多发生在内城，外城沟渠拓展有限。

西北郊水体空间大幅度拓展、玉渊潭的扩容、城市沟渠系统的完善以及定期系统的疏浚工程降低了清代北京城市的洪涝风险。

清末皇权统治的日渐衰微导致南苑水体空间的极速萎缩。列强的入侵导致西北郊皇家苑囿损毁严重，水体空间严重萎缩。清末铁路的修建替代了通惠河的漕运功能，通惠河严重萎缩成一条城市排水干渠（图5–17）。

二 清代北京地区水体空间等级化差异分析

通过本章研究，根据其重要性等级，清代北京地区水体空间从高至低依次为：紫禁城内水体空间、皇城内水体空间、西北郊皇家御苑水体空间、南苑水体空间、积水潭与什刹海、通惠河、会清河、北京城市护城河、北京城市沟渠、城市建设形成的洼坑和湖沼（图5–18）。

（一）最高等级的皇家御用水体空间——紫禁城内水体空间

具体包括紫禁城护城河、内金水河，它们是宫城的重要安全保障，是最高等级的水体空间，拥有最高等级的人力、物力、财力以及制度层面的保障，具有最高等级的空间稳定性。

（二）皇城内水体空间——太液池、金水河、玉河（御河）

同样是为帝王独享，是次一级皇家御用水体空间，拥有高等级的人力、物力、财力以及制度层面的保障，具有高等级的空间稳定性。

（三）西北郊皇家御苑水体空间——圆明园内水体空间、昆明湖、畅春园内水体空间、其他诸园内水体空间

清代北京西北郊皇家苑囿发展成为与紫禁城并重的政治中心，其区域内的诸水体空间也就自然提升至与皇城甚至紫禁城内水体空间同样的等级，拥有高等级的人力、物力、财力以及制度层面的保障，具有高等级的空间稳定性。

（四）南苑水体空间

清初南苑发展成为北京行政副中心，后随着西北郊皇家苑囿的兴建，其空间等级有所降低。作为南苑内的水体空间成为仅次于西北郊皇家御苑水体空间的高等级空间，拥有高等级的人力、物力、财力以及制度层面的保障，具有高等级的空间稳定性。

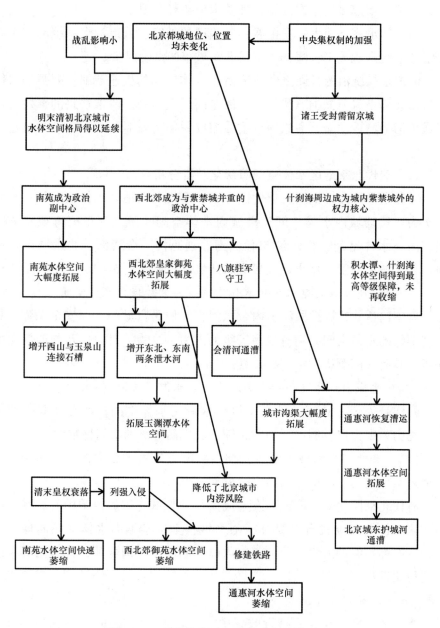

图 5 - 17　清代北京地区水体空间演变过程

资料来源：本研究整理。

图 5 - 18　清代北京地区水体空间等级差异示意图

资料来源：本研究整理。

（五）积水潭与什刹海

作为北京城中除太液池外最大的一片水域，清代什刹海地区上升为皇家御苑，许多皇室宗亲的府邸也被安排在这一地区，什刹海周边逐步发展为除紫禁城外的京城权力核心区。作为皇家御用水域，什刹海水体空间得到高等级的人力、物力、财力及制度的保障。

（六）京城的漕运大动脉——通惠河

清代通惠河仍是北京城市唯一的漕运水道。终清一代，多有经营，增建了多处滚水坝与月河。"保固三年"的管理制度保障了通惠河的正常运转，"水路并进"的局面，降低了通惠河对北京城市的作用。清末铁路运输替代了通惠河的漕运功能，通惠河在清代经历了巨大的波动，至清末湮废成一条城市排水干渠。

（七）西北郊政治中心驻军的粮饷运输线——会清河

清修建北京西北郊皇家苑囿，使其成为与紫禁城并重的另一个政治中心。为守卫这些皇家苑囿，环绕诸园的周围，又建八旗营房及包衣三旗。会清河通漕的目的就是为守卫西北郊政治中心的八旗驻军运输粮饷。由于八旗驻军守卫的是最高权力者，所以为其运输粮饷的会清河随之具有较高的空间等级，对其相关的修浚也非常重视，全河段都能得到岁修保障。

（八）守卫北京城市外围的水体空间——护城河

清代北京护城河延续明代，一方面是守卫京城的重要屏障，另一方面也是消纳城市雨洪的重要空间。康熙三十六年（1697 年），疏浚北京城东护城河，连接通惠河与护城河。这样，原来通州抵大通桥下的漕船可沿护城河达朝阳、东直等门，省去了起车陆运的交通成本，至此北京城护城河又增加了漕运的功能。

清通惠河的通漕，使大通桥至朝阳、东直门的护城河段得到更加频繁的疏浚与维护，相应提升了北京城市护城河水体空间的等级。

（九）城市建设形成的洼坑、湖沼

城市建设形成的洼坑、湖沼是北京城市建设的副产品，少有维护，是北京城市水体空间中最不稳定的空间，随时都有被侵占，填埋的可能。

三　清代北京地区水体空间演变特征

清代北京地区水体空间演变的基本特征是：城市内部水体空间延续明代格局；皇家御用水体空间大幅度拓展；城市沟渠网络的大范围增建。

（一）北京城市内部水体空间延续明代格局

元、明两朝北京在定都前都经历了城市降级的情况，城内前朝原有的水体空间均遭破坏，空间收缩严重。

清初北京虽经历了三个多月李自成攻城之役，以及五个多月清军入京之役，但是除部分紫禁城宫殿被焚以外，城区基本未受到破坏，且北京政治中心的城市地位也未发生变化。清北京城完全延续了明代格局，城市水体空间的性质、位置均未发生大的波动。

（二）皇家御用水体空间大幅度拓展

皇家御用水体空间大幅度拓展是清代北京地区水体空间演变的最重要特征，主要包括三个方面：北京内城将积水潭、什刹海提升为皇家御用水体空间；南苑水体空间的拓展；西北郊水体空间大幅度拓展。

1. 北京内城将积水潭、什刹海提升为皇家御用水体空间

作为北京城中除太液池外最大的一片水域，清代什刹海地区上升为皇家御苑，拓展了北京城内皇家御用水体空间。许多皇室宗亲的府邸也被安

排在这一地区，使这一地区逐步发展为除紫禁城外的京城权力核心区。积水潭、什刹海提升为皇家御用水体空间拓展了北京城内皇家御用水体空间。

2. 南苑水体空间的拓展

清代南苑是皇室巡游、围猎、骑射和阅兵场所，同时也是清帝处理政务的重要场所。清顺治年间，修缮了南苑明代宫苑遗存，增建了元灵宫和德寿寺，形成了清南海子的基本格局。

乾隆三十二年（1767年）修理张家湾河，并挑浚南苑南隅的凤河。

乾隆三十二年（1767年）至三十三年（1768年），开挖南苑西北隅的一亩泉至张家湾河道。

乾隆三十六年（1771年），拨专款令"开挖、深通"凤河及一亩泉下游至张家湾运河的河道。

乾隆三十八年（1773年），疏浚流经南苑北隅的凉水河道八千余丈。

乾隆四十一年（1776年）前后，大力疏浚南苑南隅的凤河，并因旧河"势直"，"恐其一泻无遗"，将凤河调整为"之"字形。

乾隆四十二年（1777年），拓宽了位于南苑西南隅的团泊（凤河源头）数十丈。

乾隆四十七年（1782年）前后，疏浚了南苑诸多水泊21处，又拓宽并清理了河道，同年准备再开凿四处湖泊，并依次施工。乾隆四十七年前后的水域修浚，拓展了南苑的水体空间。

清代北京南苑地区水体空间拓展显著。

3. 西北郊水体空间大幅度拓展

清代，投入巨大的财力、人力，大规模地开发了北京西北郊的园林风景区，营建了规模空前的皇家苑囿建筑群。北京西北郊"三山五园"的修建极大地拓展了北京地区的水体空间：①畅春园拓展了内部水体空间；②圆明园拓展水域面积120公顷；③静宜园、静明园拓展了内部水体空间，其中静明园拓展水域至13公顷；④拓展昆明湖水域面积二、三倍，达到215公顷；⑤为配合"三山五园"的修建开凿长约5公里的连接水槽（卧佛寺、碧云寺—玉泉山），并新开东北与东南两条泄水河。

清代北京西北郊皇家御苑水体空间大幅度拓展。

（三）北京城市沟渠网络的大幅度拓展

较之前朝，清代北京城市沟渠水体空间大幅度拓展，至乾隆五十二年（1787 年），新增建的沟渠长度共计十二万八千六百三十三丈余。

北京城市沟渠网的显著拓展，一方面提升了沟渠的滞蓄空间容量，另一方面提高了北京城市沟渠网络的排洪速度，有效缓解了汛期北京城市行洪压力。

四　清代北京地区各级水体空间之间关系分析

（一）西北郊苑囿诸水与西山引水石渠之间的关系

清漪园（颐和园）昆明湖扩建工程完工后，为补充昆明湖水源的不足，乾隆三十八年（1773 年）"建石渠引西山水入玉泉"，将西山十方觉寺（卧佛寺）附近与碧云寺内的两处泉水，导引至山下四王府广润庙内的石砌方池之内，然后再由方池引水东抵达玉泉山，与玉泉山诸水合流，后同注昆明湖。石槽相接，东西约长 5 公里。在地势高的地方将石槽置于平地，上"覆以石瓦"，地势低的地方则将石槽置于长墙（垣）之上（图 5-2）。

（二）西北苑囿诸水与东北、东南泄水河及玉渊潭之间的关系

清漪园（颐和园）昆明湖引水石渠修建后，为防止汛期山洪冲毁引水石槽，危及西山诸园，乾隆三十八年（1773 年）又从十方觉寺与碧云寺之间，开凿两条泄水河：一支经四王府东北，由玉泉山北入清河上游；另一支经四王府西向东南，由钓鱼台前湖（玉渊潭）南下东转，注入西护城河（图 5-2）。

开凿泄水河的同时，为滞蓄从西山导入的洪水，减轻对北京城市的行洪压力，"修浚玉渊潭"，大幅度拓展了玉渊潭的水体空间，使之成为受纳西郊诸水的大水库。拓展后的玉渊潭与西北郊诸水一同构筑起北京西北方向的调蓄水库网，极大减缓了汛期西山雨洪对北京城市的压力（图 5-3）。

（三）通惠河与东护城河之间的关系

康熙三十六年（1697 年），为节省起车陆运的交通成本，连接通惠河与东护城河，并疏浚北京城东护城河。这样，原来通州抵大通桥下的漕船可沿护城河达朝阳、东直等门，至此北京城护城河又增加了漕运的功能。

此后，清政府于乾隆三年（1738 年）、二十三年（1758 年）、二十五年（1760 年），又分别对这段护城河段加以浚治，使其更加通畅。

乾隆五十四年（1789年）至五十六年（1791年），再次疏浚朝阳门至大通桥护城河788丈，并砌筑了石质的泊岸。

嘉庆十五年（1810年），又疏浚朝阳门至大通桥护城河。

从以上史料可以看出，清通惠河的通漕，使大通桥至朝阳、东直门的护城河段得到更加频繁的疏浚与维护，客观上提升了北京城市护城河水体空间的稳定性。

五 清代北京地区水体空间与陆地空间彼此影响表现

（一）陆地空间对水体空间的影响

1. 清河一带八旗营房的修建促使会清河通漕

清历经康熙、雍正、乾隆三代前后百余年间，修建北京西北郊皇家苑囿。清帝在此观览山水、处理朝政，西北郊皇家苑囿成为与紫禁城并重的另一个政治中心。为守卫这些皇家苑囿，环绕诸园的周围又建八旗营房及包衣三旗，为给守卫西北郊皇家苑囿的八旗驻军运输粮饷，会清河通漕。

2. 清末铁路的修建导致了部分北京城市水体空间的萎缩

清末铁路修进北京城，穿越外城南护城河，外城东、西护城河，内城的东、西护城河，这些位置的护城河水体空间势必会被铁路侵占、填埋。

沿前三门护城河与内城南城墙之间穿城而过，跨过郊坛后河、左安门内洼地及外城东北排水渠，部分侵占了这些水体空间。

清末铁路的修建导致了部分北京城市水体空间的萎缩（图5-19）。

3. 清末铁路的修建导致了通惠河水体空间的大幅度萎缩

清末修建以北京为枢纽的四大铁路干线以及北京城郊铁路专线，尤其是光绪二十七年（1901年）西便门至通州的铁路支线的建成，使铁路完全取代了漕河的运输功能。是年，清政府裁撤驻通州各漕运衙署，京杭运河漕运全部停止，通惠河的漕运随之也全部停止。

后虽仍对通惠河岁修，但重视程度已大不如前，相关维护大为减少，通惠河水体空间随着河槽的逐年淤塞而大幅度萎缩为北京城市向东排水的一条干渠，至此，通惠河仅余城市排涝功能（图5-11）。

4. 城市沟渠的疏浚填埋了部分城市洼坑空间

乾隆三十五年（1770年）议定，每年开沟所淘出的秽土，需运至低洼处填埋，不许存留街面。在疏浚北海内沟渠时规定，"出沟淤泥一律起

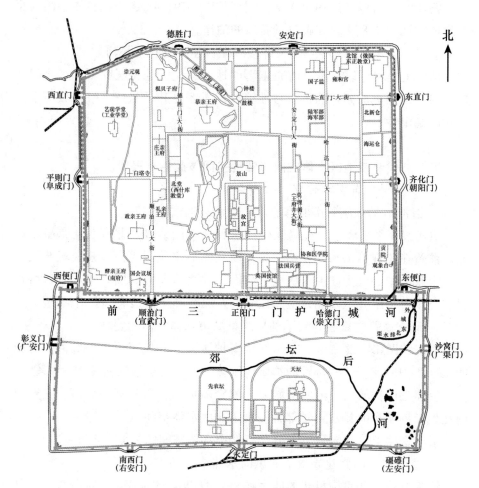

图 5 – 19   清末北京城内铁路对水体空间的影响

资料来源：本研究整理。

运城根下洼坑，散垫平均并平垫地基"。

北京城市沟渠的疏浚，一方面拓展了沟渠的水体空间，提升了行洪能力，另一方面，由于挖出的泥土被运至城市低洼处，且逐年递增，客观上又使城市其他洼坑空间收缩。

5. 城市建设形成了诸多洼坑、湖沼

北京城多年作为首都，历代修建城墙、建筑宫殿、官府、庙宇等需要大量砂石、黄土。由于烧窑制砖常年用土，形成连绵洼坑，致使雨季积水，形成湖沼，如陶然亭湖沼即是修建南城墙取土所致，孙家坑是修筑隆福寺取土的洼坑。这类洼坑、湖沼，作为北京城市水体空间的一种特殊形式，全部为人工形成。

（二）水体空间对陆地空间的影响

积水潭、什刹海作为京城内除太液池外最大的一片水域，且紧邻皇城，在清康熙年间，被提升为皇家御苑，许多皇室宗亲的府邸也被安排在这一地区，至清末，什刹海周边逐步发展为除紫禁城外的京城权力核心区。

六　清代北京多中心格局对北京地区水体空间布局的影响

（一）清代北京园林理政与城市多中心格局的显现

1. 南苑逐渐发展成为北京城市行政副中心

清初，在经营"三山五园"之前，由于南苑行宫距紫禁城较近，康熙帝将很多政务活动选在南苑，南苑便成为帝王政治生活的重要场所。

《清实录》记载，顺治九年（1652年），顺治皇帝在南苑接见五世达赖。

康熙四年（1665年）皇帝第一次南苑行围开始，至康熙四十一年（1702年），37年间，康熙皇帝几乎每年都要去南苑，最多的年份一年去了八次，有学者统计，康熙一朝皇帝来南苑的次数超过150次之多。由于南苑行宫距紫禁城较近，康熙帝将很多政务活动选在南苑。

乾隆时期，在南苑建团河行宫。乾隆后期（70岁以后）多数政务活动也是在此进行。

清初开始，南苑逐渐发展成为北京城市行政副中心，"南苑理政"成为帝都园林理政模式的开端。

2. 西北郊皇家苑囿发展成为与紫禁城并重的另一政治中心

从康熙经营畅春园开始，经过康熙、雍正、乾隆百余年的精心营建，北京西北郊一带的皇家苑囿渐具规模。清帝在游赏山水的同时，还在此处理朝政。

据何瑜先生的研究，康熙皇帝自康熙二十六年（1687年）起直至病逝，每年居住在畅春园理政时间约有150余天。

雍正帝自雍正三年（1725年）后，每年在圆明园居住理政时间约210余天；乾隆帝在圆明园居住理政时间年均约120天；嘉庆帝每年约有160

天驻圆明园；道光帝年均约 260 天驻圆明园，道光二十九年（1849 年）更是高达 354 天；在逃往热河前（1860 年），咸丰帝在圆明园理政七年，年均约 210 天。

清末光绪朝的政治中心转移到了颐和园，光绪皇帝和慈禧太后大部分时间在颐和园理政。

清帝在"三山五园"理政，许多重大事项及重要的外事活动都在"三山五园"中处理。

清代北京西北郊皇家苑囿成为与紫禁城并重的另一个政治中心。

（二）清代北京园林理政模式对北京地区水体空间布局的影响

1. "南苑理政"对水体空间的影响

清代南苑逐渐发展成为北京城市行政副中心，朝廷对其中的水体空间也备加重视。

清顺治年间，修缮了南苑明代宫苑遗存，增建了元灵宫和德寿寺，形成了清南海子的基本格局。

乾隆三十二年（1767 年）修理张家湾河，并挑浚南苑南隅的凤河，用银二万二千三百零一余。

乾隆三十二年（1767 年）至三十三年（1768 年），开挖南苑西北隅的一亩泉至张家湾河道。

乾隆三十六年（1771 年），皇帝发现南苑内凤河有断流情况，拨专款令"开挖、深通"凤河及一亩泉下游至张家湾运河的河道。

乾隆三十八年（1773 年），疏浚流经南苑北隅的凉水河道八千余丈。

乾隆四十一年（1776 年）前后，大力疏浚南苑南隅的凤河，并因旧河"势直"，"恐其一泻无遗"，将凤河调整为"之"字形。

乾隆四十二年（1777 年），拓宽了位于南苑西南隅的团泊（凤河源头）数十丈。

乾隆四十七年（1782 年）前后，疏浚了南苑诸多水泊 21 处，又拓宽并清理了河道，同年准备再开凿四处湖泊，并依次施工。乾隆四十七年前后的水域修浚，拓展了南苑的水体空间（图 5 - 1）。

清代，南苑地区作为皇家苑囿和皇帝处理政务的重要场所，长期享有最高等级的人力、物力、财力及制度层面的保障，作为其中的水体空间在保持原有水域的基础上，得到了进一步的拓展（图 5 - 1），其空间修浚维护也得到最高等级的保障。

2．"三山五园理政"对水体空间的影响

作为与紫禁城并重的另一个政治中心，清廷投入巨大的财力、人力，大规模地开发了北京西北郊皇家苑囿。清北京西北郊"三山五园"的修建极大地拓展了北京地区的水体空间：①畅春园拓展了内部水体空间，②圆明园拓展水域面积120公顷，③静宜园、静明园拓展了内部水体空间，其中静明园拓展水域至13公顷，④拓展昆明湖水域面积二、三倍，至215公顷，⑤为配合"三山五园"的修建开凿长约5公里的连接水槽（卧佛寺、碧云寺—玉泉山），并新开东北与东南两条泄水河，清代北京西北郊皇家御苑水体空间大幅度拓展。

为配合西郊苑囿的建设，乾隆三十八年又"建石渠引西山水入玉泉"。

为防止汛期山洪冲毁引水石槽，危及西山诸园，又开凿两条泄水河：一支经四王府东北，由玉泉山北入清河上游；另一支经四王府西向东南，由钓鱼台前湖（玉渊潭）南下东转，注入西护城河（图5-2）。

开凿泄水河的同时，为滞蓄从西山导入的洪水，减轻对北京城市的行洪压力，"修浚玉渊潭"，大幅度拓展了玉渊潭的水体空间，使之成为受纳西郊诸水的大水库。

为守卫西北郊"三山五园"，环绕诸园的周围又建八旗营房及包衣三旗。为给守卫西北郊皇家苑囿的八旗驻军运输粮饷，会清河通漕。

清代"三山五园"的修建不仅大幅度拓展了北京西北郊的水体空间，还因此拓展了其他诸多水体空间（图5-20）。

七　清代北京城市水体空间景观营造

清代北京城内皇家御用水体空间景观营造重点放在对明代宫苑的局部更新。由于清帝崇尚藏传佛教，在太液池西苑增建部分皇寺建筑，包括在广寒殿旧址建立白塔寺，北海北岸的小西天、静心斋等，东岸的濠濮间、画舫斋及南海瀛台涵元殿等。乾隆时期扩建团城，形成高4.7米，周长276米，面积约4500平方米的高台，丰富了皇家御苑的空间层次。清代对琼华岛的景观改造设计充分考虑了与周边水环境的结合，琼华岛南坡新建永安寺形成山地佛寺建筑群；西坡建筑依山就势，为典型的山地园林；北坡下缓上陡，陡处包含崖、岗、壑、谷、洞等山地景观意向，缓处临水建

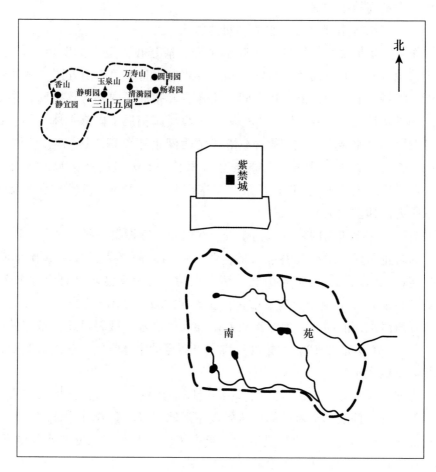

图 5 - 20　清代北京多中心格局

资料来源：本研究整理。

亭台楼阁，以观水景；东坡主要建筑为智珠殿，以植物景观为主，与北海东岸钟鼓楼和景山形成对景。

　　清代与元、明两代相比，在西郊水源附近的园林建设尺度更大、内容更丰富，并形成西郊皇家园林景观系统。清中期西郊以"三山五园"为主的皇家园林进入建设高峰期。玉泉水系的治理重点在昆明湖（瓮山泊），乾隆帝将"瓮山"赐名"万寿山"并建清漪园，扩建玉泉山静明园并建设十六景。在六郎庄开垦大面积水田，形成"堤与墙间惜弃地，引流种稻看连畦"的农业景观。静明园十六景中的"溪田课耕"、清漪园中的耕织图等景区，无不体现出清帝对营造田园景观的痴迷。

昆明湖沿万寿山西北延伸，形成衔山抱水之势，同时湖东侧设置多个出水口将玉泉水系与万泉河连通，供给整个海淀园林群的景观用水，营造出园水相依的特色景观。

与此同时，西郊王府花园建设也快速展开，建有包括十纷园、澄怀园、承泽园在内的十余个花园，大多依水而建，引水入园形成河、湖、岛、洲相结合的水体景观。

长河作为皇室乘船去往西郊皇家园林的专用水道，被营造为一条集御用码头、行宫、王府花园、寺庙为一体的具有皇家特色的景观带。长河沿岸广种桃树、柳树，民间有"天坛看松，长河观柳"的赏景习惯。有清一代，由于西郊皇家园林的存在，皇帝频繁游历长河，长河自然就成了皇家御道。乾隆帝尤其喜爱长河，在沿线修建了多处御用码头和行宫，沿途的宗教建筑也大都在此期间进行了修缮和更新。光绪年间，慈禧太后长住颐和园，清皇室又对长河进行了大量绿化和修缮工程。

清代对南苑水体空间进行了大规模的疏浚拓展（详见本章第二节），乾隆三十七年（1772 年）利用疏浚河湖土方构建团河行宫，团河行宫将团泊纳入园中，形成东西二湖，团河行宫仿江南园林，充分运用空间对比、轴线、点景等传统造园手法，利用挖湖土方堆山叠石，起到障景作用，使南苑景观形成山环水抱之势。

清代，北京普通民众的公共活动场地主要围绕城内主要水体空间展开，主要水体空间周边的茶舍、会馆、戏馆等娱乐场所也便纷纷建立起来。其中什刹海、泡子河等水域延续明代，依然是士人、百姓集中的活动场所，各类人文活动丰富，如什刹海附近就有放荷灯、洗御马、滑冰床、扎法船等活动。[①] 清代，什刹海沿岸建筑为寻求借景什刹海，出现了许多特殊朝向和建筑形式。如什刹前、后海南岸路北的住宅，在建筑上，对前面门户不大讲究，而对面临什刹海的后门反而精刻细镂，设垂花门楼。有

---

① 如《燕京岁时记》中记载："冬至以后，水泽腹坚，则什刹海、护城河、二闸等处皆有冰床。一人拖之，其行甚速。长约五尺、宽约三尺，以木为主，脚有铁条，可坐三四人，雪晴日暖之际，如行玉壶中，亦快事也。"（清）富察敦崇：《燕京岁时记》，北京出版社1961年版。

的住宅不朝南，反而都向北面对莲花池，目的就是为了更好地观赏什刹海。伴随着什刹海借景空间格局的成熟，逐渐形成六海地区著名的"西涯八景"①。

　　清代在通惠河沿线，随着闸坝的重修和增设，其附近新增了一些公署景观：包括督储馆（大通桥一带）、各闸坝设置的公馆以及诸多漕仓，此外在通州城外还新建龙王庙、天妃宫等镇水祭祀建筑（通惠河与北运河交汇处）。清末通惠河停漕后，靠近城东的庆丰二闸成为城内居民在东郊的游览胜地，并在附近形成了一定规模的商业区，其中酒肆林立，最著名的酒楼有闸南的"望东楼"和闸北的"望海楼"，这两处酒楼也是眺望通惠河风景的制高点。此外，通惠河附近还建有东皋草堂。

　　纵观清代北京城市水体空间的营造过程可以看出，人工建置开始更多地被安排在水系周边的优越位置，园林对周边水系的利用方式从单一的园外借景转变为有目的地引水造园。从城市整体看，呈现出显著的山—水—田—园—城一体的整体景观格局。

---

　　① 包括"银锭观山""响闸烟云""西涯晚景""谯楼夜鼓""湖心赏月""白塔晴云""景山松雪""柳堤春晓"。

第 六 章

结　论

第一节　自然力对北京水体空间的
影响程度远大于人力

一　气候因素是北京地区古河道形成的最主要原因

晚更新世晚期，为第四纪冰期最盛期。这一时期，在北京山区形成了马兰砾石层上部，在山前平原形成了一系列洪积扇和广阔的冲积扇的主体。晚更新世末至早全新世，随着第四纪冰期结束，全球性气候转暖，使冰川大量融化，岩屑物质来源大为减少，河流径流量骤增，河流的搬运能力提升。同时，源于晚更新世晚期的溯源侵蚀此时已经到达北京地区，河流搬运能力超过来沙量，开始了对永定河洪积扇与冲积扇的深切时期，北京平原永定河古河道就此形成。自然力的作用在北京地区形成了巨大的容纳水体的空间。

这些水体空间出现于人类涉足北京地区之前，自然因素对于本地区水体空间容量影响巨大，其规模和程度远超后世人为因素对于本地区水体空间的影响（详见第一章第一节）。

二　地质断层活动决定了北京地区水体空间的基本格局

距今约 7200 年以前，南口—孙河断裂和八宝山断裂活动，在南口—孙河断裂西南方和八宝山断裂西北方的区域，形成一个向西北倾斜的地块。由于这个地块的东南部微微翘起，再加上八宝山一带隆起影响，永定河向东南方向的水流受到阻碍，只能沿八宝山断裂西侧向东北流（详见第一章第一节）。

距今约 5000 年前后，高丽营断裂活动加强，断裂的东南盘相对下降，西北盘上升，永定河出山后，就不再流向相对抬高的原古清河而选择了地势较低的东和东南方向迁移，距今约 1400 年前后永定河由原来的古清河逐渐转移到漯水和古无定河的位置。高丽营断裂活动加强，造成永定河原河道比降增加，水流加速，这是导致戾陵遏—车箱渠暴发洪水，最终促使蓟城西迁的最重要原因（详见第一章第四节），同时也是金、元金口河开凿失败以及北京西北郊兴建皇家园林的主因（详见第二章第四节、第三章第三节、第三章第六节、第五章第三节）。

北京地区西山山前地带以及北京凹陷西南部和大兴隆起的上升过程，导致 10—14 世纪永定河改流点逐渐移到了卢沟桥以下和金门桥—辛庄一带。辽代，永定河河道发生重大变化，自卢沟桥以下，大致相当于今龙河故道，向东南经旧安次一带，再汇白河而入海。至辽末，郊亭淀及相关水域，包括延芳淀和飞放泊就从历史中消失了，这是由于永定河主流南移以后，地面径流大为减少，汊流和淀泊沼泽逐渐干涸的结果（详见第一章第五节）。同时，由于北京平原地区构造运动，至辽代，中都一带地势相较之前更为低洼，致中都城受永定河洪水侵袭风险增大，从城市防洪考虑，元代将大都城址北移至永定河冲积扇脊背上的最优位置，提升了都城的防洪安全等级（详见第三章第二节）。

由于新构造块断运动的影响，居庸关—通县（现通州区）断裂的差异升降运动，使该断裂东南段的西南盘上升，地面向西南方向掀斜，加之水系平面变化大多循着一定方向进行，力求向凹陷区的下沉中心迁移，从而迫使永定河发生自东北向西南的大迁移。至明代，移到今新城雄县一线夺取了白沟河道，摆动后残留的余脉就构成了一条条地下水溢出带，加上永定河主流南移后在地表形成的若干洼地，便逐渐演变成为自然湿地，南苑所包含的河流湖泊就是残存的洼地及平地涌泉衍化而来（详见第四章第三节）。

由此可知，自然地质断层活动在很大程度上决定了北京地区水体空间的基本格局，其影响的程度也远大于人力所为。

第二节　当代北京城市面临的诸多"水问题"是历史问题累积的结果

　　很多专家学者认为，目前我国城市面临的以"城市内涝"为代表的诸多"水问题"的主要原因是我们在城市建设过程中改变了城市的下垫面，用沥青和水泥来替代绿地的一个结果，或至少认为内涝应是当代人类不利活动的结果。纵观北京城市水体空间的演变过程，笔者认为，当代北京城市内涝频繁的原因应是诸多历史问题累积到当代的结果，不应将其全部归咎于当代城市化进程。

一　历史上北京地区的大规模农业垦殖深刻影响了本地区的水文

　　在人类尚未涉足北京地区之前，北京平原中原生植被类型大致是森林和草原兼而有之。人类活动涉足北京地区后便开始了对本地区原生植被的破坏。春秋战国时期，人类大量砍伐原生森林，在北京平原与山地交汇的浅山区，大规模种植木本粮食（详见第一章第四节）。三国两晋南北朝时期，北京平原地区大规模农业垦殖，深刻影响了本地区的水文。

　　农业垦殖不可避免地造成森林资源和土壤结构的破坏，相应地使河流的水文情况向坏的方向发展，加剧了径流在年内的变化与多年的变化，加剧了土壤的侵蚀，造成旱涝频发、土地贫瘠的后果。原始森林的径流系数约0.01，灌溉玉米地的径流系数约0.4，水泥地的径流系数约0.9。也就是说，从森林变成玉米地，增加了40倍的径流量，而玉米地变成水泥地只增加了2倍多。换言之，农业对水文的影响是决定性的，而现代城市化进程虽然也会对水文产生影响，但是从数量级上来说，并没有农业那么高。

　　古代北京平原的农业垦殖对于北京地区水文的影响从程度上来说，很可能远大于近几十年以来快速的城市化进程对北京地区水文的影响。

二　历史上以木结构建筑为主体的城市建设深刻影响了北京及其周边地区的水文

　　中国古代城市建筑大都以木结构建筑为主，古代北京城市建筑也基本如此。建设城市所需要的大量木材主要以北京周边地区为主，这势必造成大量森林植被的破坏进而影响本地区的水文。

金海陵王迁都中都，中都城的建设对北京周边森林（包括永定河上游区域）进行了一定程度的破坏，金代永定河由"清泉河"变称为"卢沟河"（详见第二章第四节）。

元代建设大都新城，城市建设对于木材的消耗极大，城市建设所需要的木材从北京周边地区主要是西山地区获取。经过元大都的城市建设，除了北部燕山山脉的森林保存相对完好之外，北京西山地区以及整个永定河中上游流域的森林均遭到大规模的砍伐，留给山区的只有裸露的岩石与次生植被。因此有民间谚语道："西山兀，大都出。"元大都的城市建设使永定河中上游地区森林实质性减少，深刻影响了当地的水文。金代永定河被称为"卢沟河"，元代称永定河为"浑河"，其名称的演变也反映出永定河上游生态的进一步恶化（详见第三章第三节）。

明清时期的城市建设使得北京周边地区的生态环境进一步破坏，永定河水含沙量进一步增大（详见第四章第二节）。

古代北京城市建设主要以木结构建筑为主，而当代城市建设则主要是以钢筋混凝土为主。笔者认为，古代北京城市建设对本地区水文的破坏程度很可能要远大于当代城市化进程。当代北京城市所面临的生态问题应是古代北京城市建设累积到当代与当代城市化进程所造成的生态破坏共同作用的结果，因此不应全部归咎于当代城市化进程。

第三节　城市性质、等级决定了北京城市水体空间的类型构成及总体容量水平

一　各历史时期城市性质、等级决定了当时北京城市水体空间构成类型及容量水平

（一）三国曹魏时期——普通边疆军事城镇（单一农业灌溉沟渠）

三国曹魏时期，北京的城市性质为普通边疆军事城镇，其水体空间类型只有为本区域服务的农田水利灌溉渠道一种。单一农业灌溉的功能，使蓟城城市水体空间的容量及人工化程度维持在一个相对较低的水平（详见第一章第四节）。

（二）隋代——边疆军事重镇（农业灌溉沟渠＋人工漕渠）

隋代，北京由普通的边疆军事城镇上升为进攻高丽的军事集结地，城市地位提升。大业四年（608 年），隋炀帝开凿永济渠，将国家政治中心洛阳与征伐东北的军事大本营涿郡（北京）连接起来。永济渠的开凿使北京地区出现了最早的人工漕渠（永济渠北合桑干河分支至蓟城南一段）。至此，北京地区的水体空间类型除了农业灌溉渠道外，又出现了以运输人员、粮饷为目的的人工漕渠。人工漕渠因需要运输的是大量的人员、粮饷及军需物资，势必需要较大的运载工具，这就对河道容量提出了更高的要求，而要达到大规模运输的要求，对永定河旧有河道疏浚拓展也就势在必行。永济渠的开凿势必导致北京地区水体空间的拓展及人工化水平的进一步提升（详见第一章第五节）。

（三）唐代——边疆军事重镇的强化（农业灌溉沟渠进一步拓展＋人工漕渠的进一步拓展）

唐代北京延续隋代，再次成为进攻高丽的军事重镇，并进一步强化。人口较之隋代也大为增加。这些原因导致了北京地区农业灌溉沟渠与人工漕渠的进一步拓展（详见第一章第五节）。

（四）五代——边疆普通城镇（农业灌溉沟渠）

唐末五代，征伐高丽战事结束，北京降为普通边疆城镇，加之契丹入侵，城镇收缩。连年的战事定会对农业生产产生很大影响，相关水利设施很难做到及时维护疏浚，五代时期北京地区水体空间整体上呈收缩态势（详见第一章第五节）。

（五）辽——陪都（农业灌溉沟渠＋皇家御用水体空间＋贵族专享水体空间＋护城河）

辽代北京由普通的边疆城镇跃升为辽帝国的陪都，首次出现了皇家御用水体空间以及贵族专享水体空间类型。北京皇家御用水体空间中，除了辽南京城内的御用水体外，还出现了郊外的皇家御用水体空间，如延芳淀和金钩淀（详见第一章第五节）。

（六）金——首都（皇家御用水体空间＋漕河水体空间＋护城河）

贞元元年（1153 年）完颜亮正式迁都燕京，改为中都府，北京由辽代陪都上升为金王朝的首都，同年从同乐园分水入宫城西南隅，汇为鱼藻池，成为中都城的太液池。

　　金中都城建成后，在其东北白莲潭（积水潭）南修建离宫——北宫（北苑），在北宫（北苑）主体建筑太宁宫修建之前，其周围白莲潭（积水潭）水面已开始经营，金政府将部分白莲潭（积水潭）水体进行了疏浚，并利用疏浚水体的土石堆砌成琼华岛，北苑离宫的修建拓展了金白莲潭（积水潭）的水体空间（详见第二章）。

　　金代章宗时期，建南苑行宫建春宫进行春猎活动，南苑水体空间拓展（皇家御用水体空间）。

　　金代建都中都，北京开始由生产城市向消费城市转变。随着北京地区人口剧增，中都地区对粮食的需求量也相应增加。而近畿粮食生产无法满足中都城市人口的粮食消费，加之北京地区具备较好发展漕运的水体空间基础，而当时陆路交通又相对落后，以上因素促进了金中都漕运的发展。

　　金大定五年（1165 年），浚治坝河，尝试通漕，因水源不足未成功。坝河通漕未果促使金大定十一年（1171 年）至十二年（1172 年）开凿金口河通漕。

　　中都的漕河大都在前朝灌溉沟渠的基础上疏浚拓展而成，自金代开始，北京地区原来的灌溉沟渠逐渐为漕河取代（城市漕河）。

　　金中都建城时，还环绕城墙开挖了护城河（详见第二章）（护城河）。

　　（七）金末元初——华北地区的军镇中心（农业灌溉沟渠＋护城河）

　　金贞祐二年（1214 年），金宣宗迁都汴京（今河南开封），大批百姓也随之南迁，中都由金王朝的首都下降为边疆城镇。金贞祐三年（1215 年），蒙古军队攻陷中都城，改中都为燕京，之后便在成吉思汗的统帅下继续西征。此时蒙古政权并没有在燕京建都的打算，木华黎留守华北，燕京成为华北地区的军政中心。

　　由于中都城市地位急剧下降，原金代北京皇家御用水体空间的功能消失，失去了相关疏浚维护保障，水体空间严重萎缩。

　　同时，由于中都城市地位急剧下降，人口大量减少，已无漕运需要。保证漕河正常运转的人力、物力和财力保障缺失，致使原金政权遗留漕运河道的日常疏浚维护无法保障。对于漕河这种非自然河道，"一经荒残，即成淤塞"，中都地区原漕运水体空间大幅度萎缩。

　　金末元初北京城市地位的骤降，使中都城内的皇家御用水体及漕河功能消失，仅存农业灌溉和护城河两种功能，北京城市水体空间严重萎缩

（详见第三章第一节）。

（八）元——首都（皇家御用水体空间 + 城市建设工作河道 + 城市漕河 + 专为军队运输粮饷的漕河 + 护城河 + 城市沟渠）

忽必烈即位后，北京城市地位逐渐提升，其水体空间也随之拓展，先是采纳郭守敬建议，开坝河通漕，拓展了坝河水体空间。后又开凿双塔漕渠，为昌平守军运输粮草。

之后，世祖又采纳众议，将燕京升级为中都，后又进一步提升为帝国首都，北京又一次成为全国的政治中心。之后便开始大规模建设新首都，为配合北京城市建设开凿金口河作为工作河道，用于运输西山的木石（城市建设工作河道）。

大都建成，将金白莲潭南部水域划入皇城，成为太液池，升级为最高等级的御用水体空间，其水体空间拓展。

营建太液池致金水河开凿，独引玉泉水至太液池。

元大都首都的城市地位促使下马飞放泊、燕家泊、碾庄七里泊等北京周边皇家猎场水体空间拓展（皇家御用水体空间）。

为解决大都漕运问题，至元十六年（1279 年）大开坝河，坝河水体空间进一步拓展。

坝河运力的不足致通惠河开凿，通惠河水体空间拓展。

由于通惠河上源白浮瓮山河的开凿，上游水量增加，使坝河水体空间再次拓展。

通惠河上源白浮瓮山河的开凿使瓮山泊、积水潭水体空间得到拓展。

积水潭作为通惠河与坝河终点码头的职能，一方面保证了积水潭水体空间的稳定性，另一方面使钟鼓楼一带成为大都最重要的商业中心（城市漕河）。

建大都城使新城护城河水体空间拓展（护城河）。

建大都城之初，便预先开凿了七所泄洪渠，随着大都建设的进展，又开凿了大量的泄水渠，大都城市沟渠水体空间拓展（详见第三章）（城市沟渠）。

（九）元末明初——一般府级行政区（农业灌溉沟渠 + 护城河）

明初，朱元璋建都南京，北京城市地位骤降至一般府级行政区。元代北京皇家御用水体空间太液池随之降为一般城市水体，维持其空间稳定的相关保障消失，其水体空间萎缩。

由于此时北京已不是都城，故已无漕北的需要，元大都漕运水体空间的漕运功能消失。

大都新城的南缩，使坝河水体空间的性质由运输漕粮的漕河变为具有军事防卫功能的护城河，水体空间的功能性质发生了改变。

由于元末白浮瓮山河就已湮废，坝河、通惠河水体空间已经开始萎缩。明初三十余年建都南京，坝河、通惠河漕运功能消失，无法定期疏浚修筑。坝河、通惠河水体空间进一步萎缩。

元末白浮瓮山河断流，瓮山泊水体空间萎缩，位于下游的积水潭由大都漕河的终点码头下降为一般性的城市公共水域，其疏浚维护也无法得到保障，积水潭开始大量淤积，水体空间进一步萎缩。

元末明初，北京地区的漕运水体空间萎缩严重，或成为护城河一部分，或湮废，或萎缩成灌溉沟渠。

元末明初，北京城市水体空间仅存农业灌溉和护城河两种功能，北京城市水体空间严重萎缩（详见第四章第一节）。

（十）明——首都（城市建设工作河道＋皇家御用水体空间＋城市漕河＋专为军队运输粮饷的漕河＋护城河＋城市沟渠）

永乐五年（1407年），为运输南方木材进京建设，疏浚白浮瓮山河渠道，引水济通惠河通漕，通惠河水体空间拓展（城市建设工作河道）。

明永乐十八年（1420年）正式迁都北京，北京再次成为帝国的政治中心。明代废除宰相制，皇权进一步加强。北京作为明帝国的政治中心，皇家御用水体空间得到进一步的强化与拓展。

永乐年间，开凿紫禁城护城河（筒子河），后开凿内金水河，并重新将元大都太液池划入皇城。

永乐十二年（1414年），开挖下马闸海子（南海），太液池水体空间进一步拓展，形成中、南、北三海相连格局。

开挖下马闸海子后，又开凿了连接南海和通惠河的明金水河。

宣德七年（1432年），改筑皇墙，通惠河部分河段被圈入皇城，改称玉河（御河），漕船因此再不能入城。明代从通州到北京的运粮船只能停泊在东便门外大通桥下。玉河（御河）由城市漕河萎缩为北京皇城中最重要的排水干渠。

定都北京后，明世祖还大兴土木修筑南郊皇家园林。永乐十二年（1414年）对元下马飞放泊（南苑）再行兴建，使其成为一座巨大的皇家园林，面积扩大数十倍。南苑内有三处较大的水泊，"汪洋若海"，南苑水体空间大规模拓展。

明永乐十八年（1420年），修建天坛、山川坛（先农坛）。为排泄山川坛（先农坛）以西，原向东南的水流，开凿排水渠道郊坛后河。后成为北京外城最重要的排水干渠（皇家御用水体空间）。

成化十二年（1476年）疏浚通惠河通漕，不到两年，因水源问题通惠河便又淤塞如初，漕船不能通行。

正德二年（1507年）、正德七年至正德八年（1512—1513年），又两次尝试通惠河通漕，均失败。

嘉靖七年（1528年），吴仲重开白浮瓮山河，通惠河水势大盛，通漕成功，为利五六十年。

隆庆四年（1570年），通惠河的北支通漕（城市漕河）。

修建长陵，需要外运大量建材和粮食，陵墓陆续建成后，派军队驻守，需要供应守陵军夫粮饷，同时，居庸关守卫军士也需要粮饷供给。基于上述两点，明代通州经温榆河至昌平的漕运水道重新疏浚通漕。

嘉靖三十三年（1554年），为有效抵御北方少数民族的侵扰，蓟辽总督移驻密云。嘉靖三十四年（1555年），为方便供给驻守密云的军士粮饷，疏浚白河通漕（专为军队运输粮饷的漕河）。

洪武元年（1368年），大都北城墙南缩至坝河以南，坝河水体空间的性质由运输漕粮的漕河变为具有军事防卫功能的北京城北护城河。永乐十七年（1419年）北京城市南扩，开凿北京城南濠（前三门护城河），成为内外城沟渠泄水之汇总。嘉靖三十二年（1553年），为抵御蒙古骑兵的侵扰，筑外城垣，同时开凿外城护城河（护城河）。

明代北京城内城的排水沟渠主要包括：大明濠、玉河（御河）、泡子河、东沟，安定门、东直门、朝阳门等水关处排水沟，太平湖。

明代北京城外城的排水沟渠主要包括：正阳门外减水河、宣武门外减水河、郊坛后河、外城东北部排水渠。明北京内外城主要城市干道"俱有长沟"（详见第四章）（城市沟渠）。

（十一）清——首都（皇家御用水体空间＋城市漕河＋专为军队运输粮饷的漕河＋护城河＋城市沟渠）

清初，由于战乱时间短，对北京城区影响较小，且北京政治中心的城市地位也未发生变化,北京城市基本延续了明代格局。城区水体空间的性质、位置、空间容量均未发生显著改变。

清初,南苑地区逐渐发展成为北京城市行政副中心,水体空间大幅度拓展。清康熙时期开始,投入巨大的财力、人力,大规模地开发了北京西北郊的园林风景区,清"三山五园"的修建极大地拓展了北京西北郊地区的水体空间。

清代北京积水潭、什刹海上升为皇家御用水体。周边王府的修建使得这一地区成为北京城内除紫禁城外的权力中心区,积水潭、什刹海水域得到最高等级的保障,未再收缩(皇家御用水体空间)。

清代由于北京西北郊皇家苑囿已成为与紫禁城并重的另一个政治中心,为保卫其安全,环绕诸园的周围又建八旗营房及包衣三旗。为给守卫西北郊的八旗驻军运输粮饷,会清河通漕(专为军队运输粮饷的漕河)。

清初疏浚通惠河通漕,为节省陆运成本,又疏浚北京城东护城河,使其通漕,大通桥至朝阳、东直门的护城河段得到更加频繁的疏浚与维护,客观上提升了北京城市护城河水体空间的稳定性。为降低汛期泄洪的压力,清代在通惠河上增建了多处月河,客观上拓展了通惠河的水体空间(城市漕河 + 护城河)。

清代北京城市新增建了大量的城市沟渠,北京城市沟渠水体空间得到了大幅度拓展,并形成沟渠网络(城市沟渠)。

表 6 – 1　　　　北京城市性质与水体空间构成类型及总体容量水平关系

时间	城市性质	构成类型	总体容量水平
曹魏	一般军事城镇	①灌溉沟渠	最低
隋	军事重镇	①灌溉沟渠②漕渠	低
唐	军事重镇	①灌溉沟渠②漕渠	低
五代	普通城镇	①灌溉沟渠	最低
辽	陪都	①灌溉沟渠②皇家御用③贵族专享④护城河	较高
金	首都	①皇家御用水体空间②漕河③护城河	高
金末元初	一般军事城镇	①灌溉沟渠②护城河	低

时间	城市性质	构成类型	总体容量水平
元	首都	①皇家御用②工作河道③城市漕河④军事漕河⑤护城河⑥城市沟渠	最高
元末明初	府级行政区	①灌溉沟渠②护城河	低
明	首都	①皇家御用②工作河道③城市漕河④军事漕河⑤护城河⑥城市沟渠	最高
清	首都	①皇家御用②城市漕河③军事漕河④护城河⑤城市沟渠	最高

资料来源：本研究整理。

二 城市性质、等级决定了北京城市水体空间的构成类型及总体容量水平

当北京作为帝国首都时，水体空间构成类型最丰富，总体空间容量水平最高。作为陪都时，水体空间构成类型减少，总体空间容量水平也有所降低。当北京降为普通城镇时，水体空间构成类型最少，总体空间容量水平最低。

纵观北京城市水体空间演变过程不难发现，水体空间的构成类型及总体容量水平与城市性质、等级密切相关。城市等级越低，水体空间构成类型越少，总体空间容量水平越低。城市等级越高，水体空间构成类型越丰富，总体空间容量水平越高（表6-1）。

第四节 同一时期北京各类水体空间之间具有显著的关联性

一 辽代永定河改道导致辽末郊亭淀水体空间的消失

辽代，北京地区西山山前地带以及北京凹陷西南部和大兴隆起的上升过程，导致永定河改道南移，郊亭淀及相关水域的径流大为减少，汊流和淀泊沼泽逐渐干涸，至辽末，郊亭淀及相关水域，包括延芳淀和飞放泊就从历史中消失了（详见第一章第五节）。

二　金代北京地区各类水体空间关联性表现

（一）西华潭、鱼藻池的开凿导致洗马沟被圈入中都城

天德三年（1151年）扩辽南京城建金中都城。营建皇城宫殿的同时在其西部建皇家御苑同乐园，开凿西华潭和鱼藻池。

为解决西华潭、鱼藻池的用水，在扩建旧城时将洗马沟圈入城内，用以导引上源西湖（今莲花池）之水（详见第二章第二节）。

（二）金中都护城河的开凿导致高梁河连接水渠的开凿

开凿金中都护城河后，由于洗马沟的汇水区有限，无法满足护城河的用水需要，金代开凿了沟通高梁河与北城濠的连接水渠，将高梁河水引入中都护城河（详见第二章第二节）。

（三）通济河（闸河）的开凿导致连接水渠长河开凿

金泰和五年（1205年），开凿通济河通漕。为解决水源问题，金章宗开凿了连接瓮山泊与高梁河上源（今紫竹院湖泊前身）的人工水渠——长河（详见第二章第四节）。

（四）通济河（闸河）的开凿导致高梁河下游湮废

通济河通漕，此时为保证用水，设闸切断了高梁河下游的水源，从此高梁河下游断流（详见第二章第四节）。

三　元代北京地区各类水体空间关联性表现

元建大都城，将白莲潭南侧水域划入皇城，升级为太液池，成为大都乃至整个元帝国最高等级的水体空间。太液池的修筑，导致了专为其输水的次一级御用水体空间金水河的开凿。由于金水河将大部分玉泉水分流至大内，使大都漕运水量锐减，致大开坝河与通惠河通漕。通惠河、坝河的通漕拓展了瓮山泊、积水潭的水体空间容量，同时使积水潭成为两条漕河的终点码头。通惠河通漕，其上游白浮瓮山河将白浮泉及西山诸泉截流，致双塔漕河湮废。元末坝河、通惠河的湮废，致金口新河的开凿（详见第三章）。

四　明代北京地区各类水体空间关联性表现

（一）大运河、通惠河、白浮瓮山河之间关联性表现

明永乐年间营建新都北京，大运河全面恢复漕运功能，促使通惠河再

次通漕，为解决通惠河通漕的水源问题，再次疏浚了白浮瓮山河渠道，白浮瓮山河恢复。

（二）白浮瓮山河、瓮山泊、通惠河、温榆河之间关联性表现

永乐七年修筑长陵，白浮瓮山河湮废，下游瓮山泊严重萎缩，通惠河上源仅剩玉泉水唯一水源，通惠河因此湮废，通惠河的湮废客观上促进了温榆河的重新通漕。

（三）紫禁城护城河与内金水河关联性表现

永乐年间，开凿紫禁城护城河（筒子河），后为满足紫禁城内消防及排涝需要，在紫禁城内开凿内金水河，将护城河内的水导入内金水河。

（四）下马闸海子（南海）与金水河关联性表现

永乐十二年（1414 年），开挖下马闸海子（南海），后开凿连接下马闸海子（南海）与玉河的金水河（明）。

（五）明代北京城内皇家御用水体空间的拓展与通惠河、积水潭水体空间的关联性表现

宣德七年（1432 年），通惠河部分河段被圈入皇城称玉河（御河），漕船因此再不能入城，玉河由漕河变为北京皇城中的排水干渠，通惠河皇城河段水体空间随之萎缩。同样的原因，原元代通惠河文明门外部分河段漕运功能消失，一部分被填埋，另一部分萎缩成为"泡子河"，成为内城东南的一条排水干渠。由于漕船不能入城，也就不可能再入积水潭水域，明代积水潭作为通惠河终点码头的功能消失，积水潭水体空间较之元代大为收缩。

（六）北京城市皇城之外水体空间萎缩与诸多减水河之间关联性表现

明代北京内城皇城之外的水体空间的整体性萎缩客观上导致内城排水不畅，促使外城开凿了多条减水河泄洪，如正阳门外减水河、宣武门外减水河等，用以排解汇入内城南濠的余涨（详见第四章第六节）。

五 清代北京地区各类水体空间关联性表现

（一）西北郊苑圃诸水与西山引水石渠之间关联性表现

清漪园（颐和园）昆明湖扩建工程完工后，为补充昆明湖水源的不足，乾隆三十八年（1773 年）"建石渠引西山水入玉泉"，石槽相接，东西约长 5 公里。

（二）　西北苑圃诸水与东北、东南泄水河及玉渊潭之间关联性表现

清漪园（颐和园）昆明湖引水石渠修建后，为防止汛期山洪冲毁引水石槽，危及西山诸园，乾隆三十八年（1773 年）又从十方觉寺与碧云寺之间，开凿两条泄水河。

开凿泄水河的同时，为滞蓄从西山导入的洪水，减轻对北京城市的行洪压力，"修浚玉渊潭"。

（三）　通惠河与东护城河之间关联性表现

康熙三十六年（1697 年），为节省起车陆运的交通成本，连接通惠河与东护城河，并疏浚北京城东护城河，这样，原来通州抵大通桥下的漕船可沿护城河达朝阳、东直等门，至此北京城护城河又增加了漕运的功能。

东护城河的通漕，使大通桥至朝阳、东直门的护城河段得到更加频繁的疏浚与维护，客观上提升了北京城市护城河水体空间的稳定性（详见第五章第五节）。

第五节　各类水体空间之间存在显著的等级差异

一　各类水体空间存在等级差异

对比金、元、明、清四个时期北京地区各类水体空间关系（图 6 - 1），可以发现，同一时期，不同类型的水体空间之间表现出明显的等级差异。

例如，元代为了给最高等级的太液池水体空间供应优质的山泉水，专门开凿了连接玉泉山与太液池的金水河：为了维持金水河水自流的同时保持水质的清洁，不惜延长河道将金水河进行迂回设计；为了保证金水河水质和保持一定的高程，金水河在与其他河道相交时，采用了从空中架槽的"跨河跳槽"引水技术；为保证金水河的水质，元政府命令禁止百姓在金水河内洗手、洗澡、洗衣、倾倒土石、牲畜饮水，禁止在金水河两岸建房屋，禁止在金水河上游利用水力启动石磨，禁止在玉泉山伐木、捕鱼（详见第三章第四节）。

元代作为皇家御用水体空间的金水河，拥有最高等级的人力、物力、财力以及制度层面的保障，相应的，其空间稳定性也因修浚、维护及时而得以维持。

同样是在元代，朝廷对待等级较低的双塔漕渠，则又是另外一番景

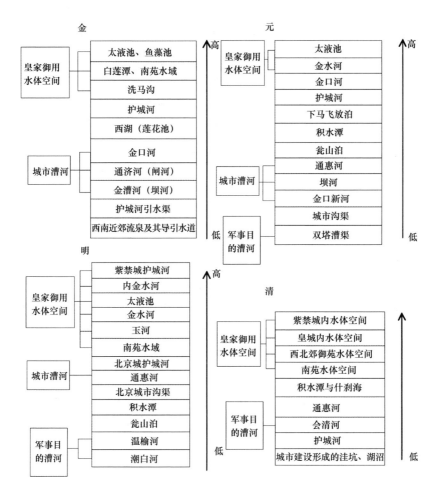

图6-1　金、元、明、清北京地区水体空间等级差异示意图

资料来源：本研究整理。

象。由于双塔漕渠的主要功能是为戍边军士运输粮饷，连接的是大都城外的地区，因此其修筑也较为粗陋，仅将天然河道略加疏通而成。与其他通往大都城内的河道相比，所用功力要差很多（详见第三章第六节）。

由此可见，高等级的水体空间，拥有高等级的人力、物力、财力以及制度层面的保障，具有较高的空间稳定性，随着等级的降低，相关的保障也随之降低，空间稳定性随之降低。权力中心位置的水体空间等级最高，也最稳定，具有明显的排他性。以权力中心位置为中心，越往外，其空间稳定性越弱。皇家御用水体空间的稳定性要高于城市漕运水体空间，而城市漕运水体空间的稳定性则要高于专为北京城市远郊军队供应粮饷的漕运水体空间。

二　高等级的水体空间会决定低等级水体空间的发展

例如，元建大都城，将白莲潭南侧水域划入皇城，升级为太液池（最高等级），成为大都乃至整个元帝国最高等级的水体空间。太液池的修筑，导致了专为其输水的次一级御用水体空间金水河（高等级）的开凿。由于金水河将大部分玉泉水分流至大内，使大都漕运水量锐减，致大开坝河与通惠河通漕（中等级）。通惠河、坝河的通漕拓展了瓮山泊、积水潭（中等级）的水体空间容量，同时使积水潭成为两条漕河的终点码头。通惠河通漕，其上游白浮瓮山河将白浮泉及西山诸泉截流，致双塔漕河湮废（最低等级）（详见第三章）。

由此可见，每一级水体空间对下级水体空间具有一定的空间支配性，上级的水体空间会在一定程度上决定下级水体空间的发展，水体空间整体上反映出明显的皇权至上的趋势（图6-1）。

三　皇家御用水体空间（最高等级）表现出显著的空间扩张特征

明代废除宰相制，皇权进一步加强。北京作为明帝国的政治中心，皇家御用水体空间得到进一步的强化与拓展。

永乐年间，开凿紫禁城护城河（筒子河），后开凿内金水河，并重新将元大都太液池划入皇城。

永乐十二年（1414年），开挖下马闸海子（南海），太液池水体空间进一步拓展，形成中、南、北三海相连格局。

开挖下马闸海子后，又开凿了连接南海和玉河（元通惠河）的明金水河。

宣德七年（1432年），改筑皇墙，通惠河部分河段被圈入皇城，改称玉河（御河），漕船因此再不能入城，明代从通州到北京的运粮船只能停泊在东便门外大通桥下。玉河（御河）由较低等级的漕河转变为皇家御用水体。

定都北京后，世祖还大兴土木修筑南郊皇家园林。永乐十二年（1414

年）对元下马飞放泊（南苑）再行兴建，使其成为一座巨大的皇家园林，面积扩大数十倍。南苑内有三处较大的水泊，"汪洋若海"，南苑水体空间大规模拓展。

明永乐十八年（1420 年），修建天坛、山川坛（先农坛）。为排泄山川坛（先农坛）以西，原向东南的水流，开凿排水渠道郊坛后河（详见第四章第三节）。

清代将什刹海提升为皇家御用水体，拓展了北京城内皇家御用水体空间。

清代大幅度拓展南苑水体空间，清顺治年间，修缮了南苑明代宫苑遗存，增建了元灵宫和德寿寺，形成了清南海子的基本格局。

乾隆三十二年（1767 年）修理张家湾河，并挑浚南苑南隅的凤河。

乾隆三十二年（1767 年）至三十三年（1768 年），开挖南苑西北隅的一亩泉至张家湾河道。

乾隆三十六年（1771 年），拨专款令"开挖、深通"凤河及一亩泉下游至张家湾运河的河道。

乾隆三十八年（1773 年），疏浚流经南苑北隅的凉水河道八千余丈。

乾隆四十一年（1776 年）前后，大力疏浚南苑南隅的凤河，并因旧河"势直"，"恐其一泻无遗"，将凤河调整为"之"字形。

乾隆四十二年（1777 年），拓宽了位于南苑西南隅的团泊（凤河源头）数十丈。

乾隆四十七年（1782 年）前后，疏浚了南苑诸多水泊 21 处，又拓宽并清理了河道，同年准备再开凿四处湖泊，并依次施工。乾隆四十七年前后的水域修浚，拓展了南苑的水体空间。

清代，北京西北郊"三山五园"的修建极大地拓展了北京地区皇家御用水体空间：①畅春园拓展了内部水体空间，②圆明园拓展水域面积 120 公顷，③静宜园、静明园拓展了内部水体空间，其中静明园拓展水域至 13 公顷，④拓展昆明湖水域面积二、三倍，至 215 公顷（详见第五章第三节）。

明代，北京地区皇家御用水体空间拓展明显，清代在明代基础上又有大幅度拓展，皇家御用水体空间具有最高的空间支配权，表现出显著的空间扩张趋势。

第六节　水体空间的演变对北京城市陆地空间影响巨大

一　水体空间的演变决定了北京城址的变迁

（一）戾陵遏、车箱渠修筑导致了蓟城的西迁（详见第一章第四节）

春秋战国至东汉以前的蓟城在今和平门到宣武门一线以南一带。曹魏时期北京地区为扩大农业生产，修建戾陵遏，开凿车箱渠（250 年），导引漯水（永定河）灌溉农田。晋元康五年（295 年），漯水（永定河）洪水泛滥，冲出车箱渠，夺路重回"三海大河"故道，并在蓟城东北郊突破河岸堤防，最终造成蓟城东部被毁，被迫迁址至辽南京城位置（图 6 - 2）。

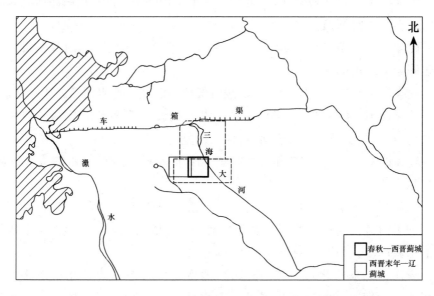

图 6 - 2　（同图 1 - 17）春秋至辽代蓟城城址的变迁示意图

资料来源：本研究根据苏天钧《战国时期和东汉以后城址（蓟城）位置示意图》及孙秀萍、侯仁之相关研究成果改绘。

（二）金代为解决皇家宫苑的用水问题向东、南、西三面扩建辽南京城（详见第二章第二节）

金中都为解决宫苑用水，将洗马沟圈入城内，向东、南、西三面扩建旧城，用以导引上源西湖（今莲花池）之水（图6-3）。

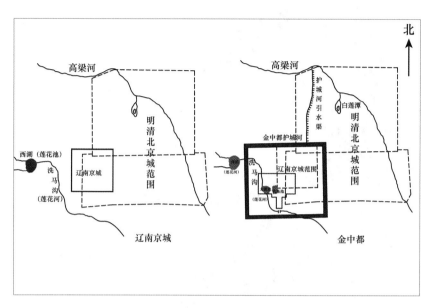

图6-3 （同图2-1）辽金北京城市水体空间比较图

资料来源：本研究整理。

（三）永定河的南迁最终导致元大都另觅新址（详见第三章第二节）

北京平原的地质运动，使永定河于辽代开始南迁，致中都城内地表径流大幅度减少，从而使中都旧城"土泉疏恶"。为了帝都的更好运转，元代将主城区从莲花池水系迁移到水量更为丰沛的高梁河水系。同时，由于北京平原地区构造运动，至辽代，中都一带地势相较之前更为低洼，致中都城受永定河洪水侵袭压力大增，从城市防洪考虑，元代将大都城址北移至永定河冲积扇脊背上的最优位置，提升了都城的防洪安全等级（图6-4）。

（四）明代北京城南移至坝河以南位置（详见第四章第一节）

元代坝河将大都城市分隔成南北两部分，南北城交通不便，致大都北城一直较冷落，加之利用现成的坝河作为北护城河利于军事防御。基于以上两点原因，洪武元年，明军攻占大都后，将大都北城墙南缩至坝河以南位置（图6-5）。

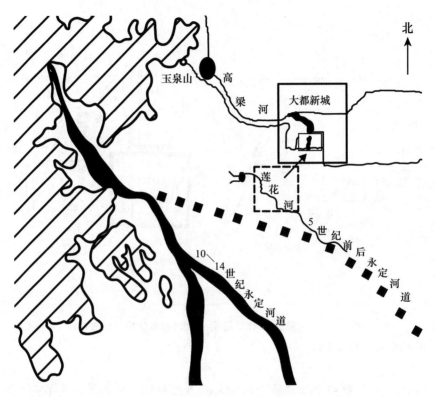

图6-4　（同图3-30）永定河南迁致大都新城向东北方向迁移示意图
资料来源：本研究整理。

二　漕河终点码头位置决定了北京城市商业中心的位置

元代，由于积水潭是坝河与通惠河终点码头，使得北岸的钟楼、鼓楼、斜街一带成为大都城最大的商业中心（详见第三章第六节）。

至明代，城市漕河的终点码头调整到大通桥位置，北京最大的商业中心南移至前门外大街两侧的"朝前市"。明代积水潭漕河终点码头功能的消失，使钟鼓楼一带的商业中心不复昔日盛况（详见第四章第五节）。

漕河终点码头的位置决定了北京城市商业中心的位置（图6-6）。

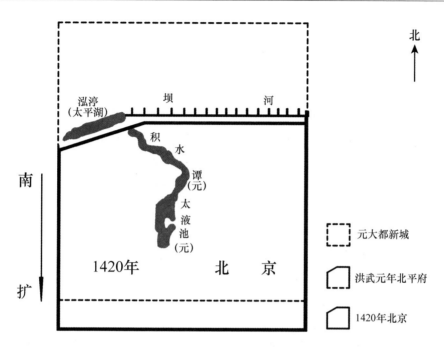

图 6-5　（同图 4-3）公元 1420 年北平府南扩示意图

资料来源：本研究整理。

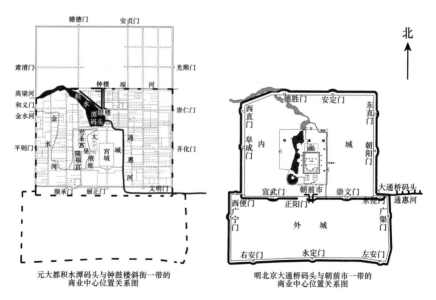

元大都积水潭码头与钟鼓楼斜街一带的　　　明北京大通桥码头与朝前市一带的
商业中心位置关系图　　　　　　　　　　商业中心位置关系图

图 6-6　（同图 4-35）元、明北京漕河码头与城市商业中心位置比较图

资料来源：本研究整理。

三　水体空间的拓展影响城市公共安全

元末，为弥补坝河、通惠河湮废对大都经济的负面影响，将江南的漕粮和西山煤炭、木材等物资快速运抵京城，元至正二年（1342 年）开金口新河。由于此时大都新城已经建成，南城仍居住大量的人口，金口新河恰穿过新旧两城毗邻的城市建成区。开河之初，泥沙壅塞，水流湍急，冲决岸堤。洪水冲毁了大量民房、酒肆、茶房和坟茔，并淹死许多百姓。金口新河的开凿严重威胁到大都城市的安全，开河之初便不得不关闭闸门，金口新河以失败告终（详见第三章第六节）。

四　开挖城市水体空间形成新的城市陆地空间

金中都城建成后，在其东北白莲潭（积水潭）南修建离宫——北宫（北苑）。在北宫（北苑）主体建筑太宁宫修建之前，其周围白莲潭（积水潭）水面已开始经营，金政府将部分白莲潭（积水潭）水体进行了疏浚，并利用疏浚水体的土石堆砌成琼华岛（详见第二章第三节）。

明代为了压胜前朝的"风水"，在元大都宫城延春阁的故址上用挖掘紫禁城筒子河与下马闸海子（南海）的泥土，人工堆筑起一座土山，命名为万岁山，俗称"煤山"（清初改称景山）（详见第四章第三节）（图 6 - 7）。

第七节　陆地空间建设对北京城市
水体空间同样影响深刻

一　陆地空间建设深刻影响城市水体空间格局

明永乐七年（1409 年）五月朱棣开始修筑长陵。由于白浮泉正位于长陵以南，白浮瓮山河引水西行逆流，正经过明皇陵以南平原，于帝陵风水不宜，故不再导引。通惠河上源白浮、百脉泉断流，白浮瓮山河彻底湮废，瓮山泊、积水潭水体空间严重萎缩，通惠河上源仅剩玉泉水唯一水源，通惠河再次湮废。

修建长陵，需要外运大量建材和粮食。陵墓陆续建成后，派军队驻守，需要供应守陵军夫粮饷，同时，居庸关守卫军士也需要粮饷供给。由于通惠河的湮废，使温榆河可以分配更多的水源，客观上为温榆河的通漕

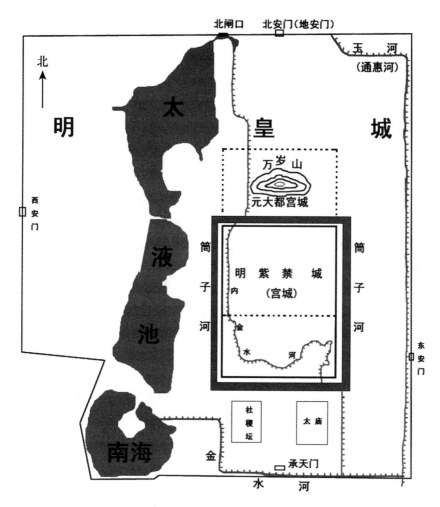

图6-7 （同图4-5）明北京皇城水体空间位置示意图

资料来源：本研究整理。

提供了水源保障。基于上述原因，明代通州经温榆河至昌平的漕运水道重新疏浚通漕（详见第四章第五节）。

明代北京在昌平修建皇陵，深刻影响了北京城市水体空间格局（图6-8）。

图 6 - 8　明皇陵与北京城市各水系位置关系图

资料来源：本研究整理。

二　城市建设带来的生态破坏导致水体空间的湮废

例如，元建大都城，修建庞大的建筑群，加之多数建筑以木结构为主，大都城市建设对于木材、石材的消耗极大。城市建设所需要的木材，如楠木、檀香木等名贵木材，需要依靠南方地区的支援，而一般的建筑材料，不可避免地从周边地区的森林和矿场获取。大都及其周边的森林资源，由此被朝廷大规模采伐。

大都建成后，北京地区除北部燕山山脉的森林保存相对完好之外，北京西山地区以及整个永定河中上游流域的森林均遭到大规模的砍伐，"留给山区的大概只有裸露的岩石与次生植被了"（详见第三章第三节），因此有民间谚语道："西山兀，大都出。"元大都的城市建设使永定河中上游地区森林实质性减少，致河水含沙量较之金代更甚，因此永定河在元代被称为"浑河"。含沙量的增加使金口河"淤积成浅，不能通航"，加之高丽营断裂活动的加强使金口河河床比降增大（详见第一章第一节），河道平直淀泊少，水流湍急，导致了元代金口河的最终湮废。

三　城市建设对水体空间的填埋侵占

（一）金中都城的扩建导致辽南京护城河被填埋

辽南京建有三重城墙并各有一道护城河，金中都在辽南京的基础上扩建而成，在扩建的过程中，出于城市建设的需要将原辽南京城的护城河进行了填埋（详见第二章第二节）。

（二）元大都城市建设过程中填埋了金中都护城河

元代，随着统治者将都城迁往大都新址，原中都旧城日渐凋敝，原中都旧城的护城河被填平（详见第三章第二节）。

（三）明北京城市建设填埋了部分原元大都水体空间

明永乐十七年（1419年）北京城市南扩，开凿北京城南濠，将元大都南护城河填埋（详见第四章第四节）。

明代积水潭部分区域被辟为稻田，部分区域被侵占，建成街巷或民居。较之元代，明北京积水潭、什刹海水域面积减少了三分之二强（详见第四章第五节）。

（四）清末铁路的修建导致了部分北京城市水体空间的萎缩

清末铁路修进北京城，穿越外城南护城河，外城东、西护城河，内城的东、西护城河，这些位置的部分护城河因修铁路被侵占、填埋。

沿前三门护城河与内城南城墙之间穿城而过，跨过郊坛后河、左安门内洼地及外城东北排水渠，部分侵占了这些水体空间。

清末铁路的修建导致了部分北京城市水体空间的萎缩（详见第五章第五节）。

四　城市建设导致城市水体空间的拓展

（一）大都新城的城市建设促使元初金口河的开凿

为了解决元大都新城建设所需木材、石料等物资的运输问题，郭守敬主持重开金口河，金口河成为元大都建设运输建材的工作河道（详见第三章第三节）。

（二）元大都宫城的修建促使金水河的开凿

元大都修筑宫城，为方便帝王享用高品质的西山泉水，开凿了连接玉泉山与大内的输水通道——金水河（详见第三章第四节）。

（三）永乐时期大规模城市建设促使通惠河水体空间拓展

永乐年间建都北京，大规模的城市建设所需大木料多采自长江上游，经大运河运抵京东。明永乐十年（1412年）疏浚白浮瓮山河，恢复通惠河航运，使运抵京东的大木料较为便捷地抵达北京城内。永乐年间通惠河由元代的都城漕河变为北京城市建设的工作河道，疏浚通惠河通航客观上拓展了其水体空间容量（详见第四章第二节）。

第八节　古代北京城市内涝成因及其对当代城市建设的启示

一　元代北京城市内涝较轻的原因分析

史料中元代大都城水患或雨潦成灾的记录仅见五次。在五次大都城内水灾中，其中三次仅威胁到大都城墙。而另外两次水灾中，至元九年（1272年）水灾是因大都城建设开金口河所致，实为人祸。整个元代一朝，由自然原因导致的大都城市内涝仅见一次。由此可见，大都城市的水患问题的确不算严重（详见第三章第二节）。导致元代北京城市内涝较轻的主要原因如下：

（一）元代修建大都城时，将城址北移至永定河冲积扇脊背上的最优位置

如果再向北移，则离清河河谷太近，再向东迁，又遇到温榆河、北运河低地，这个城址比起中都来就安全多了（详见第三章第二节）。

（二）坝河、通惠河同时通漕在一定程度上缓解了汛期北京城市内涝压力

元统一全国，人口激增，加之金代创造的良好场地条件，使得元大都漕运达到北京漕运历史的巅峰——同时通行两条漕河，分别是坝河、通惠河，这在北京城市历史上是第一次，也是唯一的一次。坝河、通惠河的同

时通漕解决了大都的漕运问题，由于漕运功能的存在，使两条漕河的水体空间拓展，并得到较高等级人力、物力、财力及制度层面的保障。两条漕河一北（坝河）一南（通惠河）起到了很好的滞蓄和排解雨洪的作用（详见第三章第六节），这在一定程度上缓解了汛期北京城市内涝压力。

（三）积水潭水体空间的拓展缓解了汛期北京城市内涝压力

元大都积水潭与大都最重要的两条漕运河道紧密联系在一起，并被赋予了通惠河与坝河的终点码头的重要功能，成为整个大都的经济中心，其水体空间得到拓展，空间稳定性也因其经济上的重要性，同样得到了相当程度的保障（详见第三章第六节）。积水潭水体空间的拓展及其空间稳定性的加强，使其在汛期能够更好地发挥滞蓄大都北部城区雨洪的作用，在很大程度上缓解了汛期北京城市内涝的压力。

（四）元代瓮山泊（昆明湖）水体空间拓展缓解了汛期北京西北山区洪水对大都城市防洪的压力

元代坝河、通惠河通漕，对瓮山泊（昆明湖）加以修治，扩大水面，瓮山泊水体空间得到拓展（详见第三章第六节）。瓮山泊（昆明湖）水体空间拓展缓解了汛期北京西北山区洪水对大都城市防洪的压力。

二　明代北京城市内涝严重的原因分析

明代北京城市共发生水患 18 次，较之元代的 5 次大为增加，且危害程度也远胜于元代。导致明代北京城市内涝严重的主要原因如下：

（一）明代北京皇城之外的北京城市水体空间的萎缩

1. 坝河水体空间的严重萎缩

至明代坝河漕运功能消失，萎缩成北京北城濠的一部分，已无法通漕，其水体空间较之元代萎缩严重。坝河除了具有漕运功能外，汛期兼具滞蓄、排出雨洪的重要功能，明代坝河的严重萎缩势必会在很大程度上影响北京城市北部雨洪的滞蓄、排出，同时会加剧其他区域的雨洪压力（详见第四章第七节）。

2. 积水潭水体空间的严重萎缩

元代积水潭作为坝河、通惠河终点码头，水域面积广阔，积水潭除了漕河的码头功能之外，在汛期也是滞蓄城市雨洪的重要空间。至明代积水潭作为漕运码头的功能消失，水体空间较之元代大为收缩，加剧了汛期北京城市的雨洪压力（详见第四章第七节）。

3. 通惠河部分河段被划入皇城

明宣德年间，通惠河部分河段被圈入皇城，漕船因此再不能入城，玉河（御河）由漕河转变为北京皇城中的排水干渠，从此不再受纳皇城之外的雨洪。通惠河部分河段被划入皇城，客观上使汛期的北京城减少了一条重要的排水干渠（详见第四章第七节）。

4. 通惠河、元金水河部分城内河段的萎缩

明代，原元代通惠河文明门外部分河段漕运功能消失，一部分被填埋，另一部分萎缩成为泡子河，成为内城东南的一条排水干渠。

元金水河到明代，大部分被填埋，剩余河道一直南流入前三门护城河，成为明北京西沟的一部分，为北京西城一带各暗沟之总汇，水体空间萎缩严重。通惠河、元金水河部分城内河段的萎缩，削弱了明北京内城的排洪能力（详见第四章第七节）。

综上所述，较之元代，明代皇城之外的北京城市水体空间萎缩严重。这在很大程度上加重了明北京城市的防洪压力。

（二）皇城水体空间的拓展并没有缓解北京城市整体的洪涝压力

明代皇城内的水体空间大为拓展，但因其排水组织是一个相对独立的系统，它仅是受纳皇城区域内的雨洪，几乎没有接纳外围的雨洪，并且还会将一部分排出皇城外，在一定程度上还加重了外围的防洪压力（详见第四章第七节）。

（三）明代北京城市的南扩加剧了北京城市洪涝的威胁

明代北京城市扩建南城，南城地势低洼，人口稠密，汛期除了要受纳本区域的雨洪外，还要接受来自内城的大量雨洪，这就使得南城，尤其是前三门一带城外成为明北京城市雨洪压力最大的区域（详见第四章第七节）。

三　清代北京城市内涝较轻的原因分析

终清一代，北京城市仅发生五次严重的洪涝灾害，较之明代的 18 次，城市内涝危害大为改善。导致清代北京城市内涝较轻的主要原因如下：

（一）清代北京西北郊水体空间的大幅度拓展客观上缓解了汛期北京城市行洪压力

北京地区地势西北高东南低，遇有全城普降大雨的情况，水流量要从

西北部高的地方到东南部比较低的地方穿城而过，对汛期北京城市行洪带来很大的压力，因此，西北方向的蓄水对于北京城市防汛安全至关重要。

清代，为满足帝王观览山水、处理朝政的需要，投入巨大的财力、物力，大规模地开发了北京西北郊的皇家苑囿，使这一区域的水体空间大为拓展。北京西北郊水体空间的大幅度拓展对提升北京城市安全等级具有重大的现实意义，真正实现了"涨有受而旱无虞"，在汛期可滞蓄更多的雨洪，减轻城市的行洪压力，旱季又可为城市供给更多的水量，减轻旱灾对北京的威胁（详见第五章第八节）。

（二）扩挖玉渊潭成为受纳西郊诸水的调蓄水库

乾隆三十八年（1773 年）"修浚玉渊潭"，将汛期部分北京西北郊的雨洪导入扩挖后的玉渊潭，使之成为受纳西郊诸水的大水库。拓展后的玉渊潭与北京西北郊皇家苑囿内的各水域，一同构筑起北京西北方向的调蓄水库网，极大减缓了汛期西山雨洪对北京城市的压力（详见第五章第八节）。

（三）全城定期系统性的疏浚工程减缓了汛期北京城市的行洪压力

清代为了应对汛期雨洪对北京城市的不利影响，多次进行大规模城市系统性的疏浚工程。定期全面系统性地疏浚城市诸水体空间，使得北京内外城在汛期拥有更多容纳水体空间，汛期一方面可以滞蓄更多的雨洪，另一方面，通畅的水道可以加速城市的排洪能力，减轻城市内涝的危害（详见第五章第八节）。

（四）清代北京城市沟渠系统的大规模拓展及完善的管理制度缓解了汛期北京城市行洪压力

较之明代，清代北京城市沟渠水体空间大幅度拓展，北京城市沟渠网的显著拓展，一方面提升了沟渠的滞蓄空间容量，另一方面提高了北京城市沟渠网络的行洪速度（详见第五章第八节）。此外，清代较为完善的管理制度确保了北京城市沟渠系统在汛期的畅通（详见第五章第七节）。清代北京城市沟渠系统的大规模拓展及完善的管理制度，在很大程度上减轻了汛期北京城市的行洪压力。

四 古代北京城市内涝成因对当代城市建设的启示

（一）城址选择的重要性

元建大都，将城址北移至永定河冲积扇脊背上的最优位置，在很大程度上避免了汛期大都城市的洪涝灾害。与之形成对比的是，明代北京城市扩建南城，南城地势低洼，人口稠密，汛期除了要受纳本区域的雨洪外，还要接受来自内城的大量雨洪，这就使得南城，尤其是前三门一带城外成为明北京城市雨洪压力最大的区域。

（二）北京城市防洪排涝是一个系统性工程，必须综合发挥大、小排水系统整体作用才能有效解决城市内涝问题

纵观北京城市的内涝发展历程，汛期城市的防洪排涝是一个系统性的工程，至少包含三个彼此关联的水体空间系统：

1. 城市内部小排水系统

即以城市沟渠水体空间为主的市政排水系统。它主要是依靠管道组织地块的径流雨水收集、转疏和排放，全部通过人工途径进行构建。

2. 城市内部大排水系统

指的是在汛期用来应对那些超过市政雨水沟渠系统设计标准的雨水径流的水体空间。主要包括城市漕河（坝河、通惠河等）、多功能调蓄水体空间（积水潭、三海等）、泄洪通道（护城河、大明濠、宣武门外减水河、郊坛后河等）。主要通过人工途径来进行构建。

3. 城外西北方向大排水系统

北京地区地势西北高东南低，遇有全城普降大雨的情况，流量要从西北部高的地方到东南部比较低的地方穿城而过，对汛期北京城市行洪带来很大的压力，因此，西北方向的蓄水对于北京城市防汛安全至关重要。西北方向的大排水系统包括：瓮山泊（昆明湖）、西北郊水体空间（三山五园）、玉渊潭。主要通过人工途径来进行构建。

三个系统之间彼此相互补充、相互依存，缺一不可，共同组成了北京城市防洪安全屏障。其中城市内部大排水系统与城外西北方向大排水系统具有更重要的作用。从北京城市内涝情况来看，必须综合发挥大、小排水系统整体作用才能有效解决城市内涝问题。

（三）解决北京城市内涝问题应主要依赖人工途径

俞孔坚先生在 2003 年出版的《城市景观之路——与市长们交流》一书中提出，河流两侧的自然湿地，如同海绵调节河水之丰减，缓解旱涝灾害，在国内首次提出了"海绵"的概念。指出将内涝归咎于排水管网是抓错了问题的关键，如果所有的绿地能比地面都低二十厘米的话，那么城市

绿地就可以承担起这种滞洪的作用，暴雨积水就能基本解决。根据北京大学相关研究，正常情况下如果没有任何的防洪措施，洪水能够淹没的区域仅占我国国土面积的0.8%。极端情况下，也只有6.2%，并得出结论说，试图依赖"灰色工程"的城市防洪排涝举措最终会失败。

从北京城市水体空间演变过程来看，城市雨洪的调蓄更多是依靠城市中的河、湖、沟、坑以及城外西北方向的水体空间，而这些水体空间随着北京城市发展基本都已经人工化了。从历史上看，北京城市防洪排涝系统主要依赖人工途径构建，即依赖"灰色工程"并非所谓师法自然的"绿色工程"。

笔者认为，俞孔坚先生的想法过于理想主义甚至是比较危险的。因为城市的形成自古以来就是依水而建，洪水淹没的区域固然有限，但往往都是非常重要的城市所在地和居民聚集区。如果没有强有力的水利工程措施，人民的生命及财产安全就无法得到保障，何谈人与自然的和谐相处？

对于俞孔坚先生提出的通过将城市绿地普遍下凹承担滞洪的方法，事实证明也是值得商榷的。很多城市建成下凹绿地后，内涝比过去更加严重了。这是因为虽然下凹绿地增加了滞蓄和下渗，但是只要降低本地块绿地的标高，周围地块的水无疑会大量汇入。2016年夏天北京夏季汛期，作为《海绵城市技术导则》主编单位的北京建筑大学大兴校区，因建下凹式绿地变成一片汪洋，就是这样一个活生生的例子。同时，城市绿地虽然具有涵养水源、促进水生态循环的功能，但这不应颠覆性地改变园林功能，把它作为滞洪区来承担防洪功能。很多园林专家指出，如果将所有绿地做低，势必对绿地植物选种提出更高的要求。特别是在北方干旱地区，要求选种植物汛期的时候耐涝，非汛期的时候又要耐旱，同时还要兼顾美观，这必将极大地增加城市绿化成本。园林专家还指出，下凹式绿地会破坏绿地、污染土壤，对园林生态带来致命的打击。北京相关园林部门就曾经指出，把道路绿化带全部做低，北京冬天的融雪剂以及汛期初期雨水污染会对绿地中的植物产生致命的影响。而解决的办法只能是定期换土，但这个答案涉及了破绿，涉及了高昂的维护费用，涉及了对管理水平的高要求，这些都是相关市政部门无法承受的。

结合历史上北京城市防洪排涝的经验及教训，笔者认为，解决当前北京城市内涝的途径应是：以城市河、湖、沟、坑等"灰色"水体空间体系为依托，加强对城市水体空间的控制和保护，并协同局部"绿色"措施，构建一种自净、自渗、蓄泄得当、排用结合的良性的城市水循环系统。

（四）必要的人力、物力、财力投入是汛期北京行洪安全的必要条件

金末元初由于中都城市地位骤降，相关物资保障缺失，金中都城内的原皇家御用水体空间遭到空前破坏，严重萎缩。同时，由于漕运河道的日常疏浚维护无法保障，漕运水体空间也随之大幅度萎缩（详见第三章第一节）。

元末帝国日渐衰微，国家经济遭受致命打击，已无力维持白浮瓮山河定期疏浚与修筑，致使瓮山泊、积水潭、坝河、通惠河水体空间严重萎缩（详见第三章第六节）。

明初北京城市地位骤降至一般府级行政区，元最高等级的御用水体空间太液池随之降为一般城市水体，维持其空间稳定的相关物资保障消失，其水体空间随之萎缩。与此同时，由于朱元璋建都南京，已无漕北的需要，元大都漕水体空间的相关物资保障也随之消失，致使明初北京地区漕运水体空间大幅度萎缩（详见第四章第一节）。

根据人工化程度北京城市水体空间可分为两类：一类是在自然水体空间的基础上人工修浚拓展而成，如坝河、金口河、双塔漕河、瓮山泊、积水潭、南苑水体等；另一类是完全人工开凿的水体空间，如护城河、明紫禁城筒子河、金中都护城河引水渠、元金水河大都城内段、明下马闸海子、城市沟渠等。

无论哪类水体空间，其开凿或疏浚维护都需要相当的人力、物力及财力的相关保障。一旦相关投入减少或废除，相关水体空间势必荒废。由于北京城市相关水体空间大都不是出于自然，一经荒残，势必淤塞或湮废。城市水体空间的萎缩会直接威胁城市行洪安全，因此必要的人力、物力、财力投入是汛期北京行洪安全的必要条件。

（五）完善的管理制度是汛期北京行洪安全的重要保障

元代为保证金水河的水质及河流通畅，颁布禁令，禁止百姓在金水河内洗手、洗澡、洗衣、倾倒土石、牲畜饮水，禁止在金水河两岸建房屋，禁止在金水河上游利用水力启动石磨，禁止在玉泉山伐木、捕鱼（详见第三章第四节）。以上禁令的实施一方面保证了金水河的水质及河流通畅，另一方面客观上保证了汛期金水河的行洪通畅，一定程度上降低了北京城市内涝的风险。

　　清代规定通惠河上的修浚工程，实行保固三年的制度（详见第五章第五节），这在一定程度上确保了通惠河通漕畅通，客观上也提升了汛期通惠河的行洪能力，降低了北京城市内涝风险。

　　清朝设立了隶属于工部的街道厅，管理北京内外城的大小沟渠。后于工部下增置"值年河道沟渠大臣"一职，值年大臣一年期满，由工部奏请更换。如前任有"办理草率之处"，接任的官员需"据实参奏"。乾隆十七年（1752年）准奏，每逢年终，值年河道沟渠处委派官员，于第二年春季开沟时，查看京师沟渠，务必使其"洁净深通"。夏秋汛期过后，相关官员需亲自前往查看全部沟渠。如需修浚，应报明值年河道沟渠大臣，并实地确认后，交工部落实（详见第五章第七节）。清代较为严格的城市沟渠管理制度保障了北京城市沟渠管网的维护及行洪畅通，降低了北京城市汛期的洪涝危害。

　　从以上实例可知，完善的管理制度是汛期北京行洪安全的重要保障。

　　结合历史上北京城市防洪排涝的经验及教训，笔者认为，北京城市防洪排涝是一个系统性工程。解决当前北京城市内涝的途径应是在充分考虑城市建设选址的基础上，在必要的人力、物力、财力投入及完善的管理制度保障下，综合发挥大、小排水系统整体作用，以城市河、湖、沟、坑等人工"灰色"水体空间体系为依托，加强对城市水体空间的控制和保护，并协同局部"绿色"措施，构建一种自净、自渗、蓄泄得当、排用结合的良性的城市水循环系统。

第九节　古代北京城市水体空间景观营造经验总结

一　历代北京城市水体空间景观营造经验概述

　　金代以前北京城市水体空间的景观营造处于探索和梳理时期，人工化程度相对较低，以农业结合自然风光为主，伴有少量皇家园林和私家园林的建设。

　　金代延续中国传统园林设计中"一池三山"的基本格局，楼、阁、台、殿、池、岛等景观要素一应俱全。还有各类景观植物（竹、杏、柳等）沿水面布局，丰富了景观层次。金代北京城市水体空间的景观营造以模仿自然形态为主，滨水植物以柳、桃树为主，辅以竹、杏、梅等，与宋画中的自然山水画风颇为类似。同时，主要河道两岸多开辟有农田或果园，在水系溉田的同时，营造了较为多样的农业景观，丰富了河道周边的田园景观。

元代太液池周边的经营通过将水体、园林建筑有机地组织到城市之中的营造方式，不仅丰富了大都城的景色，改善了城市的环境，而且对解决都城的各种用水需要也发挥了重要的作用。元大都漕运水体空间景观的营造，将河道的自然与人文气息相结合，不但促进了士大夫园林的发展，还营造了带状公共休憩空间，为明清时期河道景观的发展奠定了重要的基础。元大都城市水体空间的演变最终形成了两进（金水河、高粱河两进）、两出（坝河、通惠河）、两核（瓮山泊、积水潭）的水体空间景观格局。城内以积水潭水域为核心，通惠河漕运走廊串联起自然山水、寺庙、集市、私园、公共桥闸等景观要素。西北方向的瓮山泊—高粱河水系形成了大都城市主要的生态廊道，为明清皇家园林建设奠定了生态基础。

明代北京随着城市布局的调整，尤其是修筑万岁山后，城市内、外主要水体空间的景观视线联系更为密切。城内水体空间景观的营造朝借景式发展，形成了"六海借三山"的视线关系。城外西郊皇家寺庙、私家园林多有修建。作为连接京城和西郊的风景走廊，长河一线的景观廊道的营造发展迅速。

清乾隆时期扩建团城，丰富了皇家御苑的空间层次。对琼华岛的景观改造设计充分考虑了与周边水环境的结合。清代与元、明两代相比，在西郊水源附近的园林建设的尺度更大、内容更丰富，并形成西郊皇家园林景观系统。在西郊大面积种植水田，形成了诸多的农业景观，与西郊诸园林共同构建了山地园林景观与农业景观相结合的独特的田园风光。长河作为皇室乘船去往西郊皇家园林的专用水道，被营造为一条集御用码头、行宫、王府花园、寺庙为一体的具有皇家特色的景观带。长河沿岸广种桃树、柳树，民间形成"天坛看松，长河观柳"的赏景习俗。清代在南苑利用疏浚河湖土方构建团河行宫，团河行宫将团泊纳入园中，形成东西二湖，团河行宫仿江南园林，充分运用空间对比、轴线、点景等传统造园手法，利用挖湖土方堆山叠石，起到障景作用，使南苑景观形成山环水抱之势。清代，什刹海沿岸建筑为寻求借景什刹海，出现了许多特殊朝向的建筑形式。伴随着什刹海借景空间格局的成熟，逐渐形成六海地区著名的

"西涯八景"。纵观清代北京城市水体空间的营造过程，可以看出，人工建置开始更多地被安排在水系周边的优越位置，园林对周边水系的利用方式从单一的园外借景转变为有目的地引水造园。

二 古代北京城市水体空间整体景观特征分析

元代以后形成的以积水潭—太液池为中心的空间格局奠定了北京城内景观控制线，其间市民游赏空间、生活空间共同构成了多元世俗的公共景观空间；西郊结合山地地貌，利用昆明湖水域为支撑，结合玉泉水系与万泉河水系共同构建了以"三山五园"皇家园林为主的景观意象，区内形成以农业景观为基底，以水串园、园耕交融的景观特征；东郊坝河、通惠河漕运河道，连接通州与京城，带动了沿线仓署、酒楼、闸坝等景观建筑的发展，形成特征鲜明的漕运景观；南郊在泉流密布的广袤平原上形成绿野平畴的景观特征。

三 从历史角度思考当前北京城市水体空间景观营造策略

古代北京城市水体空间是区域人居环境发展的血脉，同时也是北京历史文脉的重要载体。虽然随着时代的变迁，其传统功能大多都已经失去，但其对当代城市中出现的新问题（诸如城市内涝、城市文脉延续等），仍然具有非常重要的现实意义。

因此，笔者认为，应对照北京历史上已经形成的水体空间景观格局，掌握历代北京城市水体景观营造的相关经验，重点保护或恢复与城市生态及城市文脉延续密切相关的水体景观。通过新建部分连接水渠将现状各自独立，但历史上相互连通的城市水体进行连通（如长河与北护城河、前三门护城河等）。以当前疏解非首都功能为契机，尽可能多的恢复历史上存在的重要的历史文化景观水体（如金代鱼藻池）。

第十节 本书的学术创新之处

一 研究方法、研究角度的创新之处

（一）从空间容量角度整体研究北京城市河湖沟坑的演变过程

将北京城市中的河湖沟坑视为容纳水体的空间整体，从历史的维度研

究其在空间容量上的演变过程，寻找各类水体空间之间的内在关系及影响其空间变化的深层原因，有助于更加全面客观地还原其内在的演进机制。

（二）以问题为导向，综合比对各类相关资料

以问题为导向，即以北京城市水体空间的历史演变及其原因为基本导向，找出各类相关材料之间的关联，并将其有机地组织在一起，综合比对、分析各类相关材料（具体材料包括：北京地区自然地貌演变资料、相关考古报告、生态环境变迁资料、北京城市历史洪涝灾害资料、历史人口地理研究资料以及相关河湖沟坑的历史文献等各类相关资料），试图更加客观、准确地还原北京城市水体空间历史演变过程。

二　研究新发现

（一）紫禁城近600年无雨潦之灾是以牺牲北京城市整体的排蓄利益为代价的

紫禁城之所以600年无雨潦之灾，究其原因主要是其独立拥有巨大的滞蓄雨水的空间——筒子河与内金水河。筒子河及内金水河使紫禁城每平方米拥有1.637立方米的水体容量，与之形成鲜明对比的是，明北京城全城每平方米的蓄水容量仅为0.3215立方米，只有紫禁城的五分之一。

实现城市区域防汛安全必须满足三个基本条件：一是空间保障，即拥有足够大的蓄水空间；二是区位安全保障，即位于地势较高的区域位置；三是相关的经济保障，即开凿及定期疏浚维护的相关物资保障。

而要满足这三个基本条件，只有掌握帝国最高权力和所有资源的皇帝可以实现。因此，除了皇帝的居所宫城（紫禁城）和皇城之外，北京城市其他区域是不可能单独拥有这样大容量的蓄水空间，更不可能取得充足的经济保障，明代北京宫城、皇城水体空间的大规模拓展仅是提升了宫城、皇城自身的行洪安全等级。与此同时，北京城市中皇城以外其他区域的水体空间却大幅度萎缩，导致明代北京城市的洪涝灾害尤为严重。因此，笔者认为，紫禁城近600年无雨潦之灾是以牺牲北京城市整体的排蓄利益为代价的（详见第四章第八节）。

（二）北京城市商业中心位置与通惠河码头的位置密切相关

元代，由于积水潭作为坝河与通惠河的终点码头，使得北岸的钟楼、鼓楼、斜街一带成为大都城最大的商业中心。至明代，京城的商业中心南

移至前门"朝前市"。

　　从位置看，"朝前市"位于内外城的结合部居中位置，且邻近漕河终点码头（城市物流集中地）大通桥。由此可见，北京城市商业中心的位置与通惠河码头位置密切相关（详见第三章第六节、第四章第五节）。

　　（三）积水潭水体空间的缩放与其空间属性的变化密切相关

　　金代，在白莲潭（积水潭）南修建离宫，白莲潭成为皇家御用水体，朝廷疏浚白莲潭，拓展了其水体空间。

　　元代，积水潭是大都经济生命线（通惠河与坝河）的调节水库与终点码头，因其在经济上的重要性，水域空间得到保障。

　　明代，由于部分通惠河划入皇城，漕船不能入城，积水潭、什刹海作为漕运码头的功能被大通桥一带水域取代，降为一般城市公共水域。部分水域被辟为稻田，部分水域被填埋侵占，建成街巷或民居，水域面积较之元代减少三分之二强。

　　清代，积水潭、什刹海水域上升为皇家御用水体，并在其周边修建王府。作为皇家御用水域，什刹海水体空间得到最高等级的人力、物力、财力及制度的保障，至清末，其水域面积与明代基本持平，未再萎缩。

　　（四）城市性质、等级决定了北京城市水体空间的类型构成及总体容量水平

　　（五）同一时期北京城市各类水体空间之间具有显著的关联性

　　（六）各类水体空间之间存在显著的等级差异，高等级的水体空间会决定低等级水体空间的发展，皇家御用水体空间具有显著的空间扩张性特征

　　（七）自然力对北京水体空间的影响程度远大于人力

　　三　对金、元时期三次开金口河进行了比较研究（详见第三章第六节）

第十一节　后续研究

一　民国时期（1911—1949年）北京城市水体空间演变过程研究

二　1949年至今北京城市水体空间演变过程研究

参考文献

（元）孛兰肹等（赵万里校辑）：《元一统志上·卷一·大都路·山川》，中华书局 1966 年版。

（元）程文海：《元都水监罗府君神道碑铭（雪楼集卷二十）》。

元大都考古队：《元大都的勘察和发掘》，《考古》1972 年第 1 期。

（元）刘应李：《大元混一方舆胜览·卷上·腹裹·大都路》，四川大学出版社 2003 年版。

（元）齐覆谦：《知太史院事郭公行状》，《元文类》，上海古籍出版社 1993 年版。

（元）宋本：《都水监事记》，《中国古代建筑文献集要·增补篇·修订本》，通济大学出版社 2016 年版。

（元）苏天爵：《元朝名臣事略·卷第九·太史郭公守敬》，中华书局 1996 年版。

（元）苏天爵：《元文类·卷三十一·都水监事记》，上海古籍出版社 1993 年版。

（元）陶宗仪：《南村辍耕录·卷二十一·宫阙制度》，上海古籍出版社 2012 年版。

（明）陈邦瞻：《元史纪事本末·卷十二·运漕》，商务印书馆民国二十三年版。

（明）李贤：《大明一统志·卷之一·京师·顺天府·苑囿》，三秦出版社 1990 年版。

（明）孙承泽：《春明梦余录·卷三·城池》，江苏广陵古籍刻印社 1990 年版。

（明）彭时：《可斋杂记》，《四库全书存目丛书·子部第 239 册》，齐鲁书社 1995 年版。

（明）孙承泽：《春明梦余录·卷六十九》，江苏广陵古籍刻印社 1990 年版。

（清）于敏中：《日下旧闻考·卷七十五·国朝苑囿·南苑二》，北京古籍出版社 1985 年版。

（清）周家楣、缪荃孙等：《光绪顺天府志·卷四十五·河渠志十·河工六》，北京古籍出版社 1987 年版。

A. A. 索科洛夫：《人类经济活动对河川径流的影响》，《人类活动对径流的影响》，水利水电出版社 1958 年版。

鲍彦邦：《明代漕运研究》，暨南大学出版社 1995 年版。

北京市文物工作队：《北京西郊西晋王浚妻华芳墓清理简报》，《文物》1965 年第 12 期。

北京市文物局考古队：《建国以来北京市考古和文物保护工作》，《文物考古工作三十年（1949—1979）》，文物出版社 1979 年版。

毕沅：《续资治通鉴·卷第一百七十七》，上海古籍出版社 1987 年版。

蔡蕃：《北京古运河与城市供水研究》，北京出版社 1987 年版。

蔡蕃：《元代的坝河——大都运河研究》，《水利学报》1984 年第 12 期。

蔡蕃：《元代水利家郭守敬》，当代中国出版社 2011 年版。

陈高华：《元大都》，北京出版社 1982 年版。

陈平：《揭开分期迷雾，寻访前期蓟城》，《北京文博文丛》2014 年第 2 期。

陈平：《燕亳与蓟城的再探讨》，《北京文博》1997 年第 2 期。

陈寿：《三国志·卷一·武帝纪》，上海古籍出版社 2002 年版。

陈述：《全辽文·卷六》，中华书局 1982 年版。

大兴区政协：《首都文史精粹大兴卷·南海子史料集：苑囿生态》，北京出版社 2015 年版。

段天顺、戴鸿钟、张世俊：《略论永定河历史上的水患及其防治》，《北京史苑（第一辑）》，北京出版社 1983 年版。

段熙仲：《〈水经注〉六论》，《水经注疏》，江苏古籍出版社 1989 年版。

范成大：《揽辔录》，中华书局 1985 年版。

范晔：《后汉书·卷九十·乌桓鲜卑列传》，中华书局 1997 年版。

高寿仙：《北京人口史》，人民大学出版社 2014 年版。

顾广圻：《韩非子识误》，中华书局 1912—1948 年版。

郭超：《北京中轴线变迁研究》，学苑出版社 2012 年版。

郭沫若：《中国古代社会研究》，《郭沫若全集历史编第一卷》，人民出版社 1982 年版。

韩光辉：《北京历史人口地理》，北京大学出版社 1996 年版。

韩光辉：《从封建帝都粮食供给看北京与周边地区的关系》，《中国历史地理论丛》2001 年第 3 期。

韩光辉：《辽金元明时期北京地区人口地理研究》，《北京大学学报》（哲学版）1990 年第 5 期。

郝经：《郝文忠公陵川文集·卷一·琼华岛赋》，山西人民出版社 2006 年版。

何瑜：《清代三山五园编年（嘉庆—宣统)》，中国大百科全书出版社 2014 年版。

何瑜：《清代三山五园编年（顺治—乾隆)》，中国大百科全书出版社 2014 年版。

侯仁之：《八百年来劳动人民改造北京地理环境的两件大事》，《步芳集》，北京出版社 1981 年版。

侯仁之：《北京城的起源与变迁》，中国书店 2001 年版。

侯仁之：《北京城的生命印记》，生活·读书·新知三联书店 2009 年版。

侯仁之：《北京城市历史地理》，北京燕山出版社 2000 年版。

侯仁之：《北京地下湮废河道复原图说明书》，《北京城的生命印记》，生活·读书·新知三联书店 2009 年版。

侯仁之：《北京都市发展过程中的水源问题》，《北京城的生命印记》，生活·读书·新知三联书店 2009 年版。

侯仁之：《北京历代城市建设中的河湖水系及其利用》，《北京城的生命印记》，生活·读书·新知三联书店 2009 年版。

侯仁之：《北京历史地图集（政区城市卷)》，北京出版集团公司文津出版社 2013 年版。

侯仁之：《北平历史地理》，外语教学与研究出版社 2014 年版。

侯仁之：《关于古代北京的几个问题》，《文物》1959 年第 9 期。

侯仁之：《元大都城》，《侯仁之文集》，北京大学出版社 1998 年版。

侯仁之：《元大都城与明清北京城》，《历史地理学的理论与实践》，上海人民出版社 1979 年版。

解缙：《永乐大典本顺天府志·卷十四·昌平县·古迹》，北京联合出版公司 2017 年版。

解缙：《永乐大典本顺天府志·卷十四·山川》，北京联合出版公司 2017 年版。

解缙：《永乐大典本顺天府志·卷十一·宛平县·古迹》，北京联合出版公司 2017 年版。

今西春秋：《京师城内河道沟渠图说》，（伪）建设总署，1941 年。

京都市政公所：《京都市政汇览》，京华印书局民国八年版。

静华：《晨报（观光周刊）：北京沟渠图又将付影印》，民国二十九年十月十五日。

李百药：《北齐书·卷十七·斛律羡》，中华书局 1999 年版。

李焘：《续资治通鉴长编·卷二十七》，中华书局 1956 年版。

李驾三：《人类活动对于河川径流的影响》，《人类活动对径流的影响》，水利水电出版社 1958 年版。

郦道元：《水经注·卷十三·鲍丘水》，中华书局 1991 年版。

郦道元：《水经注·卷十三·灢水》，中华书局 1991 年版。

郦道元：《水经注·卷一四》，中华书局 1991 年版。

刘文鹏：《北京南海子历史文化研究辑刊》，北京燕山出版社 2020 年版。

刘毅：《晋书·卷第一》，北京燕山出版社 2009 年版。

陆文圭：《中奉大夫广东道宣慰使都元帅墓志铭》，《墙东类稿·卷十二》，台湾商务印书馆 1983 年版。

马可·波罗：《马可·波罗游记》，梁生智译，中国文史出版社 1998 年版。

桑钦：《水经·卷十三·湿水》，中华书局 1991 年版。

尚振明、尚彩凤：《河南孟县宁玉墓的调查》，《华夏考古》1995 年第 3 期。

沈约：《宋书·卷八二·周郎传》，中华书局 1997 年版。

司马光：《资治通鉴·一百八十一卷·隋纪》，中州古籍出版社 2010 年版。

宋濂：《元史·卷九十九·志第四十七·兵二》，中华书局 1976 年版。

宋濂：《元史·卷六·本纪第六·世祖三》，中华书局 1976 年版。

宋濂：《元史·卷六十六·志第十七下·河渠三·金口河》，中华书局1976年版。

宋濂：《元史·卷六十六·志第十七下·河渠三》，中华书局1976年版。

宋濂：《元史·卷六十四·志第十六·河渠一·金水河》，中华书局1976年版。

宋濂：《元史·卷六十四·志第十六·河渠一·隆福宫前河》，中华书局1976年版。

宋濂：《元史·卷六十四·志第十六·河渠一·通惠河》，中华书局1976年版。

宋濂：《元史·卷六十四·志第十六·河渠一》，中华书局1976年版。

宋濂：《元史·卷七·本纪第七·世祖四》，中华书局1976年版。

宋濂：《元史·卷十·本纪第十·世祖七》，中华书局1976年版。

宋濂：《元史·卷十二·本纪第十二·世祖九》，中华书局1976年版。

宋濂：《元史·卷十六·本纪第十六·世祖十三》，中华书局1976年版。

宋濂：《元史·卷十七·本纪第十七·世祖十四》，中华书局1976年版。

宋濂：《元史·卷十三·本纪第十三·世祖十》，中华书局1976年版。

宋濂：《元史·卷五·本纪第五·世祖二》，中华书局1976年版。

宋濂：《元史·卷五十八·地理志一》，中华书局1976年版。

宋濂：《元史·卷五十八·志第十·大都路》，中华书局1976年版。

宋濂：《元史·卷五·世祖二》，中华书局1976年版。

宋濂：《元史·卷一百六十四·列传第五十一·郭守敬》，中华书局1976年版。

宋濂：《元史·卷一百四十七·列传第三十四·张弘略》，中华书局1976年版。

宋濂：《元史·卷一百五十七·列传第四十四·刘秉忠》，中华书局1976年版。

宋濂：《元史·卷一百五十·石抹明安传》，中华书局1976年版。

宋濂：《元史·卷一百一·志第四十九·兵四·鹰房捕猎》，中华书局1976年版。

宋濂：《元史·卷一百·志第四十八·兵三》，中华书局1976年版。

苏天钧：《关于北京都邑的变迁与水源关系的探讨》，《环境变迁研究（第一辑)》，海洋出版社 1984 年版。

孙承烈等：《漯水及其变迁》，《环境变迁研究（第一辑）》，海洋出版社 1984 年版。

孙东虎：《北京近千年生态环境变迁研究》，北京燕山出版社 2007 年版。

孙秀萍：《北京地区全新世埋藏河、湖、沟、坑的分布及其演变》，《北京史苑（第二辑）》，北京出版社 1985 年版。

孙秀萍、赵希涛：《北京平原永定河古河道》，《科学通报》1982 年第 16 期。

田国英：《北京六海园林水系的过去现在与未来》，清华大学城市规划教研组 1982 年版。

脱脱：《金史·卷八十三·列传第二十一·张浩》，中华书局 1975 年版。

脱脱：《金史·卷八十三·列传第二十一·张汝弼》，中华书局 1975 年版。

脱脱：《金史·卷二十七》，中华书局 1975 年版。

脱脱：《金史·卷二十三》，中华书局 1975 年版。

脱脱：《金史·卷二十四·志第五·地理上》，中华书局 1975 年版。

脱脱：《金史·卷二十四·中都路》，中华书局 1975 年版。

脱脱：《金史·卷九十六·列传第三十四·梁襄》，中华书局 1975 年版。

脱脱：《金史·卷三·本纪第三·太宗》，中华书局 1975 年版。

脱脱：《金史·卷十二·章宗四》，中华书局 1975 年版。

脱脱：《金史·卷十四》，中华书局 1975 年版。

脱脱：《金史·卷十一·章宗三》，中华书局 1975 年版。

脱脱：《金史·卷四十四·志第二十五·兵志》，中华书局 1975 年版。

脱脱：《金史·卷五十六·百官二》，中华书局 1975 年版。

脱脱：《金史·卷五十·食货五》，中华书局 1975 年版。

脱脱：《金史·卷五》，中华书局 1975 年版。

脱脱：《金史·卷一百十》，中华书局 1975 年版。

脱脱：《辽史：卷六八·游幸表》，吉林人民出版社 2005 年版。

脱脱：《辽史：卷四〇》，吉林人民出版社 2005 年版。

脱脱：《辽史：卷五九·食货上》，吉林人民出版社 2005 年版。

王岗：《北京城市发展史（元代卷）》，北京燕山出版社 2008 年版。

王乃樑等：《北京西山山前平原永定河古河道迁移、变形及其和全新世构造运动的关系》，《第三届全国第四纪学术会议论文集》，科学出版社

1982 年版。

王培华:《元明北京建都与粮食供应——略论元明人们的认识和实践》,文
　　津出版社 2005 年版。

王钦若、杨亿、孙奭等:《册府元龟·第六册·卷四九七》,中华书局
　　1960 年版。

王天有:《明代国家机构研究》,故宫出版社 2014 年版。

王伟杰等:《北京环境史话》,地质出版社 1989 年版。

魏初:《青崖集 3·卷四》。

魏开肇、赵蕙蓉:《北京通史(第八卷)》,北京燕山出版社 1994 年版。

魏收:《魏书·卷六九·裴延俊》,吉林人民出版社 1995 年版。

魏收:《魏书·卷一〇六上·地形上》,吉林人民出版社 1995 年版。

吴承忠、田昀:《辽南京休闲景观研究》,《邯郸学院学报》2013 年第 4 期。

吴建雍:《北京通史(第七卷)》,北京燕山出版社 2011 年版。

吴琦:《漕运的历史演进与阶段特征》,《中国农史》1993 年第 4 期。

吴琦:《漕运与中国社会》,华中师范大学出版社 1999 年版。

吴庆洲:《中国古代城市防洪研究》,中国建筑工业出版社 1995 年版。

吴廷燮:《北京市志稿·第一卷》,北京燕山出版社 1990 年版。

吴廷燮:《明督抚年表(上)》,中华书局 1982 年版。

吴征镒:《北京的植物》,北京出版社 1958 年版。

吴仲:《通惠河志·卷上》,中国书店 1992 年版。

吴仲:《通惠河志·序》,中国书店 1992 年版。

熊梦祥:《析津志辑佚·朝堂公宇》,北京古籍出版社 1983 年版。

熊梦祥:《析津志辑佚·城池街市》,北京古籍出版社 1983 年版。

熊梦祥:《析津志辑佚·古迹》,北京古籍出版社 1983 年版。

熊梦祥:《析津志辑佚·古迹·泄水渠》,北京古籍出版社 1983 年版。

熊梦祥:《析津志辑佚·河闸桥梁》,北京古籍出版社 1983 年版。

熊梦祥:《析津志辑佚·属县·宛平县·古迹·金口》,北京古籍出版社
　　1983 年版。

阎文儒:《金中都》,《文物》1959 年第 9 期。

姚汉源:《北京旧皇城区最早出现的宫殿园池——城市与水利》,《水利水
　　电科学研究院科学研究论文集·第 12 集》,水利水电出版社 1982 年版。

姚汉源：《唐代幽州至营州的漕运》，《水的历史审视——姚汉源先生水利史研究论文集》，中国书籍出版社 2016 年版。

姚汉源：《元大都的金水河》，《水的历史审视：姚汉源先生水利史研究论文集》，中国书籍出版社 2016 年版。

姚汉源：《元以前的高粱河水利》，《水利水电科学研究院科学研究论文集·第 12 集（水利史）》，水利水电出版社 1982 年版。

姚念慈：《定鼎中原之路——从皇太极入关到玄烨亲政》，生活·读书·新知三联书店 2018 年版。

叶良辅：《石景山附近永定河迁流辩》，《叶良辅与中国地貌学》，浙江大学出版社 1989 年版。

于德源：《北京漕运和漕仓》，同心出版社 2004 年版。

于光度：《金中都的琼林苑》，《北京社会科学》1994 年第 4 期。

于敏中等：《日下旧闻考·卷八十四·国朝苑囿·清漪园》，北京古籍出版社 1985 年版。

于敏中：《日下旧闻考·卷八十九·郊坰东二》，北京古籍出版社 1985 年版。

于敏中：《日下旧闻考·卷二十九·宫室 辽金》，北京古籍出版社 1985 年版。

于璞：《北京考古史（辽代卷）》，上海古籍出版社 2012 年版。

于倬云：《紫禁城宫殿》，生活·读书·新知三联书店 2006 年版。

于倬云：《紫禁城始建经略与明代建筑考》，《紫禁城营缮纪》，紫禁城出版社 1992 年版。

虞集：《道园学古录·卷之二十三·碑·大都城隍庙碑》，商务印书馆、中华民国二十六年：387。

宇文懋昭：《大金国志·卷二十四》，商务印书馆民国二十五年版。

宇文懋昭：《大金国志·卷九》，商务印书馆民国二十五年版。

宇文懋昭：《大金国志·卷十三》，商务印书馆民国二十五年版。

岳升阳等：《海淀文史》，开明出版社 2009 年版。

岳升阳、苗水：《北京城南的唐代古河道》，《北京社会科学》2008 年第 3 期。

张青松等：《水系变迁与新构造运动——以北京平原地区为例》，《地理集刊（第 10 号）》，科学出版社 1976 年版。

张振帮等：《重庆市国土资源遥感综合调查与信息系统建设》，地质出版社 2002 年版。

赵林：《什刹海》，北京出版社 2005 年版。

赵其昌：《蓟城的探索》，《北京史研究（一）》，燕山出版社 1986 年版。

赵希涛、孙秀萍：《北京平原 30000 年来古地理演变》，《中国科学》1984 年第 6 期。

赵翼：《廿二史札记·卷二十七·元筑燕京》，上海古籍出版社 2011 年版。

郑连章：《紫禁城城池》，紫禁城出版社 1986 年版。

周昆叔：《对北京市附近两个埋藏泥炭沼的调查及其孢粉分析》，《中国第四纪研究（第四卷第一期）》，科学出版社 1965 年版。

朱剑飞：《中国空间策略：帝都北京》，生活·读书·新知三联书店 2017 年版。

［瑞典］喜仁龙：《北京的城墙与城门》，邓可译，北京联合出版公司 2017 年版。

致　　谢

衷心感谢导师张宝玮教授多年来对我在学术研究上的教诲。张先生学识渊博，治学严谨的同时又极为豁达与包容，充分尊重我的研究方向选择，不断鼓励我在充满荆棘的研究道路上逐步前进。

特别感谢韩光煦教授在我的论文写作过程中，不顾年事已高，多次全文审阅论文，对我的论文提出了大量宝贵的修改意见。

感谢傅祎教授专门抽时间给我审阅论文，指出论文的题目、关键词以及文章创新点等关键内容出现的问题。

感谢周宇舫教授百忙之中利用周末时间专程赶到学校面见我，周先生认真听取了我的论文概述，在鼓励我深入研究的同时，提出了非常有建设性的研究思路。

感谢王环宇教授审阅论文并提出相关研究问题。

感谢北京交通大学的韩林飞教授，韩教授对我的论文提出了增补古代北京城市水体景观设计经验的重要建议。

感谢程启明教授，虽然程教授因照顾病中的母亲未能审阅我的论文，但程教授非常诚恳地通过短信的方式向我进行了说明，令我非常感动。

感谢吴晓敏教授审阅我的论文，并在程启明教授因故不能参加我的论文答辩的情况下，同意做我的评审专家。

感谢北京建筑大学城乡规划系的硕士生导师苏毅老师，苏老师在生态规划、海绵城市设计方面颇有造诣，我与苏老师素昧平生，仅仅在网上听过一次他的讲座，受益匪浅。后来通过微信，苏老师不断鼓励我进行相关研究，并针对我提出的相关问题一一进行了非常专业翔实的解答。

感谢端木山先生在我论文写作期间多次抽出宝贵时间给我审阅论文，并提出修改建议。

感谢韩涛教授、感谢王家浩老师对我论文内容的批评指正。

在论文写作的最关键时期，父亲病重，一度非常危险，我曾想要放弃今年的答辩，感谢老天帮忙，让他老人家转危为安，我才有时间和精力在今年完成论文，参加答辩。

感谢我的爷爷奶奶，他们都已经分别94和96周岁了，在如此高龄的情况下，爷爷还经常通过各种方式鼓励我完成论文，甚至还帮我的论文纠正了一部分错别字。

最后感谢我的爱人姜晓燕女士，在我论文写作期间，她承担了大部分的日常家务以及照顾孩子的事务。在即将完成学业之际，特别感谢她对我在博士学业期间的支持。